农业农村实用技术丛书

U0348969

农业机械
使用维护关键技术问答（上册）

◎ 吕建秋　田兴国　主编

中国农业科学技术出版社

图书在版编目（CIP）数据

农业机械使用维护关键技术问答. 上册 / 吕建秋，田兴国主编. —北京：
中国农业科学技术出版社，2020.4

ISBN 978-7-5116-4595-1

Ⅰ. ①农… Ⅱ. ①吕… ②田… Ⅲ. ①农业机械—使用方法—问题解答
②农业机械—机械维修—问题解答 Ⅳ.①S220.7-44

中国版本图书馆 CIP 数据核字（2020）第 017937 号

责 任 编 辑　李　华　崔改泵
责 任 校 对　贾海霞
出 版 者　中国农业科学技术出版社
　　　　　　北京市中关村南大街12号　　邮编：100081
电　　　话　（010）82109708（编辑室）（010）82109702（发行部）
　　　　　　（010）82109709（读者服务部）
传　　　真　（010）82106650
网　　　址　http：// www.castp.cn
经 销 者　各地新华书店
印 刷 者　北京富泰印刷有限责任公司
开　　　本　710mm×1 000mm　1/16
印　　　张　21
字　　　数　409千字
版　　　次　2020年4月第1版　2020年4月第1次印刷
定　　　价　85.00元

《农业机械使用维护关键技术问答（上册）》

编 委 会

主　编：吕建秋　田兴国

副主编：闫国琦　莫嘉嗣

编　委：漆海霞　夏俊杰　田　鹏　倪小辉

　　　　陈江涛　王泳欣　周邵章　谢志文

　　　　叶　李　陈　云　黄健星　曾　蓓

　　　　姚　缀

前　言

　　编写本书初衷在于深入贯彻落实习近平总书记"大力推进农业机械化、智能化，给农业现代化插上科技的翅膀"重要论述和国务院《关于加快推进农业机械化和农机装备产业转型升级的指导意见》（国发〔2018〕42号）精神，服务乡村振兴战略，推动农业机械化向全程全面高质高效升级，推进我国农业农村现代化发展。

　　现代农业是以农业机械化为物质技术基础的农业，农业机械化是衡量现代农业发展程度的重要标志，推进农业机械化是农业现代化建设的必由之路。农业机械是科技的载体和现代农业的主要生产手段，是现代农业生产的主要装备，是实现现代农业的重要途径。开发和推广应用先进、高效、节能型农业机械，组织好农业社会化服务，提高农业机械使用与管理水平，加快农业机械化，促进社会的大分工，可推动农业、工业和第三产业的发展，大幅度提高农业生产率，同时也促进了农业新技术的发展，对乡村振兴、发展现代化农业和全面建设小康社会具有重要作用。

　　《农业机械使用维护关键技术问答》分成上、下两册，内容涉及水稻、蔬菜、荔枝、香蕉、柑橘、畜牧、家禽、养猪、食品加工等领域的生产加工机械，以通俗易懂的文字、生动的图片、丰富的说明，较为科学、系统地介绍了农业机械的选型、使用、维护等关键问题，并以问答的形式对主要问题和知识点进行了阐述，直接服务于广大从事农业生产的一线人员。

　　本书编写过程中，得到了华南农业大学工程学院各个科研团队的大力支持，在此表示衷心的感谢！本书参考的文献内容较多，在此一并向原作者表示诚挚的谢意！限于编者的水平，书中难免存在不当之处，敬请同行和读者批评指正。

编　者

2020年1月

目　录

荔枝机械使用维护关键技术问答

香蕉机械使用维护关键技术问答

柑橘机械使用维护关键技术问答

水稻机械使用维护关键技术问答

1. 播种机的常见故障如何分析？

（1）排种器不排种。主要原因是传动机构中的齿轮没有啮合，排种轴头排种齿轮方孔磨损，应调整、维修或更换。

（2）个别排种器不工作。原因是有杂物堵塞个别排种器的排种口，应该使用干净的种子；排种轴与槽轮的连接销出现断裂，须换销子；个别排种盒插板未拉开，应拉开插板。

（3）排种时，个别种沟内没有种子。原因是开沟器或输种管堵塞，应清除堵塞物，防止其他东西落进开沟器。

（4）无法控制排种停止。原因是分离销脱落或分离的距离太小，应固定分离销，或增加分离距离。

（5）播种断续不均匀。原因是传动齿轮打滑，应调整齿轮啮合度；离合器弹簧弹力太弱，齿轮打滑，应使弹簧弹力增加。

播种机

★中国农机网，网址链接：http://www.nongjx.com/tech_news/.html

（编撰人：莫嘉嗣，漆海霞；审核人：闫国琦）

2. 播种机如何使用？

（1）播种机保持干净，同时清洁播种机里面种子和肥料。

（2）排查播种机零件，看是否存在损坏和磨损的零件，以便进行更换或修理，并对脱漆的地方进行重新涂漆。

（3）新播种机在使用后，若是圆盘式开沟器，将开沟器拆下后，用柴油洗涤开沟器零部件，再涂上黄油装回原位。若发现圆盘聚点间隙过大，可减小锥体之间调节垫片的数量。

（4）清洁土壤工作部件，并涂上废机油或黄油，保持与空气隔绝，避免生锈。

（5）播种机应放置在干燥、不露天的地方。存放时应将播种机垫起，使播种机尽量与地面无接触。

（6）播种机的输种管、输肥管等应取下后进行清洁并捆好，放好保管。可在管内加入填充物，如干草，避免挤压、折叠变形。

（7）开沟器的加压弹簧保持在自由状态。

（8）播种机应该放置在遮蔽好的地方，避免日晒或雨淋，同时垫起播种机两轮。机架亦应垫起以防变形。备品、零件及工具应交库保存。

播种机

★中国农机网，网址链接：http://www.nongjx.com/tech_news/.html

（编撰人：莫嘉嗣，漆海霞；审核人：闫国琦）

3. 播种机使用的注意事项?

（1）播种机与拖拉机挂接后，时刻保持水平状态，不得倾斜。

（2）按使用说明书的规定和农艺要求，调整好播种量、开沟器行距、覆土镇压轮的深浅等。

（3）试播。须先试播20m，并请农机人员、农民查看播种机的工作情况，检测会诊是否达到当地的农艺要求，如无问题，再进行大面积播种。目的是保证播种质量。

（4）播种时要经常观察播种机各个部件的工作状态，及时排除缠草、堵塞、种子覆盖不严的情况。调整、修理、润滑或清除等工作，必须在停车后进行。

（5）作业时种子至少为种子箱容积的1/5。

（6）加入种子箱的种子需要质量好，以保证种子的有效性；其次种子箱的加种量要盖住排种盒入口，以保证排种流畅。

（7）播种。播种机作业时，首先横播地头，以免将地头轧硬。机手选择进出方便的作业路线。播种时播种机保持匀速直线前行以免重播、漏播。播种机的升降必须在行进时操作，可避免开沟器堵塞；严禁倒退和转弯时提起播种机，否则开沟器会无法正常工作导致播种失败。

播种机

★农机360网，网址链接：http://www.nongji360.com/.shtml

（编撰人：莫嘉嗣，漆海霞；审核人：闫国琦）

4. 播种机如何保养?

（1）播种机在作业前应该保持每个零部件润滑，并排查每个零件，确保零件完好无伤，否则要及时更换。齿轮、链条无需润滑，避免粘上泥土，增加磨损。

（2）各排种轮保持排量和工作长度相等。播量调整机构必须稳定准确。

（3）圆盘开沟器圆盘转动必须无摩擦、无晃动，并且灵活可靠。

（4）每班工作整个过程中，清洁每个零部件特别是传动系统上的污垢。

（5）每班结束后及时将肥料箱内的肥料清除，避免化肥腐蚀零部件。

（6）每班作业后，露天停放时，要将种肥箱盖严。尽量把播种机放置在干燥有遮盖的地方。为了使播种机的机架上减少不必要的负荷，停放时可将开沟器落下。

播种机

★中国农机网，网址链接：http://www.nongjx.com/tech_news/.html

（编撰人：莫嘉嗣，漆海霞；审核人：闫国琦）

5. 机播作业故障如何排除？

（1）排种器不排种。原因是种子箱没有种子、传动部件出现故障、驱动轮发生打滑。种子箱加满种子，修理传动机构，防止驱动轮打滑。排种轮卡住不转，输种管管口堵塞。固定好排种轮，清除输种管管口堵塞物。

（2）播种量不均匀。原因是外槽轮的排种长度不一致；有些排种轮轮齿出现故障；播种机轮边粘的泥土不均匀，轮子直径不一致；种子质量不好，含杂；机组没有匀速行驶。应更换刮种舌和排种轮，调整外槽轮工作长度，安装好行走轮上的刮土板，清选种子。

（3）播深不一。原因是部分相关的零部件变形，伸缩杆压缩力度不一；播种机挂结点位置不当，由于机架倾斜造成前后开沟器入土的深度不一致；播种机两侧负荷不一致；作业行驶方向不合适或速度不均匀。应对各部件进行调整，保持合适的行驶速度和合适的行驶方向。

（4）漏播。原因是排种传动机构相关的零部件出现故障；播种机自动将开沟器升起；驾驶人操作不当，使开沟器降落时机不对；当地环境差，杂物多，使开沟器堵塞。应及时排除排种传动机构零件，清除田间杂草，正确操作。

（5）重播。原因是升降开沟器时机不对，过早或者过晚；划印器臂长长度不当；在排种离合器还没有切断就移动机车；或机组行驶方向不稳定。应将划印器臂长调整到合适的长度，并操作正确。

（编撰人：莫嘉嗣，漆海霞；审核人：闫国琦）

6. 免耕精量施肥播种机由什么组成？

（1）机架。其零部件主要有主梁、牵引梁、横梁、肥箱支架和传动机构支架。

（2）施肥机构。由豁口圆盘、支架、输肥管、排肥器、肥料箱等组成。将定量的化肥施入耕层指定位置。

（3）传动机构。由地轮、动力轮、变速箱、链条、链轮、轴等组成。使用动力轮传递地轮的驱动力到排肥、排种部件，使其转动。

（4）播种机构。由开沟器、排种器、导种管、种箱等组成。按规定的播种株距将单粒种子播入种床。

（5）种床秸秆清理机构。由拨草轮、松土除茬波纹盘、调整花盘、支架等组成。对种床上的秸秆杂草左右分开，也可以扒开地表干土。

（6）限位机构。由平行四连杆、仿形轮、播深调整齿板、调整手柄等组成。对种床整理和限制播种深度。

（7）覆土镇压机构。由镇压轮、支架、调压手柄、调压弹簧等组成。完成覆土和镇压工序。

（8）播种监视系统。由传感器、连线、报警器、显示器等组成。漏播断行时报警、显示播种粒数等。

（9）划印部件（4行以上机型）。由支座、固定杆、伸缩杆、划印圆盘等组成。为机组作业时行驶路线划印。

（10）液压系统。由管路、顺序阀（4行以上机型）、地轮油缸、划印器油缸（4行以上机型）等组成。完成整机和划印器的起落。

（11）口肥部件（选装）。由肥料箱、底座、排肥器、轴、链轮、输肥管等组成。实现播种时同步施入口肥。

（编撰人：莫嘉嗣，漆海霞；审核人：闫国琦）

7.气吸式精量播种机排种量不稳定的原因有哪些？如何排除？

（1）当吸气管路管外破裂，导致吸气管中的气压下降，引起排种量不稳定。特别体现个别漏播，或播量减少。

（2）吸气型胶管的质量没有达到标准，胶管容易被氧化变质，也有可能是保存不佳使得胶管破裂，产生漏洞，或内层产生脱离层使原来的气流阻力产生变化而加大，原来的气压也随着变化而降低，无法轻易吸附种子，从而导致排种量不稳定。

（3）吸风机的轴承长期处于无人保养的状态，导致轴承磨损或者缺油，从而使得吸风机的旋转阻力增大、转速下降、气流和气压不足，难以吸附种子到排种盘上。主要出现在整机（全部单体）播量不足或完全漏播。

（4）主机动力输出不足，而转速降低，导致风机旋转速度出现下降的状态而使气流不足。

（5）传动系统的零部件长期没有检查而出现老化或者损坏，造成风机转速下降。

（6）排种盘使用前保管不当或者安装不当出现排种盘相关零部件变形，使排种盘与种室接触不严密而出现漏气现象，基本不吸附种子。

（7）排种盘型号选取不当，吸附力过小、孔眼过小，无法吸附种子或吸量少而导致排种量不稳定。

排除故障的方法：当发出漏播信号时，应熄火停车，并将播种机落地（悬挂式）检查原因。若发现胶管有较小孔眼或裂纹的可使用胶带修补，孔眼过大或裂纹过长的应更换新管；接头连接不牢，可重新接牢；输气管内壁脱层阻力大的应更换新管。排种盘或排种室变形可试校或更换新品；发动机转速正常而风机风量依然不足够的，可排查风机轴承，若发现晃动、异声便更换轴承。

播种机

★农机360网，网址链接：http://www.nongji360.com/.shtml

（编撰人：莫嘉嗣，漆海霞；审核人：闫国琦）

8. 水稻大棚半自动播种机有哪些使用要点？

（1）播种机的适用条件。

①育苗床土。使用8mm网眼的筛子进行筛选床土，可避免有土块。

②稻种。必须保证稻种的纯净。种子的数量是由芒占播种轮沟槽内空间的大小决定的，应避免芒长，否则会造成播种断空。

③种子的湿度应保持一致，可保证播种精度得到提高。

④种子的湿度决定种子的黏度，黏度不宜过大，否则种子不易下落而影响播量。

⑤种子在"鸡胸"部位的芽长最多为3mm，否则芽长过长会使种子连在一起，使得播种精度降低。

⑥苗床。为了防止种子落地后跳动，可在播种前对苗床浇水，提高播种质量。

⑦大棚。大棚宽度为大于或等于6.5m。要用混凝土地砖等硬化材料对大棚内纵向中心线和大棚边进行铺设。大棚的支架禁止倒伏、弯曲。

（2）水稻大棚半自动播种机的安装与调试。

①将蓄电池与控制调节器电源的插头连接到一起。

②检测物件的安装与调试。右侧滑道放置检测物件，距播种机滑道的前端位置490mm左右，将另一检测物件固定在距左侧滑道末端450mm左右处。播种机

的播量与速度成反比。当完成一个周期后，由播量大小，按实需播量对挡板升降装置进行调整，需要减少播量时，向下调挡板，逆时针旋转螺钉为减少播量；需增加播量时，向上调挡板，顺时针旋转螺钉为增加播量；螺钉每旋转一周播量增减5～7g；调整好播量后，查看播种播长与实际需要播长的距离相差多少，按此距离调整滑道末端的检测部件。

播种机

★ 农机360网，网址链接：http://www.nongji360.com/.shtml

（编撰人：莫嘉嗣，漆海霞；审核人：闫国琦）

9. 小型多用播种机常见故障分析及解决方法有哪些？

（1）排种器不排种。种子箱没有种子、传动部件出现故障、驱动轮发生打滑。种子箱加满种子，修理传动机构，防止驱动轮打滑。排种轮卡不转，输种管管口堵塞。固定好排种轮，清除输种管管口堵塞物。

（2）播种不均匀。外槽轮的排种长度不一致；有些排种轮轮齿出现故障；播种机轮边粘的泥土不均匀，轮子直径不一致；种子质量不好，含杂；机组没有匀速行驶。应更换刮种舌和排种轮，调整外槽轮工作长度，安装好行走轮上的刮土板，清选种子。

（3）种子破碎率高。若因护种部件损坏，应更换护种部件；若因排种轮选取不当，应换排种轮或排种盘规格合适的；若因作业速度快，使传动速度增高，应降低作业速度，保持均匀的速度前进；若因刮种舌离排种轮距离很近，应调整刮种舌与排种轮的间距。

（4）播种深度不够。部分相关的零部件变形，伸缩杆压缩力度不一；播种机挂结点位置不当，由于机架倾斜造成前后开沟器入土的深度不一致；播种机两侧负荷不一致；作业行驶方向不合适或速度不均匀。应对各部件进行调整，保持合适的行驶速度和合适的行驶方向。

（5）开沟器堵塞。应停车对开沟器进行堵塞物清除。

（6）覆土不严密。如覆土板角度不准确，则对覆土板进行调整；若因弹簧弹力不足，应调紧弹簧。

播种机

★农机360网，网址链接：http://www.nongji360.com/.shtml

（编撰人：莫嘉嗣，漆海霞；审核人：闫国琦）

10. 插秧机插秧系统的主要故障及排除方法有哪些？

（1）插秧机构故障。

①插秧中秧爪发出"咔"响声并停止转动。原因是取苗口出现堵塞物，导致安全离合器起作用而发出的响声，取出堵塞物并查看秧针是否有变形，若变形应维修或更换。

②插秧中秧爪停止转动，但无响声。原因是秧爪驱动系统磨损，应对零部件进行排查。

③发动机转数提升后4组秧爪全部停止，并发出声响。其原因是某个秧针插到石块，应切断插秧离合器并将石块取出；安全离合器弹簧失效，应更换。

④插植叉弹出不稳定。其原因是插植叉零部件发生老化或损坏，应采取维修或更换配件。

⑤插植叉不回位或回位量少。其原因是压出臂或压出帽出现故障，应对零件进行排查。

⑥插植叉在其转动轨迹的最下段之前或之后弹出。其原因是插植臂弯曲，或插植曲柄键槽磨损，应对部件进行排查。

（2）秧箱部分故障。

①秧箱左右移动时有响声。原因是导轨滑板与秧箱滑板之间阻力增大；秧箱产生形变；上滑板产生形变。应加黄油、调整滑轮位置、维修或更换配件。

②一边的秧苗插的快。原因是一边的取苗量调整量过大；秧针与秧箱左右距离不一致。应重新调整间隙以排除故障。

③秧苗两边过剩。原因是秧箱支撑臂固定不紧；秧箱移动距离不大；导向金属、导向夹子磨损。应调整、拧紧、更换配件。

④送苗装置操作不良。原因是轮齿出现故障。应更换部件。

插秧机

★农机360网，网址链接：http://www.nongji360.com/.shtml

（编撰人：莫嘉嗣，漆海霞；审核人：闫国琦）

11. 插秧机有哪些常见故障处理?

（1）立秧差或发生浮苗。原因是水田表土硬软程度不合适；插秧深度调整不准确；秧爪出现磨损；秧苗苗床水分含量不合适。可减慢插秧速度，对于非乘坐式插秧机可压手把。

（2）插过秧后秧苗散乱。原因是苗片与苗片接头间贴合不紧；苗床水分含量不合适；推秧器推出距离过小；水田表土硬软程度不合适。可更换秧爪、降低插秧速度、清理或更换导秧槽。

（3）漏穴超标。原因是秧苗拱起或秧苗卡秧门；取秧口有夹杂物；苗田播种不均匀。应将秧苗切割为标准宽度；清除秧苗杂物；更换密度均匀的秧苗。

（4）各行秧苗不匀。原因是各行秧针调节不一致；纵向送秧张紧度不一致；苗床土含水量不一致。应对有的插秧机可逐个调节送秧轮，使每次纵向送秧行程均为11～12mm。

（5）秧门处积秧。原因是秧爪间隔窄宽不合适；秧爪磨损，取苗数量不足；秧苗苗床土过厚。应及时更换新秧爪或校正秧爪的间隔距离。

插秧机

★农机360网，网址链接：http://www.nongji360.com/.shtml

（编撰人：莫嘉嗣，漆海霞；审核人：闫国琦）

12. 插秧机的安装与调节方法有哪些?

安装时必须将插秧机两端垫起，使秧爪落下，然后按以下顺序进行：将操作杆插入套管内，将秧爪转到最上位置，秧爪就不会在泥里，将长链条两端套合在小链轮上，然后拉直链条，拧紧止动螺母，按摇手的转向摇摇转链条，使压秧部件抬到最高位置，将放秧部件上的外鱼尾螺母取下，将内鱼尾螺杆放在"U"形槽里，然后拧紧两个鱼尾螺母。

（1）稀密调节。可以用改变伴行距离来调节行距，宽窄行有利禾苗通风透光，株距以退步距离调节。

（2）取秧部位调节。一般取长秧约40mm。

（3）插秧深浅调节。出厂的插秧机都调到最浅位置，在稳苋的前提下，越浅越好，晚稻避免插入太深，禾有点歪斜没有问题，插得过深，由于秧苗基部进行无氧呼吸而产生酒精，会影响生根。

（4）操作高矮调节。插秧机链条一般为138节，使用者发现高度不合适时，可以增减链节。

（5）放秧板装配着重说明。由于放秧板薄，必须保证装配时将波浪边底面紧靠圆条上，使得从侧向看去下端直线在抵秧片终端的中部位置。保持拦秧丝与放秧板的高度为30mm，并将原来呈"八"字形安装左右两挡根板互相调换安装。

插秧机

★中国农机网，网址链接：http://www.nongjx.com/tech_news/.html

（编撰人：莫嘉嗣，漆海霞；审核人：闫国琦）

13. 插秧机全面维修保养有哪几个方法?

（1）检查外观保养。检查各个零部件是否干净或损坏。

（2）保养检查插秧机发动机。检查有没有汽油；油旋扭是不是开启；空气滤清器是不是干净；曲轴箱齿轮油是不是干净或损坏；缓慢拉动反冲启动器拉绳几下，是不是转动正常，有没有压缩感。

（3）保养检查液压部分。检查液压油是不是清洁；液压一级皮带磨损程度；液压部分活动件是不是灵活，注油处是不是注油；液压仿形的中浮板动作是不是灵敏。

（4）插植部分保养检查。检查秧针与秧门间隙是不是正确，纵向取苗量调整是否正常；导轨是否注黄油；插植传动箱、插植臂、侧边链条箱是否加注黄油、机油；插植臂是否正常运转；纵向送秧是否活动正常，送秧轮转动是否正常等。

（5）行驶部分保养检查。对行走轮需检查其运转是不是正常；变速杆调节是不是可靠；左右转向拉线是否注油。

插秧机

★农机360网，网址链接：http://www.nongji360.com/.shtml

（编撰人：莫嘉嗣，漆海霞；审核人：闫国琦）

14. 插秧机实用技巧及常见问题的处理方法有哪些？

（1）插秧机在下田使用前的检查与调试。

①在启动发动机前，应排查发动机汽油、齿轮箱机油、齿轮油和液压油量是否合适再启动。

②下田装秧前挂载空挡位置，要让它空插时应合上载插离合器，等载秧台移至靠边时切断离合器。再将秧苗装上载秧台后试插一段，根据实际情况调整株距为12～21cm。

③埂边保证留一个插秧机位置，最后再绕田埂插一圈。

（2）插秧机常见问题的处理。

①发动机无法启动。油开关有没有打开，油箱有没有足够的汽油，当主离合器在离的位置，稍微加点油门，拉起风门，再拉启动绳。若以上问题确认解决后还不能启动，对空气滤清器进行清洁，拆下火花塞将电极摩擦表面氧化层；若加

油盖排气孔出现堵塞，应进行清除。汽油久放后应该换汽油。

②合上离合器插秧机不工作，可能是离合器松懈，须用离合器调节杆进行调节。若株距齿轮啮合不当，则推拉株距切换手柄，或者把插秧机熄火，合上离合器拉动插秧机，再挂挡。

③经常发生缺秧，苗床土应该保持厚度为2~3cm。

④田块的土质太黏，一般应保持田块水深1~3cm为宜。

⑤插秧过程中无法载插并发出很大的咔哒声，原因是插秧爪存在石块或异物。应对插秧爪进行检查，清除石块或异物，避免秧爪变形。

插秧机

★农机360网，网址链接：http://www.nongji360.com/.shtml

（编撰人：莫嘉嗣，漆海霞；审核人：闫国琦）

15. 插秧机田间作业需注意什么?

（1）作业前对插秧机各手柄进行排查。

（2）检查发电机机油量、插植臂黄油量、载秧台上下导轨黄油量。

（3）用秧规对各秧抓取秧量进行检查，看是否一致。

（4）第一次装秧苗把载秧台移至最左端或最右端。

（5）除插秧时间外，载秧台浮船应该离开地面。

（6）作业时插秧机应与田埂边保持一定距离，防止导轨碰撞变形。

（7）插秧4~5m后要停车确认插植深浅、株距、取秧量是否正常。

（8）插秧机进出作业田保持低速行驶。

（9）必须将载秧台升起后通过田埂，避免载秧台浮船及支架损坏。

（10）插秧机装满秧苗，起步转弯需低速。

（11）作业时要及时清理浮船的泥土。

（12）踩差速踏板前，把方向盘打直后低速向前行走。

（13）插秧机发生陷车时，不得使用拖拉机进行牵引。

（编撰人：莫嘉嗣，漆海霞；审核人：闫国琦）

16. 多功能水稻插秧机功能是什么?

（1）多功能水稻插秧机简介。多功能水稻插秧机适应的地形广泛,若为人工拔秧,均可使用本插秧机插秧,使用的秧苗长度一般为15～35cm,秧苗插的整齐、均匀,通风性能好,伤秧率≤2%、漏秧率≤2%,对所插秧苗大小、深浅都可以自由调节。

（2）多功能水稻插秧机特点。其功能集成供秧、分秧和插秧,对秧苗的要求不严,可随时调节株距与行距。经过各种工作环境的反复试验,插秧成功率及秧苗成活率均达到98%以上。该机的效果是手工插秧遥不可及的。现有插秧机的三大难题:漂秧、挖秧、售价高。而它极大地降低劳动强度,提高生产效率,且售价便宜,十分适合我国农业小规模经营的现状。

插秧机

★中国农机网,网址链接: http://www.nongjx.com/tech_news/.html

（编撰人: 莫嘉嗣,漆海霞; 审核人: 闫国琦）

17. 如何调节水稻插秧机?

（1）机动插秧机。

①每穴株数与株距。调整秧帘的位置可改变秧爪的入帘深度,入帘深度与株数成正比。常将秧帘调到与毛刷尖部相平,与毛刷尖部的距离一般不会超过3mm。停机后,改变株距变速手柄位置,当手柄在4或6位置时,株距为13.3cm、20cm。

②秧爪与送秧器的定位时间调整。通过正反向移动分插轮传动链位置,使秧爪进入秧爪与送秧器成水平位置,送秧器爪已后退,保证秧爪尖与毛刷根部间距在14～24mm。

③插秧深度。在深浅调节齿板上改变提升杆固定位置,若固定位置高则插得深。

④发动机皮带和链条紧度。通过调整紧轮，在链条中部用手下压稍有弹性时，链条紧度为合适。以皮带不打滑为准，移动发动机产前后位置。

（2）人力插秧机。

①每穴株数。松开翼型螺母后将胶块向上移动并调节张开度，使操作杆移动距离增长，张开度则大，夹秧多，保持在8mm≤秧夹张开度≤16mm。如仍达不到要求，为了增加有效夹秧长度，可将夹板向秧夹方向移动。

②夹紧度和夹苗位置调整。根据秧苗情况对夹紧度调节螺母进行调整，将分插杆往上移动来加长短撑杆工作长度，使夹紧度大；反之，则小。通过松开秧箱滚动轮螺母后，可将轮架向上移动滚动，夹秧间位变低。

③秧夹与秧门板的相对位置。通过松开秧门板连接螺母，来上下移动秧门板，对秧箱滚轮架的高低进行调整，使秧门下边比秧箱前缘高。

④秧夹进入秧箱深度和分秧距离。通过松开螺母对秧夹调节板进行上下移动，以固定秧夹的三角挡片前缘进入秧门内10mm为宜。根据秧根长短，以秧夹夹秧时能拉开秧根为止。

插秧机

★中国农机网，网址链接：http://www.nongjx.com/tech_news/.html

（编撰人：莫嘉嗣，漆海霞；审核人：闫国琦）

18. 插秧机使用注意事项有哪些?

（1）在插秧期到来前，要熟悉插秧机的机手和操作手的使用办法，以及全面了解插秧机工作原理。

（2）注意把栽植离合器手柄和主离合器手柄放到分离位置再启动；要向内侧推紧启动手柄，可避免出现碰伤的情况。

（3）在停机熄火前提下才能调整取秧量，必须在切断主离合器的前提下做其他调整、清理秧门或分离针。

（4）在插秧的过程中，船板上时刻保证清洁，避免杂物缠绕传动轴或万向节；行走传动箱与行走地轮间的杂草和泥土必须用手清理，不得使用脚去清理。

（5）需要常常排查各部件的螺栓，避免因螺母掉落在上滑道。

（6）在插秧机转弯时，必须分离栽植离合器，避免损坏传动万向节部件。

（7）在整理秧苗或装秧时，手应该注意操作手的动向，避免被分离针刺伤。

（8）在过水渠时，要搭上木板并慢速通过；在过田埂时，确保秧门没有磕碰。

（9）在插秧作业中发生陷车时，防止抬传动总成链轮箱和弯管等重要的传动部件，应采取措施使插秧机自行爬出。

插秧机

★中国农机网，网址链接：http://www.nongjx.com/tech_news/.html

（编撰人：莫嘉嗣，漆海霞；审核人：闫国琦）

19. 手扶插秧机如何使用？

（1）手扶插秧机的主要结构与原理。

①结构。包含驾驶操作系统、发动机控制系统、油压系统、插植系统、行走系统等组成。

②工作原理。秧针由插植臂带动工作，使用秧针从苗盘上把秧苗取下，通过推秧器，将秧苗插入地下，从而插秧完成。

（2）手扶插秧机的安装与启动。

①开始寻找到中心标杆的位置，然后将它装配固定在手扶插秧机的前部。进而对苗盘架进行组装。第一步：选取准确的方向将弹簧组装在导杆上。接着在苗盘支架上将导杆固定；第二步：先装配好苗盘架前辊轮，然后必须先松开导杆上的支架固定板，在插秧机上将苗盘架装配好，在支架导杆上将两只后辊轮进行组装。接着在支架导杆上放置苗盘架，固定好支架固定板，装好最后两个前辊轮。苗盘架装配好后必须检查装配是否正确和到位。

②启动时，先在中立位置放置变速杆，将启动开关旋转到运转位置。然后轻轻拉出节气门手柄。插秧机离合器与主离合器切换到"切断"位置，并使油压手柄处于"下降"位置。并向内侧调节油门手柄到1/2处。然后，拉动反冲式启动

器后，将发动机启动，推回风门。抬升机器，将变速杆拨到行走或插秧挡，缓慢地连接主离合器，启动结束。

插秧机

★农机360网，网址链接：http://www.nongji360.com/.shtml

（编撰人：莫嘉嗣，漆海霞；审核人：闫国琦）

20. 手扶插秧机如何调整?

（1）取苗量的调节。

①纵向取苗量，即秧针切秧块的高度范围，其调节范围是8～17mm，标准为11mm。通过秧苗移送辊上端的螺母来调节取苗量。要使取苗量变大，则将螺杆往上调，也就是螺母往下调，反之则相反。

②横向取苗量，指苗箱由一端移到另外一端时插植臂运动的次数。横向取苗量的调节一般是三个挡位，20、24、26。一般情况下，大苗20、中苗24、小苗26。

（2）株距调节。调节方法为：使变速杆在中立位置，将插秧离合器与主离合器接合，插植臂慢速运转。调节株距手柄到所要的位置，接着加大油门，使插植臂高速运转，当株距无掉挡时调整结束。

（3）拉线的调整。

①转向拉线的调整（灰色）。当插秧机转向出现不正常旋转时，通过调节转向拉线，调整螺杆使转向手柄的间隙为1mm即可。

②主离合器拉线的调整（黄色）。当插秧机行走出现不正常现象时，通过调整主离合器拉线，调整拉线上螺母使主离合器手柄连接到"切断"字位置时，插植臂开始运转或动力开始传递。

③插秧离合器拉线的调整（绿色）。当插植部的结合与分离不正常时，通过调整插秧离合器拉线，调整拉线上螺母使插秧离合器手柄在"切断"位置时，插植臂开始运转。

④油压离合器拉线的调整方法（蓝色）。当机器上下失灵时，应检查油压离合器拉线。先把油门开到最大，将插秧离合器和主离合器切断，调整油压离合器

上的螺母使手柄在"上"的位置时，机器3~4s能升起来，0~2s下降，升起来后固定好。

插秧机

★农机360网，网址链接：http://www.nongji360.com/.shtml

（编撰人：莫嘉嗣，漆海霞；审核人：闫国琦）

21. 手扶插秧机如何维护与保养？

（1）日常保养。

①发动机机油的更换。先将原有机油排放完毕后，接着将放油螺栓上紧，加注新机油到机油刻度线中间位置，必须每天检查发动机机油油量。第一次20h更换，以后每隔50h更换一次。

②齿轮箱油的更换。在运转热机前提下放油。旋开注油塞，松开检油螺栓，松开放油螺栓放出齿轮油。排放干净后，拧紧放油螺栓。把插秧机放平后，注入新的齿轮油，直到螺栓口处出油为止。基本为3.5L。齿轮油可每个作业期更换一次。

③驱动链轮箱的加油。把机体前端垫高，将侧浮板支架松开，然后取出油封，注入300ml齿轮油，装好油封，再将侧浮板支架装配好。

④插植传动箱的加油。打开3个注油塞，每个注油口加注1∶1混合的黄油和机油约0.2L，每3~5d加注一次。

（2）维修保养。

①将发动机调整到中速运转，然后使用清水清除污物，清洗后让发动机继续转2~3min。

②打开前机盖，关闭燃油滤清器，松开油管放油，排放完毕后安装好油管。松开汽化器的放油螺栓将汽化器内的汽油全部放出，以免汽化器内氧化、生锈和堵塞。

③在主离合器连接前提下，调整拉动反冲式启动器使其在有压缩感觉的位置停下来。

（编撰人：莫嘉嗣，漆海霞；审核人：闫国琦）

22. 水稻插秧机的使用与维护方法有哪些？

（1）外观质量。

①检查喷漆质量。缺漆部分应该及时补漆。

②焊接件应牢固可靠。部件之间的连接件应该牢固齐全。

③易损备件、机器清单、机器工具、说明书等技术资料齐全完整。

（2）试运转检查。

①将主离合器处于接合状态，变速手柄置空挡，接合插秧离合器，通过摇把用手慢慢摇动发动机（不要起动）检查是否有卡滞秧门等现象。

②将发动机按常规的方法起动并用行走速度和插秧速度试车30min，用中慢速使插秧机工作部件空转10min。

③柴油机运转时，应不窜机油，无共振现象且转速稳定，不冒黑烟，没有异响。

（3）正确使用与维护。

①每插秧前，应按使用说明书，对插秧机进行全面检查和维修，对应该加油的地方加油。

②在使用前，应排查机子各个部件的状态，若出现不好状态时必须调好，并对传动部分需要加油部分进行加油。

③在操作过程中，出现插秧情况不正常时，应该立即停机检查各个部件，并对可疑部件进行维修。按工作要求每隔4～6h，向各转动部位注油润滑。

④每天作业结束后，要洗涤机器各个部件，保持机器干净，并排查零部件是否存在损坏、变形、螺丝松脱的现象，并注好机油。

⑤陆地行走时，不允许磕碰，保证分离针、秧门以及其他部件不被碰坏或变形。

插秧机

★农机360网，网址链接：http://www.nongji360.com/.shtml

（编撰人：莫嘉嗣，漆海霞；审核人：闫国琦）

23. 水稻插秧机维护保养"五检查"是什么?

（1）外部清洗检查。机手应该对水稻插秧机进行外部清洁，保证机器的干净性。

（2）发动机保养检查。空滤器确保畅通；汽油应该放净，并将油开关关闭；更换干净的曲轴箱齿轮油。

（3）对液压系统保养检查。保证液压油充足，查看液压传动带的磨损情况，润滑处应该注油，调整液压部位的活动件灵活，液压仿形的浮板动作应该时刻处于灵敏状态。

（4）对插植部位保养检查。仔细检查插植相关部件是否正常运动；调整秧针与秧门间隙在合适的范围内，调整合适的横向纵向取苗量；导轨应注涂黄油等。

（5）对行走部位保养检查。排查行走相关零部件是否可靠有效并进行调整。

（编撰人：莫嘉嗣，漆海霞；审核人：闫国琦）

24. 柴油机捣缸的原因是什么?

（1）活塞销折断。活塞销硬度不足而断裂；活塞销孔的中间位置参数偏斜；活塞销与其他部件间隙过大，造成额外的冲击力；卡环环槽磨损或漏装活塞销卡环使活塞销折断。

（2）连杆负荷超载或连杆弯曲、扭曲。

（3）连杆螺栓折断。扭力矩过大使螺栓拉伸变形；或者扭力矩过小，造成轴瓦原来正常的间隙变大，从而产生冲击力；采用的连杆螺栓质量以及技术性能不好导致连杆螺栓折断。

（4）气门锁没固定，导致卡簧失去作用；气门掉入气缸使气门杆出现折断。

（5）缸套台肩处折断。缸套台肩处没有圆角而导致应力过度集中而折断；缸套强度不一致，用力敲打时，薄弱处产生裂纹；安装不当，导致缸套倾斜，在活塞侧压力作用下，缸套过荷，时间久后缸套发生形变而折断。

（6）活塞销孔断裂。缸套与活塞之间的距离过小，导致拉断活塞；活塞与缸套之间距离过大，导致活塞被打坏；连杆产生变形，使活塞受其他附加的应力；活塞与活塞销装配方式不当，使活塞产生破裂；活塞技术性能不好等造成活塞销孔断裂。

（7）操作不当熄火、起动或作业中，油门过度加油减油，相关的零部件受到几倍正常的冲击载荷而疲劳损坏产生捣缸。

柴油机

★慧聪360网，网址链接：https://b2b.hc360.com/supplyself/

（编撰人：莫嘉嗣，漆海霞；审核人：闫国琦）

25. 柴油机发生"飞车"的原因与应急措施是什么?

（1）"飞车"的原因分析。

①冷车启动发生飞车，没有及时检查调速器飞球支架孔，由于停车时支架下沉与壳体常相碰，产生摩擦，使得调速器飞球支架孔出现磨损。由于刚启动时，转速低，启动弹簧的压力和摩擦阻力远大于飞球离心力，导致供油量原本应该下降的却没有下降，结果使转速增加过快。随着发动机转速提高到一定速度后，飞球离心力大于启动弹簧的压力和摩擦阻力后，推力盘、飞球支架及供油拉杆一起往后移，减少供油量，发动机转速过渡到稳定状态。

②柴油机经常在额定转速下工作，飞球出现了椭圆形小坑，该小坑是被磨出来的，然而当转速上升时，却被卡在圆坑中，造成飞车。

③安装调速器时，钢球涂黄油过多，当转速升高时，钢球由于黄油比较黏稠，而无法飞离甩开，导致飞车。

④在柱塞套内出现柱塞卡死，导致柱塞弹簧折断，使供油拉杆阻滞或卡死在最大供油位置，导致飞车。

⑤冬季机油中，因含水过多而凝结，同时调速器内的机油过多黏度过大，造成飞球运动变得不灵敏，无法正常控制供油量，导致飞车。

⑥加过多机油进入油浴式空气滤清器油盘，从而被吸入气缸内燃烧，导致飞车。

（2）发生"飞车"时应采取的措施。

①及时将减压手柄放在减压位置，使发电机压力减小，阻止发电机转动。

②切断油路停止供油。

③在作业中遇到"飞车"不要减挡，采取制动的形式来增大负荷，使发动机因超负荷而熄火。

柴油机

（编撰人：莫嘉嗣，漆海霞；审核人：闫国琦）

26. 柴油机冷却系统如何使用与保养？

（1）尽量使用软水，如雪水、雨水作冷却水。含有多种矿物质属于硬水，如泉水和河水，在水温升高后冷却会沉淀出水垢，故不能采取。

（2）保持上水室中的水距离进水管上口以下至少8mm，发现低于这个数值时应该补足。

（3）掌握进出水操作方法。当柴油机工作时过热并且缺水时，应该待水温下降后在运转状态下再以细流的方式慢加冷水。寒冷天气不能在水温很高时候放水，避免因温差太大而损坏机体，等到水温至少40℃以下才可以放水，而且应打开水箱盖使水完全放尽，避免冻裂相关零部件。

（4）维持柴油机处于正常温度。柴油机启动后，要预热到60℃以上的前提下才可开始工作。工作正常后水温应保持在80～90℃，最高不得超过98℃。

（5）检查皮带张紧度。用29.4～49N的力按在皮带中部，皮带下陷量10～12mm为适宜。要用移动发电机皮带轮的位置来调整，需松开发电机支架紧固螺栓，此方法可以调整皮带过紧或者过松。

（6）检查水泵漏水情况，停车3min内漏水如果超过6滴，应更换水封。

柴油机

（7）应定期注油润滑到水泵轴轴承。当柴油机每工作达到50h，应加注黄油到水泵轴轴承。

（8）发动机工作到1 000h左右，应对冷却系统进行水垢处理。

（编撰人：莫嘉嗣，漆海霞；审核人：闫国琦）

27.柴油机启动困难的原因及检修要点是什么？

（1）柴油机供油系统故障引起启动困难的原因。

①喷油泵柱出现卡滞、喷油嘴出现堵塞、输油泵无法工作、出油阀密封不严、供油调节杠杆功能不良、有关部件损坏等均会使喷油泵不能产生高压油雾。

②油路不供油。多为燃油箱无燃油、油管裂损进气、连接件松脱、燃油中进水、油面过低。

③多层喷油嘴针阀卡滞、喷油压力低及喷油雾化不良、喷油嘴调节弹簧断损等。

④喷油定时不准。相关零部件出现损坏、磨损或者调校不当。

（2）柴油机启动困难的其他原因。

①蓄电池容量不足、启动转速过低、导线松脱而接触不良启动无力、机油黏度过大致使阻力增加。

②电启动系统不正常工作。启动机断线、气轮齿圈轮齿破损等。

③气缸压力不足、气缸漏气、缸盖螺栓松动、气门及气门座烧蚀等。

④着火温度过低排气管冒白烟、未在缸盖和缸体加入热水。

（3）启动困难故障、检修要点。

①检查油箱柴油状况并清洗维护。

②检查和拧紧每个油管接头，或者排出燃油中的空气。

③维护滤清器，按说明书清洗和擦干滤清器。

④清洗喷油嘴配件装复后要使用的话，必须经过压力调试。

⑤选用合适当地要求的优质润滑油和燃油。

柴油机

★农机360网，网址链接：http://www.nongji360.com/.shtml

（编撰人：莫嘉嗣，漆海霞；审核人：闫国琦）

28. 柴油机燃油系统几个易出故障部位的检查方法是什么?

（1）判断低压油路的进气部位。

①当低压油路中有空气时，将放气螺钉拆下，持续用手油泵泵油，观察气泡是否依然存在，若存在的话，说明是输油泵出油口到喷油泵之间有进气处。可采用胶布包裹可疑部位或油箱加压的方法来确定具体漏气部位。

②工作中，因过度磨损或因积炭过多的某缸喷油器的针阀座密封锥面，会导致针阀偶件封闭不严，则高压气体将从喷孔通过密封锥面，经针阀偶件的很小的距离，进入喷油器腔体。这一进气部位的判断方法是，将滤清器与喷油器总回油管连接的螺钉拧下，排尽空气后，启动柴油机后，若喷油泵不再有空气，发动机机械声音正常，那么喷油器可判断为漏气。如要进一步判断是哪个喷油器漏气，可拧松单只喷油器回油管空心螺钉观察是否有气泡冒出，则可以判断该喷油器是否有漏气。

（2）判断低压油路的堵塞部位。松开喷油的放气螺钉，同时将手油泵手柄松下，柴油此时应该有规律地向外喷出，则可以说明此时的油路很畅通。若拉动手柄时需要很大的力气时，可以判断是输油泵的油路有可能堵塞。常见的堵塞部位有粗滤器滤网、油箱出油管、输油泵进油口滤网等。可从不同部位向油箱内吹气的方法查找堵塞部位。

柴油机

★农机360网，网址链接：http://www.nongji360.com/.shtml

（编撰人：莫嘉嗣，漆海霞；审核人：闫国琦）

29. 如何正确诊断发动机的异响?

初步诊断，判定异响对发动机的影响程度。

（1）若在发动机低速运转时基本没有声音，而在高速运转时声音很大并且有节奏，在加减速时声音线性过度时，此时声响是正常的。

（2）在速度比较慢时存在声音，而在转速提高后消失，在接下来的整个工作过程中声音无明显的变化。这属于允许暂时存在的异响，等到有机会再修理。

（3）若在突然加减速时出现声音，发动机运行在中、高速声音并没有消失，并且发动机出现振动，属于不正常的声音，应该及时排除掉异响，找出原因。

（4）在运转中突然出现较为大声的声音时，应该立即停止作业并对发动机进行拆检。

认真分析，进而认定异响的部位、原因和程度。

（1）首先应检查工作循环跟异响有没有联系，尝试判断故障在哪一个部件。若两者有联系时，则在曲柄连杆机构或者配气机构可能出现故障。

（2）逐渐提高发动机转速，观察异响有无变化，根据异响随转速的变化，判断运动机件耗损的程度。

（3）发动机的温度变化也会对异响造成影响，应该予以观察。

（4）如果是多缸发动机，检查异响与缸位是否有关联。若某缸断油断火后异响并无明显的变化，说明异响与缸位并无关系；若某缸断油断火后异响有明显的变化，说明故障即在此缸。

发动机

★农机360网，网址链接: http://www.nongji360.com/.shtml

（编撰人：莫嘉嗣，漆海霞；审核人：闫国琦）

30. 打捆机如何进行保养？

（1）滚子链。可用机油对热的滚子链进行润滑，可采用以下两种方式进行润滑链。①在比较恶劣的环境下需要用机油润滑所有的链条。②在链条将要闲置一段时间的时期进行润滑。

（2）轮子轴承。每年都需要拆下轮子轴承进行清洗或者更换。将螺栓上的开槽与开口销孔进行对正。安装轮子螺栓时使用120～135N·m的转矩，必须每天检查螺栓松紧的程度，并保证轮子气压为207kPa。

打捆机

★农机360网，网址链接：http://www.nongji360.com/.shtml

（编撰人：莫嘉嗣，漆海霞；审核人：闫国琦）

31. 打捆机维护要点有哪些?

（1）注意事项。

①确保液压系统油温在50℃以内。

②当液压系统相关部件出现损坏时，及时停机处理，禁止继续运转造成大事故。

③清洁设备，避免油箱内进入杂物；将机头氧化铁皮清理干净，避免氧化铁皮覆盖开关引起误动作。

④停机5h以上时，在作业前，使液压泵电机空运转5～10min，再投入工作。

⑤禁止在液压缸运行状态下调节系统压力。

⑥在调试前，保持高低压溢流阀处于松弛状态。

（2）故障处理。

①送丝不到位。a.将压力调节在12MPa左右。b.将钢丝送出部分去掉，再进丝。c.若钢丝正常运行下被轧扁，则调节进行减压。d.观察钢丝送到什么地方停下来，并对扭结头进行修磨。e.检查并取出扭结头内的断头。

②不送丝。a.检查送丝开关是否运行。b.检查高压是否12MPa，低压是否8MPa。c.保证钢丝在压丝轮的孔型中运行。

③不扭结。扭结头进行压力检查，压力表为12MPa。

④不结复。a.检查压力表，压力显示为5MPa。b.检查复位顶杆是否有卡阻，复位顶杆严禁加注黄油。

⑤扭结头断头。a.修磨扭结头至光滑无卡阻。b.检查成型抱紧机是否松散。

打捆机

★农机360网，网址链接：http://www.nongji360.com/.shtml

（编撰人：莫嘉嗣，漆海霞；审核人：闫国琦）

32. 循环式谷物干燥机是什么？

（1）谷物干燥机用途。谷物干燥机适用于对五谷进行烘干，也常运用在种子和油菜籽的烘干。根据用户的需求，可以是单机运行，也可以是多机组运行。可以作为农作物加工的优选粮食烘干设备。

（2）推广应用情况。谷物干燥机的应用价值主要体现在稻谷、小麦、玉米的烘干。自动化程度高，操作简单易懂，机器小，占地面积小。使用谷物干燥机可以大量减少人力资源。目前在东北以及华中地区得到广泛推广应用。

（3）谷物干燥机参数。结构型式：循环式。外型尺寸（长×宽×高）：3 900mm×2 000mm×9 700mm。整机质量：2 890kg。装粮容积：29m^3。电机总功率：4kW。处理量：17 100kg/d。

循环式谷物干燥机

★农机360网，网址链接：http://www.nongji360.com/.shtml

（编撰人：莫嘉嗣，漆海霞；审核人：闫国琦）

33. 谷物烘干机如何维修和保养？

（1）安全实施作业。注意用电安全，不得湿手湿脚进行操作；保证身体健康状态下作业；作业场所的整顿；作业时，机器附近必须有安全通道；必须在有人看守下才能运转；在进行燃烧机部位的清扫点检时，必须关掉主电源，在熄火后通风5min，等燃烧机的温度下降后进行；应戴安全帽后爬梯作业。

（2）预防火灾的注意事项。机器周围，勿放易燃物品；保证热风路、燃烧室表面清洁；供油系统加油时机器必须停止运转；经常检查油管，油管漏油时请勿干燥运行；机器旁边必须配备灭火器。

（3）干燥运转停止时的注意事项。干燥机运行停止后，继续送风对燃烧室进行冷却，避免造成烧伤事故的发生。遇到停电或紧急停止运转时，严禁站在热风机的前面，由于燃烧室内的未燃尽瓦斯会产生喷出，造成烧伤事故。

谷物烘干机

★农机360网，网址链接：http://www.nongji360.com/.shtml

（编撰人：莫嘉嗣，漆海霞；审核人：闫国琦）

34. 耕地机常见故障如何排除？

（1）由于耕深过度、土壤过硬造成负荷过大。应减少耕深，降低机组前进速度和犁刀的转速。

（2）由于土壤坚硬或刀片安装不正确造成工作时跳动。应降低机组前进速度和犁刀转速，并正确安装刀片。

（3）由于刀片弯曲变形，刀片折断、丢失或严重磨损造成间断抛出大土块。应矫正或更换刀片。

（4）由于机组前进速度与刀轴转速配合不当造成地面起伏不平。应适当调整两者之间的速度。

（5）由于安装时有异物落入，或由于轴承、齿轮牙齿损坏造成犁刀变速箱有杂声。应设法取出异物或更换轴承或齿轮。

（6）由于传动机构中有配件脱落或者损坏变形，引起工作时有金属敲击声。应更换严重变形零件，拧紧松脱螺钉。

（7）由于犁刀相关部件变形或者损坏造成犁刀轴转不动。应更换配件。

耕地机

★中国农机网，网址链接：http://www.nongjx.com/tech_news/.html

（编撰人：莫嘉嗣，漆海霞；审核人：闫国琦）

35. 微耕机如何维修保养？

微耕机的保养一般分为班次保养、季节保养和技术检修3种。

（1）微耕机的班次保养。①对机器外部进行杂物清除，排查各连接处的固定情况，并察看有没有漏油现象。②检查各个部件润滑油油面的高低情况，按要求对各部件添加润滑油。③检查刀座、刀片是否变形或者出现磨损。

微耕机

★中国农机网，网址链接：http://www.nongjx.com/tech_news/.html

（2）微耕机的季节保养。微耕机在完成一季作业之后，即发动机运转100h左右，需进行季节保养。①按说明书对发动机进行相关保养。②观察机器是否存在异响，进行排查以及检修。③当机器刚停止工作时，将齿轮机油放尽，并清洁齿轮箱，更换新机油。④排查各个零件，看是否存在损坏器件。⑤将机器放置在干燥通风处，避免机器部件发生氧化。⑥拆卸机器的工具以及其备用零部件也要放置在干燥通风处，避免氧化。

（编撰人：莫嘉嗣，漆海霞；审核人：闫国琦）

36. 耕整机节油技巧有哪些？

（1）尽量使用"快挡"。在作业环境良好的情况下，除开畦和打犁外，应该多使用"快速挡"进行作业，将油门提高在较大的位置，维持发电机处于额定转速运行状态。

（2）耕整深浅度要适中。耕整作业时深浅度要适中，水田耕整深度一般是10～12cm为宜。因过深会消耗更多的燃油，降低了利用效率，从而增加耕整成本。而因耕整宽度过窄时，依然降低了利用效率，增加燃油消耗；过宽出现漏耕现象。

（3）耕整宽度和深度要稳定。耕整要保持直行并且匀速，确保宽度以及深度一致，同时需要机手精力集中。

（4）油门要轻推轻拉。作业时要保证油门稳定有序，不能用力过猛，突然加速或者突然减速，导致耕整不均匀。

耕整机

★农机360网，网址链接：http://www.nongji360.com/.shtml

（编撰人：莫嘉嗣，漆海霞；审核人：闫国琦）

37. 犁如何安装与调整使用？

（1）安装。通过牵引插销将犁悬挂在牵引框上的。

（2）犁的调整与使用。①顺时针方向旋转耕深调节手柄，入土角变小，耕深亦减小；反之耕深增加。②耕宽调节。犁体向左或右摆动达到调节耕宽的目的。③偏牵引调节。如果向左边偏斜时，则调长左边的调整螺栓，调短右边的调整螺栓；如果向右偏斜时，则相反。

（3）注意事项。①用1挡或2挡对土壤较硬的田地进行作业；用2挡或3挡对土质较松软的田地进行作业。②耕作中遇到暂时阻力增加，抬高犁或者加大油门通过。如加大油门无效时，再换低挡工作。③地头倒退或转弯时，要减小油门并起犁。

犁

★农机360网，网址链接：http://www.nongji360.com/.shtml

（编撰人：莫嘉嗣，漆海霞；审核人：闫国琦）

38. 联合整地机常见故障及排除方法有哪些？

（1）旋耕刀片弯曲或折断。主要原因：机具猛降于硬质地面；旋耕刀片与田间的石头、树根等直接相碰；刀片本身的制造质量差。防范措施：机具下地作业前事先清除田间的石头，作业时绕开树根；机具下降时应缓慢进行；购买正规合格的旋耕刀片。

（2）灭茬刀弯曲或折断。主要原因：上述导致旋耕刀弯曲或折断的3个原因也导致灭茬刀弯曲或折断。防范措施：转弯时必须抬起联合整地机；灭茬刀入土不宜太深，以5~6cm为宜。

（3）旋耕刀座损坏。主要原因：刀座焊接不牢；旋耕刀遇到石头时受力过大；刀座本身材质不好。防范措施：焊接时注意刀座的方位，刀座的排列是有规律的；焊接后应检查焊接质量，必须焊实，防止虚焊；购买材质好的刀座。

（4）轴承损坏。多为边齿轮箱轴承（一般为204或205轴承）损坏，它的损坏将引起十字传动轴、齿轮、箱体以及动力输出轴系统的致命损伤。主要原因：齿轮箱内齿轮油不足，轴承因缺少润滑油而损坏；轴承质量差。防范措施：及时检查两个齿轮箱的齿轮油存量，杜绝各种漏油，及时更换损坏的油封和纸垫；及时加注黄油，更换轴承时应选购优质轴承；联合整地机在使用一段时间后必须按照说明书的要求，及时调整各种锥轴承的间隙。

联合整地机

★慧聪360网，网址链接：https://b2b.hc360.com/supplyself/

（编撰人：莫嘉嗣，漆海霞；审核人：闫国琦）

39. 水田耕整机事故原因有哪些？

（1）发动机不熄火排除故障。一是机手在发动机不熄火情况下，机手用手去拉或用脚去除去驱动轮的杂草，导致受伤。二是耕整机在农田作业时陷机，柴油机不熄火，机手或其他人站在耕整机旁边，耕整机的驱动轮从身体上轧过去，导致伤脚、伤腿、伤身体的事故发生。

（2）在田间作业时高速急转弯。耕整机快速转弯，导致耕整机失去平衡，导致翻机伤人的事故。

（3）耕整机在田间作业中，重心失去平衡。一是机手打左犁，导致耕整机重心失去平衡，引起翻机伤人。二是耕整机在田间作业时，驱动轮遇到田中的石块等硬物并轧过去，引起翻机伤人。

（4）耕整机在田间移动掉入水沟时发生翻机伤人。

水田耕整机

★中国农机网，网址链接：http://www.nongjx.com/tech_news/.html

（编撰人：莫嘉嗣，漆海霞；审核人：闫国琦）

40. 水田耕整机作业前需要哪些准备工作？

（1）对螺栓或用插销连接的各部件的连接处，应检查松紧程度。如发现牵引架与齿轮箱、发动机机座及皮带轮、后支承板、驱动轮转向架、升降杆套与升降轴等连接处的螺栓有松动时，则应拧紧。滴注适量机油到各活动部位，使其活动灵活。

（2）起动前，先排查燃油、发动机机油与齿轮箱机油。齿轮箱的机油应加注至齿轮箱前窗最下螺栓孔，当油溢出时即可。

（3）在使用前，必须经过磨台试运转。通过缓慢提高速度，逐渐增加负荷，逐渐研磨运动零件表面的微观凸起部分，使其平滑。磨合结束后，放出齿轮箱内的旧机油，换上新的或经处理好的机油，方可进行作业。

水田耕整机

★农机360网，网址链接：http://www.nongji360.com/.shtml

（编撰人：莫嘉嗣，漆海霞；审核人：闫国琦）

41. 碾米机使用注意事项有哪些？

碾米机主要由下料斗、加紧螺帽扳手、毛刷、砂轮、固定扳手、钢丝刷等组成。碾米机运用机械作用力对糙米进行去皮碾白。

（1）主副机安装必须安全可靠，传动机构相关零部件应该配带有防护罩装置。

（2）开机前应排查碾米机各部件的技术性能是否完好，然后开放出口插板、关好进口插板。

（3）在碾米机正常运行时，进料斗装满稻谷后，先将出口插板打开，并观察米粒是否符合要求。如果不符合标准，立即停机调节出口插板或米刀的间距。

（4）在米粒达到标准的前提下，便可开大进口插板，直到碾米机满负荷运行。

（5）若发现细糠内混有米粒和整米时，及时检查是不是米筛破损漏米，并采取相应措施。

（6）碾米机运行需要经常检查各部件紧固情况和轴承温度以及润滑情况，当碾米机运转发出异响时，便停机检查，严禁碾米机继续运行。

（7）经常清洁稻谷。稻谷内不可混有硬物，例如铁块、小石头等，应装置铁丝网在进料斗内。

碾米机

★农机360网，网址链接：http://www.nongji360.com/.shtml

（编撰人：莫嘉嗣，漆海霞；审核人：闫国琦）

42. 小型碾米机如何调整与维护?

（1）小型碾米机的调整。

①米刀的调整。调整米刀是调整米刀和滚筒之间的间隙。如间隙大，使得碾白室压力比较小，米在滚筒被磨的力度变小，导致米不能碾精，但出米率高。

②进、出口闸刀的调整。当进口闸刀开大、出口闸刀关小时，使得碾白室谷粒数量变多，米基本碾精，但产生较多的碎米；反之，则相反。

具体操作调整措施：①米刀和滚筒的调整间隙在米粒的横向直径左右或者略大于，否则，容易碾碎米粒。②进、出口闸刀要相互紧密配合。碾白室米少时进口闸刀便开大；碾白室米多时进口闸刀便开小。保持碾白室压力合适，避免卡住出口闸刀。

（2）小型碾米机的维护。

①碾米机加工的稻谷，要保持干燥度在含水率14%～15%。

②加入稻谷前广场中有没有杂物，如石头等，避免引起堵塞或损坏米筛。

③开机前应对碾米机各零部件进行排查，看螺栓、螺母有没有固定拧紧。

④开机前转动滚筒看是否灵活。

⑤开机时先空载运行到正常转速，再将稻谷倒入加料斗。

⑥每天工作完后，对碾米机各零配件进行排查，保证碾米机处于完好状态。

小型碾米机

★农机360网，网址链接：http://www.nongji360.com/.shtml

（编撰人：莫嘉嗣，漆海霞；审核人：闫国琦）

43. 安装农机零件有哪些注意事项?

（1）气缸垫。对准机体、缸盖上的相应油道孔，避免配气机构由于断油而导致干摩擦。

（2）活塞和活塞环。应按标记规定的方向安装有标记的活塞；将无标记活塞的小缺口面向喷油器一侧，使得混合气能够均匀混合。

（3）连杆和连杆盖。一般采用45°剖分连杆大端，此时应该把剖面向下，使连杆螺栓的受力得到优化。连杆盖与连杆是配对安装的，应该按规定进行装配。

（4）主轴承盖、轴瓦或衬套。一般都是采取配对镗削加工，应该按标记规定安装，确保装配准确。同时。应该将轴承座、衬套孔上相应的油道孔对准，使得润滑油路畅通。

（5）缸盖螺栓。应将粗牙螺纹端旋入机体或将较短细牙的一端拧入机体，确保缸盖压紧。

（6）机油泵和喷油泵。机油泵采取行星转子式，规定将外转子倒角朝向泵体，避免降低泵油压力。喷油泵柱塞上的记号按规定安装，避免不供油或柴油机飞车。

（7）泡沫塑料滤芯。空气滤清器安装滤芯配合滤片的缠绕方向，确保与进气流动方向一致，保证能够降低进气的压力。

农机零件

★中国农机网，网址链接：http://www.nongjx.com/tech_news/.html

（8）驱动轮。驱动轮向上箭头的标记指前进时轮胎的旋转方向；如果是无标记的，从后方看驱动轮的"八"字形或"人"字形的顶尖应朝上。

（编撰人：莫嘉嗣，漆海霞；审核人：闫国琦）

44. 如何辨别处理农机身上的那些"异响"？

（1）发生在变速器处的异响。

①"咯当咯当"的响声是由于齿轮啮合间隙过大的响声在车辆起步或行驶中改变油门时发出的。应调整齿轮啮合程度。

②"嗯"的响声为齿轮啮合间隙过小所致。应调整齿轮啮合程度。

③"嘎、嘎"的响声为齿轮啮合不均所致。应调整齿轮啮合程度。

④"哗啦啦"的破碎声为轴承间隙过大、松旷、轴承保持架损坏或轴承走外圆所致。应更换轴承。

（2）发生在传动轴处的异响。"卡啦卡啦"的响声或"刚噔刚噔"的撞击声是由于万向节十字轴与滚针轴承磨损松旷、传动轴花键齿与花键套配合不好造成发出的。"呜"的响声为传动中间轴承偏斜时发出的；"格楞格楞"的响声为传动轴动不平衡发出的。应更换磨损件，校正平衡轴。

（3）发生在后桥部位的异响。

①若齿轮啮合距离过大，则在车速突变时，会使后桥处发出"刚噔刚噔"的撞击声；而在车辆轻载时则为"嘎啦嘎啦"的撞击声，严重时在车辆起步时会听到"刚"的一声响。应将啮合间隙适当调小。

②齿轮啮合间隙过小，会导致车辆行驶发出"嗷"的响声，若车速越高则响声越大。应调整啮合间隙。

③后桥缺油时会发出"呸呸"的响声，应添加润滑油。

农机

★中国农机网，网址链接：http://www.nongjx.com/tech_news/.html

（编撰人：莫嘉嗣，漆海霞；审核人：闫国琦）

45. 柴油农用车如何使用和维护?

（1）忌油门置于最大供油位置。当油门置于最大供油位置，会导致喷入混合气过浓，使得发动机无法启动。

（2）忌冷却水温度过高或过低。冷却水温度最佳范围应保持在80～90℃。冷却水温度不当，使活塞积炭增多，导致机油黏度下降，润滑条件变差，会使各零部件间磨损加快。

（3）忌不定期维护滤清器。滤清器一般有大量的灰尘，如果不及时维护，会使得灰尘进入气缸，从而污染了燃油，导致发动机主要零部件磨损加剧。

（4）忌不及时更换机油。选用黏度和质量等级都合适的机油，并随季节的变化而变换。黏度与质量等级相同的机油，可以互换，但不可混用。

（5）忌更换润滑油不清洗油道。机械杂质一般残留在油道上，若不清洗干净便更换润滑油，会导致烧瓦、抱轴等意外事故。

（6）忌将螺钉和螺栓使劲拧紧。重要零部件的螺钉或螺栓，一般都有规定的拧紧力矩，若不按规定的拧紧力矩，会导致螺钉和螺栓折断，或螺纹滑丝而引起故障。

（7）忌安装气缸垫时涂黄油。黄油遇高温后部分流失，零部件之间会产生缝隙，高温高压燃气易在此处产生，冲击、毁坏缸垫，造成漏气。

柴油农用机

★中国农机网，网址链接：http://www.nongjx.com/tech_news/.html

（编撰人：莫嘉嗣，漆海霞；审核人：闫国琦）

46. 春耕农机维修如何节能减排?

（1）标准油量传递技术。

含义：将喷油泵制造企业调整喷油泵的标准油量通过标准系统，逐级传递给基层喷油泵维修企业，用于喷油泵调试的过程。

主要技术内容包括：试验台用标准喷油泵和标准喷油器等标准元件的校验方

法、在用喷油泵试验台的校验方法、标准油量传递方法和调试工艺以及喷油泵调修行业标准油量传递网点的规划与设计。

（2）喷油泵和喷油器调试技术。

含义：按在规定的条件下的维护工艺、调试方法对喷油泵和喷油器进行维修、调试，使之达到应有功能的技术。

主要技术内容包括：调速器特性的检验与调整，喷油泵总成密封性的检验，喷油泵附属件的检验与调整，喷油器的喷油压力检查与调整，供油量的检验与调整，雾化质量及其分布状态的检查，密封性的检查，以及调试的工作环境、喷油泵各缸的供油开始位置的确定，技术条件和设备配置的要求。

（3）柴油机性能调整优化技术。

含义：采用先进的仪器设备，对柴油机的技术状况进行检测，对各技术参数进行优化调整，从而恢复柴油机的良好技术状态。

主要技术内容包括：喷油提前角、喷油压力、配气相位、气门间隙、转速、气缸压力、机油压力和出油阀保压时间等项目的检测和优化调整。

（4）拖拉机不拆卸检测调试技术。

含义：采用先进的仪器设备，对拖拉机综合技术状况进行不拆卸快速检测和技术评定，并采取相应的维修与调试措施，使拖拉机保持良好运行状态，从而达到节能减排效果的技术。

主要技术内容包括：液压系统、油耗和排放等的综合检测，以及对传动系统、对拖拉机功率、制动系统等进行的专项检测和调修。

春耕农机

★中国农机网，网址链接：http://www.nongjx.com/tech_news/.html

（编撰人：莫嘉嗣，漆海霞；审核人：闫国琦）

47. 冬季存放农业机械方法有哪些？

（1）预防机体锈蚀。如果长时间固定不使用的话，要停放在干燥的遮阳篷内，并在重要的表面涂防锈漆或保护油。

（2）橡胶制品类板件老化。橡胶制品被阳光直射时间长弹性会减弱，并产生变质和老化，所以拖拉机应该放在阳光没有直射的地方。

（3）蓄电池长时间不使用而放电，造成极板硫化。蓄电池应该被取下，然后在电极上面抹上润滑脂，每隔一个月进行一次充放电。

（4）卸下蓄电池和三角皮带。将热机油加入曲轴箱里面，不停的摇动，使机油润滑各运动表面，然后放出机油。

（5）封闭气缸。向进气道加入少量无水机油，并通过摇动，使机油附在相关零件上，再密封气缸。

（6）清洁空气滤清器内腔及滤网。用布将水箱消声器、空气滤清器、油箱口、漏斗口包好，防尘。

农机

★中国农机网，网址链接：http://www.nongjx.com/tech_news/.html

（编撰人：莫嘉嗣，漆海霞；审核人：闫国琦）

48. 冬天启动柴油机要注意什么？

（1）忌明火加热油箱。使用明火加热油箱，机体表层的油漆容易被破坏，且其塑料油管也易被烧损，从而造成漏油，严重时会因油箱内气体急剧扩增而爆炸，导致机体烧毁甚至人员伤亡事故。

（2）忌明火烘烤油底壳。使用明火烘烤油底壳，容易使发动机的寿命缩短，且内部机油也易发生变质，润滑效果降低。

（3）忌启动时不加冷却水。在柴油机启动时不往水箱内注入冷却水，而在其启动后再补充冷却水，将会导致高温的水箱因补充冷水温度骤降而使机体、缸盖出现裂纹。

（4）忌从进气管中加添机油。从柴油机进气管中加添机油，日积月累会在活塞及其环口处积炭，使用寿命将缩短。

（5）忌摘掉空气滤清器吸火启动。摘掉空气滤清器吸火启动柴油机，气缸、气阀等活动部件将直接接触外界不清洁的空气，气体中的颗粒物将会磨损气缸、气阀等部件。

（6）忌不预热而用其他动力强行启动。不经预热而使用其他动力强制启动柴油机，曲轴以及轴瓦间将处于干摩擦或半干摩擦状态，易发生曲轴抱死。

（编撰人：莫嘉嗣，漆海霞；审核人：闫国琦）

49. 如何根据农机维修时机划分维修方式？

（1）预防性维修。预防性维修可防止和降低农机在使用过程中出现故障或功能减退等情况的概率。比如注油、清洁、调整、发现故障症状并进行试验排查，修理有缺陷的零部件，定期检查并更换零部件等。主要分以下几种。

①状态维修。状态维修也称视情维修，是依据检测或监测以及诊断所得到的农机技术状态信息来决定具体的维修内容和维修时间的一种方式。在这种维修方式下，机器群体之间的修理间距不存在统一规定，维修时间的长短也没有明确约束，可将零部件的使用寿命最大化。

②定期维修。

定周期维修。定周期维修可有计划地实施修理工作，缩短修理导致的停工时间，与状态维修相比，其检测次数以及检测费用均较低，可有效地预防故障发生。

季节维修。有计划地按季节安排以确保农时季节中农机可靠性的维修。机器修理工作常常在农时季节开始前完成，属于定期维修。它的特征包括按季节安排维修时间，以及机器的耐久性满足季节工作所需。

（2）非预防性维修。非预防性维修方式只有事后维修，亦称故障维修，即发生故障之后再维修。

①早期故障维修。在发生故障后进行及时的维修，其优点是可使机器零部件的使用寿命得到充分利用，并且无需技术状态检查，维修管理工作简便，检测费用较低。

②晚期故障维修。在发生故障后，机器带故障运作直到不能继续时才进行维修，常伴随继发性故障或牵连性故障发生，使本来可修的零部件报废，是一种危害很大的维修方式。

农机

★中国农机网，网址链接：http://www.nongjx.com/tech_news/.html

（编撰人：莫嘉嗣，漆海霞；审核人：闫国琦）

50. 清除农机零件污垢的方法有哪些?

（1）清除金属件的油污。

a. 冷洗。把零件置于带有网筛的油盆中，油盆内清洁剂为煤油、汽油、柴油，用钢丝刷刷洗零件，油污通过网筛沉入盆底，将干净的零件取出置于空气中晾干。值得一提的是，清洗摩擦片类的油污时需要用少量汽油清洗，对于橡胶件和皮质件等不耐油器件上的油污，不可使用油类清洗。为了实现清洗效果的同时节省油料，表面较光滑以及较干净、较小的零件先清洗，表面油污厚重及较大的零件后清洗；或者将油分装在多个油盆中，分别用于初洗、次洗和精洗。使用过的油经沉淀后可继续用于初洗，从而节省油料。

b. 热洗。用加热后的碱和乳化剂溶液清洗。加乳化剂（硅酸钠、肥皂等）的目的是为了溶解在碱溶液中无法溶解的机油、齿轮油等，乳化剂可渗透到油层内部，削弱油和金属的结合力，促使油膜破裂。将溶液加热至70～80℃后，把零件置于溶液中浸煮，再用60～80℃的清水冲洗干净，最后晾干。清除钢和铸铁零件的油污，常用的溶液配方为：苛性钠0.75%、碳酸钠5%、磷酸三钠1%、肥皂0.15%，其余为水。清除铝制零件的油污则应用碳酸钠溶液代替苛性钠溶液。

c. 使用金属清洗剂清洗。按照说明书的要求对零件进行清洗。

（2）清除农机具锈蚀。在农机具除锈蚀过程中，过去常采用砂布擦、砂轮打、刮刀刮等方法，效果不理想。为达到高效除锈蚀目的，可采用涂料除锈法。涂料配方：硫酸40.5%、磷酸18.7%、盐酸4.46%、六次甲基四胺1%、水36.34%、膨润土适量。配制方法：混合各种配料后搅拌均匀，再一边搅拌一边加入膨润土至稠糊状，静置3～4h后便可使用。

柴油机

★慧聪360网，网址链接: https://b2b.hc360.com/supplyself/

（编撰人：莫嘉嗣，漆海霞；审核人：闫国琦）

51. 减轻拖拉机噪声的办法有哪些?

（1）保证拖拉机工作在良好的技术状态之下。

（2）保证拖拉机拥有完整可靠的工作部件。因排气管上大多设有消音器，因此安装好排气管可降低大量噪声。

（3）防止零部件的松动，零件松动会引起振动从而发出噪声。

（4）做好拖拉机保养检查工作。及时补充质量合格的润滑油、润滑脂，减少各相对运动件润滑不良的情况，避免其处于干摩擦或半干摩擦状态，从而降低噪声。

（5）保持相对运动件的良好配合间隙。驾驶员一定要按技术要求进行装配或调整。

（6）不得随意改变供油量。供油量过大时，汽缸中喷入的燃油无法充分燃烧，其增大拖拉机噪声的同时，又导致了燃油浪费、空气污染。

（7）供油提前角要调整准确。拖拉机功率的发挥、拖拉机噪声的大小都会受到供油提前角调整的影响。一些拖拉机在排放废气时常伴有"啪、啪"的响声，这种噪声就是因为供油提前角设置过大引起的。

拖拉机

★中国农机网，网址链接: http://www.nongjx.com/tech_news/.html

（编撰人：莫嘉嗣，漆海霞；审核人：闫国琦）

52. 农机修理的常用方法有哪些?

（1）调整换位法。利用零件磨损程度轻的部位替代原部位继续工作。无需对现有零件进行加工，适用于许多对称的轴、齿轮、链条、轮胎等部件。如换方向安装对称轴、换位安装齿轮、错位或者调整内外安装链条、前后颠倒安装锤片式粉碎机的锤片。

（2）修理尺寸法。在拖拉机的修理中，许多零件都有规定的修理尺寸。如东方红-802的气缸磨损后，可将镗孔直径尺寸加大0.25mm、0.5mm、0.75mm、1.25mm进行修理，并将活塞和活塞环换用为同尺寸。修理农业机械中轴和套时，也可按该方法修理其中的一个，并配作另一个。

（3）附加零件法。附加零件法是在零件磨损的部位安装一个特别的零件，以补偿原磨损零件，使其与其他零件良好配合。该方法的优点是可以通过可靠的加工，在原有零件材料的基础上修复严重磨损的零件，并保证修复后的零件质量合格，使原零件的使用寿命大大增长。在农业机械修理中，可通过镶套来修复转动件的内外径磨损、座孔磨损，当犁柱、机架强度不足时亦可通过附加零件法进行薄弱件加强。

（4）更换零件法与局部更换法。更换零件法是用新的零件替换无法修复或修复成本过高的旧零件，比如，轴承、齿轮、三角带、播种轮、排种合等。局部更换法则是采用新制作的局部零件替换原零件的损坏位置，通过焊接等方法将其与原零件的完好部分组成一个整体，使零件恢复原有的工作能力。比如播种机开沟器的一侧分土板坏了，可制作新的分土板焊接到局部损坏的位置；再比如播种机的链条坏了一节，无需更换整条链子，只需更换损坏的一节即可。

（编撰人：莫嘉嗣，漆海霞；审核人：闫国琦）

53. 农机故障处理有哪些误区?

（1）发动机不易启动，明火来帮忙。当发动机不易启动时，摘掉空气滤清器并采用明火吸入气缸方式强行启动，导致气缸磨损速度大幅加快。

（2）为省油下坡空挡滑行。机手常采用这种方式省油，但是随着下滑，拖拉机的惯性越来越大，难以只依靠制动来保证人身安全。

（3）直接加热活塞销。明火直接加热活塞用以安装，活塞表面容易因受热不均且附着炭灰而缩短其使用寿命。

（4）油门加到底，强冲出凹坑。机车陷入凹坑后，通过猛加油门、猛松离合器方式强冲出凹坑，机车将承受强大的冲击力而使零部件受损，并且容易导致离合器故障，甚至会发生拖拉机翘头挤伤机手以及翻车事故。

（5）不用气刹，用手刹。遇到突发情况时，机手单手操控方向盘，另一只手拉动擅自安装的手刹。这种行为是机动车操作规定中切忌发生的，具有极高的安全风险。

拖拉机

★农机360网，网址链接：http://www.nongji360.com/.shtml

（编撰人：莫嘉嗣，漆海霞；审核人：闫国琦）

54. 农机如何进行故障预测？

（1）外形预测。观察拖拉机的外形，若有异常，如轮胎有异常磨损或划痕、零部件缺失、平坦路面上拖拉机倾斜等情况，都应引起机手的警惕。

（2）渗漏预测。如拖拉机局部出现漏水、漏气、漏油、漏电等密封性能下降的现象。

（3）耗油预测。拖拉机的各种油耗都应运行在标准范围之内，当拖拉机存在隐患时常常导致油耗显著增加。

（4）声响预测。拖拉机的故障部件常会在运行过程中发出异常的声响。

（5）间隙预测。拖拉机各部位的间隙都有其标准值，故障将会导致间隙变大或变小。

（6）气味预测。当闻到异常气味（如焦煳味等），则拖拉机大多存在故障。

（7）温度预测。行车过程中感觉温度升高，或停车检查时，车身各部位温度异常，如制动鼓、轮胎、后桥壳、变速器壳等的温度高至烫手，则表示拖拉机存在故障。

（8）性能预测。随着行驶里程增加，拖拉机的各项性能将会降低，但性能衰减速度缓慢，不致有明显感觉，所以若在行车过程中出现某项性能急剧降低，则表明拖拉机存在故障（如发动机动力性能急剧降低、制动器突然失灵等）。

插秧机

★中国农机网，网址链接：http://www.nongjx.com/tech_news/.html

（编撰人：莫嘉嗣，漆海霞；审核人：闫国琦）

55. 农机漏油故障如何排除？

（1）开关漏油。若因球阀磨损或锈蚀导致漏油，应及时清理球阀与座孔之间的锈蚀，并用合适的钢球替代。若因密封填料及紧固螺纹受损导致漏油，应修复或更换密封填料和紧固件。若因锥接合面不严密而导致漏油，可用细气门砂和机油研磨接合面使其严密。

（2）平面接缝漏油。若因接触面不平整或有沟痕及毛刺导致漏油，可采用什锦锉、细砂纸或油石对不同不平整程度的接触面进行磨平，并可用机床铣平大件，且装配的垫片要清洁、合格。若因螺栓松动导致漏油，拧紧松动螺栓即可。

（3）螺塞油堵漏油。油堵主要包括锥形堵、平堵和工艺堵。若因油堵螺丝损坏导致漏油，应使用新油堵。若因螺孔损坏导致漏油，可增大螺孔尺寸，并配装新油堵。若因锥形堵磨损导致漏油，可在丝锥攻丝后用平堵替代，并加垫使用。

（4）管接头漏油。若因高压油管接头磨损破裂或变形导致漏油，可用新接头通过焊接替换之。若因低压油管接头受损导致漏油，可用新的喇叭口替换原喇叭口。若因螺纹受损导致漏油，应及时修理或替换新件。空心螺栓管接头包括燃油粗过滤器、细过滤器以及喷油泵低压输油管接头等。若因垫片不平整导致漏油，可用砂纸、什锦挫磨平，严重时可用铣床铣平，或用塑料垫片替换。若因管接头装配平面拉痕导致漏油，可用细砂纸、油石磨平其装配平面和垫片。

（5）回转轴漏油。回转轴包括发动机的减压轴、起动机的变速杆轴以及离合器手柄轴。如果发生漏油，可将合适尺寸的密封胶圈安装在离合器手柄轴和起动机的变速杆轴的密封环槽上。若因发动机减压轴胶圈老化导致漏油，则替换新胶圈即可。

插秧机

★中国农机网，网址链接：http://www.nongjx.com/tech_news/.html

（编撰人：莫嘉嗣，漆海霞；审核人：闫国琦）

56. 农机皮带如何使用维修与保养？

（1）装卸。安装前检查张紧轮、主动轮以及被动轮是否处于同一平面。一般而言，两皮带轮之间距离小于1m时允许误差为2～3mm，距离超过1m时允许误差为3～4mm。安装张紧轮前应将误差调整到允许范围之内。装卸时先松开张紧轮，或先卸下无极变速轮盘的一端，再将皮带安装或拆卸。如果新三角带太紧难以装卸，则可以先拆卸一个皮带轮，装卸好三角带以后再重新安装皮带轮。联组V形带则应卸下皮带轮后再装卸。

（2）张紧。调整张紧轮可改变传动带的张紧程度，皮带过松容易发生打滑，磨损甚至烧毁三角带，过紧则会磨损皮带。当两轮相距1m左右时，用手指按压三角带中部，垂直下降10～20mm即可。使用过程中应随时注意三角带的张紧度，给予及时调整。

（3）更换。应及时替换失效的三角带，当多根三角带组合使用时，如果其中一根或几根失效，应全部替换，即不可新旧带混合使用。

（4）清洗。沾染黄油、机油等油垢的三角带容易打滑，三角带的损坏速度将加快，因此应及时用碱水等清洗剂或者汽油进行清洗，不可带油运作。

皮带

★慧聪360网，网址链接：https://b2b.hc360.com/supplyself/

（编撰人：莫嘉嗣，漆海霞；审核人：闫国琦）

57. 农机维护保养的种类有哪些？

（1）新机保养。新机或大修后的农业机械在使用之前都需要进行磨合，即试运转。在试运转时，应仔细观察各部件的工作情况，发现问题应及时进行排查并调整。试运转结束后，必须全面地对农业机械进行维护和保养。维护保养的主要内容应严格依据农业机械使用说明书。

（2）定期保养。农业机械累计工作时长达200h后，应对其进行全面的保养和检修。修复或更换损坏或磨损严重的零配件，再重新组装。保养的主要内容包括清洗、检查、润滑、紧固等。

（3）存放保养。农业机械工作的季节性决定了其在农时结束后，会停放几个月至半年以上的时间。停放期间保养不当，会发生零配件变形、腐蚀、老化、丢失等情况，因此要做好存放保养工作。

（4）特殊保养。这是一种针对事故后的农业机械进行的维护保养。例如，农业机械作业时发生掉沟、碰撞、翻车翻机、入江进水等事故，导致部件的损坏，需要针对性地进行保养和修复，以恢复其使用性能。

（编撰人：莫嘉嗣，漆海霞；审核人：闫国琦）

58. 农机维修中的误区有哪些？

（1）滑动轴承、发动机曲轴轴承、连杆轴承，甚至新曲轴、标准瓦必须要进行刮配，但是很多小型发动机，其曲轴轴承和连杆轴承的耐磨合金涂层是很薄的，只能按规定选配而不能刮配。

（2）发动机水温怕高不怕低，警惕水温高现象，而忽视水温低现象。水温低会使燃油燃烧不完全，导致油耗增加，功率下降，润滑不良，燃烧室积炭增加等。

（3）气门间隙宁可大不可小，其实气门间隙大时，其升程就减小，开度缩小，进气排气都不充分，从而使发动机功率下降。

（4）加机油宁多勿少，认为油多影响不大，油少则会烧轴承，实际上油多会加大曲轴和连杆的运动阻力，同时溅到缸壁上的机油进入燃烧室会导致积炭增加，不利气体排放。

（5）轮毂内加黄油宜满不宜少，轮毂内黄油过满在浪费黄油的同时，会因其受热膨胀损坏油封或纸垫，且影响散热。

（6）喷油提前角宁大勿小，喷油提前角过大会引起发动机急加速，在起步或上坡时产生爆振和敲缸，对活塞连杆极为不利，并且会增大启动马达阻力，大幅缩短车辆寿命。

（7）紧固螺丝宁紧勿松，机车各部件的螺栓松脱显然不可取，但盲目增大扭矩容易使被紧固的零件变形，造成螺杆拉长，导致螺纹变形甚至断裂。

拖拉机

★中国农机网，网址链接：http://www.nongjx.com/tech_news/.html

（编撰人：莫嘉嗣，漆海霞；审核人：闫国琦）

59. 农机的拆卸方法有哪些？

（1）拆卸前应充分掌握该机械的装配结构及相关技术资料，对陌生的机器在未弄清其性能、结构前不可盲目拆卸。

（2）应有目的地进行拆卸，拆卸的目的是检查与修理，应该心中有数，有的放矢。有的零部件无需拆卸即可断定是否符合技术要求，如机油泵试验时其油压以及在一定转速下的供油符合技术要求，说明机油泵合格，即无需拆卸。但是，对于不拆卸或经初步检查仍难以确定其技术状态的零部件，就必须拆卸进行进一步的检修。

（3）要按一定的顺序进行机件拆卸，一般按整体、总成、部件、零件的顺序；由内而外、由上而下、从简单到复杂地进行拆卸。

（4）拆卸时先清除外部的油垢、泥土，排放出机内的油水。将零件分类置于准备好的用具中，不可直接置于地上，更不要杂乱堆积。快速清洗细小精密零件后及时涂上防锈油或浸在柴油油盘中并加盖，避免灰尘落入。

（5）使用标准工具和专用工具进行拆卸，提高工作效率的同时保证零件不受损，如应使用专用扳手或开口扳手拆卸螺母、螺栓，尽量不使用活动扳手，避免导致螺母棱角受损。不允许用锤子或其他物件强行拉出或压出机件，而应使用专用工具。应将质软的垫板（如铜板、铝板或木板）与台钳、压力机在机件受力面上配合使用，避免其受损。

（6）拆卸下来的固定螺栓、螺母、销子和垫圈等零件应原位安装，避免混乱位置或丢失。当某些零件不宜装回原位时，需用铁丝或布条标明位置。

（7）在拆卸复杂、精密、重要零件时，必须记好机件上的信息，如编号、记号、方向和位置。成对的零件应按原方式配对，避免混淆。

农机

★中国农机网，网址链接：http://www.nongjx.com/tech_news/.html

（编撰人：莫嘉嗣，漆海霞；审核人：闫国琦）

60. 农用车及农用机车常用故障排除方法有哪些？

（1）起动操作要正确。无论冬夏，都应该摇转曲轴20圈左右，使机油达到轴瓦等处后再起动，这样可以降低阻力又可以减少磨损；对于久置不用的、保养维修润滑系的、新购入或大修后的农用车，起动前应摇曲轴100～200圈后再起动，不可用加大供油量的方式来启动，合适的供油量应是额定供油量的2/3左右，供油在飞轮达到极高转速，并在关闭减压前1～2s时进行最为合适。

（2）做好换季保养。在进行全车保养的基础上，发动机应作为保养的重点，对各系统及喷油嘴、油泵、活塞、汽缸、进排气门等零部件进行检查，对严重受损的零部件进行及时修复或替换；配气相位、供油提前角、气门间隙等方面都要控制在标准范围之内。

（3）防燃油结冻。常用柴油凝固点分别为0℃和-10℃。一般情况下，-10℃柴油应在11月中旬至翌年2月底期间使用，同时需要用高级润滑机油进行润滑。黏稠的机油是冬季冷车起动阻力的主要来源，若使用普通润滑机油，则发动机很难克服该阻力达到起动转速。高级润滑机油中因含有减磨剂等多种成分，具有更良好的低温流动性，使起动阻力减小，其良好的润滑效果亦可延长机件寿命。

（4）恢复预热装置。农用车配装的多缸发动机，一般都配有预热起动装置。预热起动原理是：预热塞在通电数秒后会升温至滚烫，发动机在马达的带动下，喷入气缸的燃油迅速气化膨胀，产生强大推力施加于活塞，使发动机加速旋转，因此冬季一定要将车辆上的预热装置恢复使用，起动效果十分显著。在严寒环境中，可采用预热辅助措施对发动机冷却系预热，采用边放水边加热水的方法，直到机体放水阀流出温水为止；同时可向发动机油底壳加入热机油；在减压条件下，用起动机和摇把转动曲轴15圈左右，可使各部位充满机油，同时提高机油的流动性，有良好的润滑效果，减小起动阻力，利于发动机起动。

（编撰人：莫嘉嗣，漆海霞；审核人：闫国琦）

61. 农用车蓄电池如何正确使用和保养？

（1）蓄电池的正确使用。

①要正确安装搭铁极桩。现在的农用车上，蓄电池负极搭铁与硅整流发电机配用；蓄电池正极搭铁与直流发电机配用，装反会导致硅二极管烧毁。蓄电池极桩上标有"+"号的是正极，标有"-"号的是负极。

②蓄电池不要过量放电。通过电启动机进行启动不得超过5s，连续启动时间间隔应有1～2min，连续3次无法启动时，不能再次尝试，应进行原因排查。冬季启动时，机油要进行预温，发动机应注入热水，以使启动机负荷减小，从而使蓄电池输出电流减小。

③在接线夹尚未松开时，不可用力扳动接线夹头，避免松动极桩。

（2）蓄电池的维护保养。

①保持蓄电池的清洁。蓄电池外表面上不应残留电解液、泥土、灰尘等，否则会引起短路放电。极桩以及接线夹头应涂抹凡士林或黄油，可以防止氧化，并且时刻保持清洁以及良好的接触。保持蓄电池盖上的通气孔畅通，避免因气体膨胀造成蓄电池壳体破裂。

②蓄电池必须牢靠地安装在机车上，加一个防震垫，避免电池壳体在行车时震裂。当出现电解液渗漏或壳体破裂等情况时，应及时处理。

③电解液液面高度应定期检查，应用两头开口的玻璃管进行液面高度检查，切不可使用器具。液面高度过低时，应添加蒸馏水（尤其夏季），并启动发动机充电，使原电解液与蒸馏水均匀混合；电解液出现渗漏或溢出时，应添加与原浓度相同的电解液。

④检查蓄电池存电情况。优先使用放电叉或电解液比重计进行检查，也可以通过灯光的亮度、喇叭的音量进行检查。禁止通过短路放电观察电火花大小的方式来检查，避免造成电池大量放电；禁止把可导电物体置于电池上，避免短路烧毁蓄电池。

（编撰人：莫嘉嗣，漆海霞；审核人：闫国琦）

62. 农用动力机械如何维护与保养？

（1）润滑系统的保养。

①及时添加润滑油，柴油机启动前或连续工作10h以上，应检查油底壳油面高度。

②定期清洗润滑油过滤器，更换滤芯。

③定期更换油底壳润滑油，应结合实际情况，适当提前或延后换油日期。

④柴油机工作500h应清洗油路。

⑤润滑油路压力调整。当润滑油路压力低于正常压力时，应及时查明原因并处理。若因调压簧变软或损坏导致机油压力降低，则应通过调整弹簧预紧力或更换新弹簧等方式来达到正常压力。

（2）柴油滤清器的保养。随着使用时长增加，滤清器内的杂质会逐渐增加，过滤能力就会下降；其他部件的老化、损坏将会造成"短路"，导致柴油未过滤直接进入油泵。因此滤清器的保养显得非常重要，应注意以下几点。

①滤芯断面与中心要保持良好的密封。

②保养纸质滤芯时，应先将其浸泡在柴油中一段时间后再用软刷清洗，也可使用气筒往滤芯打气，达到吹除污物的目的。

③滤清器经装卸后，不应留有空气在其中。

④空气滤清器的保养。应确保空气滤清器的各管路连接处具有良好的密封，若发现螺母螺栓、夹紧圈等松动，应及时拧紧，并及时修复或替换损坏的零件。保养空气滤清器应在其工作100h后及时进行，保养干式滤清器纸滤芯时，应先用软毛刷清扫，再用0.4～0.6MPa的压缩空气由内而外地吹滤网、贮油盘、中心管等零件。滤网吹干后喷上少许机油才能进行装配。用经过滤的机油置换贮油盘内的原有机油。加机油时，应确保油面高度合适，安装时应使密封胶圈达到良好密封的效果。

（编撰人：莫嘉嗣，漆海霞；审核人：闫国琦）

63. 农用机的电路故障如何检测？

（1）试火检查。试火检查常用来检测电路故障，具有快捷方便的特点。通过接线柱对车体或对接线柱的短接，观察有无火花产生，即可判断电流的供给是否畅通。试火法应谨慎使用，否则会损坏电器设备。试火法一般只在蓄电池单独供电情况下使用，且必须在短时间内拔出，用少许铜丝进行检查。试火法严禁使用在装有电子元件的电路中，也不可用于交流发电机的工作状态下，因为电流过大容易使电子元件或整流器烧毁。

（2）检测检查。检测检查是用仪表、仪器、量具对电路中各元件参数进行测试，通过与正常的技术参数对比，准确诊断出故障的一种方法，万用表是检测检查常用的仪表。

①电压检测检查。将万用表置于直流电压挡或交流电压挡并接于被测点与地之间，用于检测相应电流形式的被测电路，通过测量电路电压，来诊断电路的连接以及电气元件的功能是否完好。可采用试灯代替万用表进行试验，在发电机和蓄电池的输出端分别连接试灯，试灯发光强弱可以反映发电机和蓄电池的电量情况。

②电阻检测检查。将置于欧姆挡的万用表连接在断开的被测电路两端，通过电阻值判断被测元件或导线是否短路或断路。

③电流检测检查。一般的万用表只能测直流电流。将置于直流电流挡的万用表串接在断开的被测电路中，测量电路中的电流可以判断电路导线连接及元件性能是否完好。

（编撰人：莫嘉嗣，漆海霞；审核人：闫国琦）

64. 农用拖拉机如何降低耗能？

（1）保养空气滤清器。定期保养空气滤清器，避免空气滤清器被物件包裹，从而保证进气流畅，可减少进气阻力。

（2）不改变排气管方向。随意改变排气管方向会增大排气阻力，从而增加发动机油耗。

（3）常规调整气门间隙。发动机的齿轮凸轮轴磨损会引起配气相应角减小，此时应适当减少气门间隙，以补偿配气相位角的减小，并及时更换严重磨损的凸轮轴。

（4）调整各传动部位间隙。为降低传动部位的动力损耗、燃油消耗以及生产成本，应准确调整机车各传动部位间隙。

（5）不超载、空跑。正确选择牵引负荷，做到不超载、不超速、不跑空车。

（6）保持合适的冷却水温。为降低耗油量以及生产成本，发动机应在最佳的水温条件下工作，不可过高亦不可过低。

（7）正确使用刹车。拖拉机在行驶时尽量少用刹车。刹车使用不当会加剧机件的磨损，且其动力消耗以及油耗也会增大。

（8）防止燃油滴漏。可通过对发动机定期进行耗油技术检测来避免燃油滴漏的发生。

（9）正确牵引机具。正确调整牵引机具的配合间隙和牵引角度。拖拉机应做到不旷、小卡，轮胎气压要符合标准。

（10）合理选择挡位。在发动机不冒黑烟的前提下，工作时应选择中油门、大油门。

（编撰人：莫嘉嗣，漆海霞；审核人：闫国琦）

65. 如何延长农机轮胎使用寿命？

（1）保持轮胎气压合适，并根据作业的实际环境条件作适当的调整，气压太高或太低都对农机不利，气压不当不仅使其使用寿命缩短，还会使作业效率降低，严重时会导致爆胎事故。

（2）正确驾驶操作，做到"六慢"，即起步慢、转向慢、刹车慢、下坡慢、停车慢和不良道路行驶慢，尽量避免高速急转弯和紧急刹车。若在田间作业发生陷车，应谨慎处理防止车轮在坑内高速空转，容易烧毁发动机。车速应按实际环境调整，避免长时间高速运作。

（3）保持农用机械机组负荷均衡，严重超载不允许发生。

（4）正确保养转向系统，确保前束值准确，避免轮胎早期磨损。

（5）及时保养修理，在出车前和收车后都应该检查轮胎是否有变形、划伤、松动、沾有油污等问题，发现后应及时处理，必要时需进行检修。

（6）应在干净地面上进行轮胎拆卸，不能使用带缺口、尖角的工具；安装时，应将泥沙清理干净，轮胎花纹方向要确保正确。

拖拉机

★百度图库，网址链接：https://image.baidu.com/search/detail

（7）科学贮存保管轮胎，尽量避免轮胎在阳光下暴晒，且应避免沾染油、酸、碱等物料，否则易腐蚀。农机长期停放时，应将车撑起，使轮胎免受较大的负荷，但不能放气。

（8）一般情况下，农机在工作一定时间之后，应将左右侧轮胎的位置进行互换，这样可以使其使用寿命得到延长。

（编撰人：莫嘉嗣，漆海霞；审核人：闫国琦）

66. 如何通过方向盘看农机故障?

（1）车辆行驶中手发麻。方向传动装置的平衡被破坏，传动轴及其花键套过度磨损，会导致车辆在中速以上行驶时，方向盘震动剧烈或底盘发出周期性的声响，驾驶员能明显感受到手发麻。

（2）转向时沉重费力。该现象的产生原因有：①转向系各部位的滚动与滑动轴承配合过紧，轴承润滑效果不佳。②转向纵拉杆、横拉杆的球头销过紧或者缺油。③转向轴及套管弯曲造成卡滞。④前轮前束调整不当。⑤前桥或车架弯曲、变形。⑥轮胎（特别是前轮轮胎）气压不足。

（3）方向盘难于操纵。车辆方向在行驶或制动时自动偏向道路一侧，为达到直线行驶必须用力掌控方向盘。造成车辆跑偏的原因有：①两侧前轮规格或气压不一致。②两侧前轮主销后倾角或车轮外倾角不相等。③两侧前轮轮毂轴承间隙不一致。④两侧钢板弹簧拱度或弹力不一致。⑤两侧轴距相差过大。⑥车轮制动器间隙过小或制动鼓失圆，使一侧的制动器发卡，导致制动器拖滞。⑦车辆装载不均匀。

（4）方向发飘。车辆行驶在较高速度时，以下原因会引起方向盘发抖或摆振：①前轮总成动平衡因垫补轮胎或修补轮辋而被破坏。②传动轴承总成有零件松动。③传动轴总成动平衡被破坏。④减震器失效，钢板弹簧刚度不一致。⑤转向系机件因磨损而松动。⑥前轮校准不当。

（编撰人：莫嘉嗣，漆海霞；审核人：闫国琦）

67. 维修农用拖拉机需要注意什么?

（1）应忌不按季节选用润滑油。切忌农机手没有按季节选用润滑油的意识，将冬季润滑油和夏季润滑油随意替换使用，并且以价格为主导，而忽视了润滑油的质量，这样的行为具有烧轴瓦和启动机车困难等危害。因此农机手必须要选择应季并且质量合格的润滑油。

（2）应忌安装活塞用明火加温。当用明火加热时，活塞会因为各部位厚度不匀导致受热膨胀程度不同，从而发生形变。并且当活塞被明火加温达到一定高温时，其金属部分会在自然冷却过程中损坏，其耐磨性也将降低，其使用寿命将大幅度减短。

（3）应忌安装气缸垫时涂黄油。一些农机手为了增加气缸的严密性，在安装气缸垫时会涂上黄油。但是黄油经高温加热后会溶解并流失，导致缸垫、缸盖与机体平面之间留有缝隙，缝隙容易受到高温高压燃气的冲击，从而毁坏缸垫，引起漏气。同时，黄油长期接受高温会产生积炭，加速缸垫老化损坏。

（4）应忌将油门置于最大供油位置。一些农机手习惯将油门置于最大供油位置后再启动机车，由于供油量大，导致过多的燃油喷入气缸，混合气过浓，机车反而难以启动。

（5）应忌对新车不认真检查保养。很多农机手会认为由于科技发达，购买的新机车足够安全可靠，因此在新机车磨合试运转之后就不再进行检查和保养，不料因保养缺失导致后期机车频繁故障。

（6）应忌将螺钉和螺栓使劲拧紧。农机手应使用正确合适的工具来拧紧拖拉机气缸盖、传动箱、轮毂、连杆和前桥等重要部位的螺钉或螺栓，并且其拧紧力矩应严格按照说明书来实施，拧紧力矩过大会使螺钉和螺栓损坏折断，同时可能引起螺纹滑丝或拨扣。一般采用4倍于螺纹直径的拧紧力矩即可拧紧普通螺钉或螺栓。

（编撰人：莫嘉嗣，漆海霞；审核人：闫国琦）

68. 夏季农机如何进行保养？

（1）防发动机温度过高。夏季气温高，影响发动机的功率。当发动机在使用中发生水箱缺水时，切忌直接加入冷却水，否则会因温度骤降而炸裂缸盖或缸体。应先将发动机停止运行，在水温下降到70℃左右时，再缓慢加入合格的冷却水。尽量避免发动机超负荷作业，因其会使水体快速升温，并且机件易被损坏。所以，发动机负荷应控制在90%左右，在上坡或耕地阻力变化带来的短时间超负荷情况下可使用余下的10%储备负荷。

（2）防使用的油料不对路。因夏季温度高，润滑油黏度会下降，故需要使用黏度较高的柴油机机油。

（3）防轮胎气压偏高。夏季高温，轮胎内空气受热热胀，轮胎压力增大易爆破，增加了不必要的开支。因此夏季轮胎气压应比冬季低5%～7%，避免轮胎气压高于标准值。

（4）防发动机水垢过厚。发动机水套积攒过多水垢，散热效率将下降30%～40%，导致发动机升温过热，使其工作环境恶化，工作功率下降，喷油嘴卡死，严重时会发生生产事故。因此，必须定期清除发动机水套的水垢，保证较高的散热效率。

（5）防风扇皮带紧度偏松。农机在夏季高温中作业，风扇皮带紧度容易偏松，从而导致皮带打滑易受损，同时加大了传动损失。因此发动机风扇皮带紧度在夏季应比标准值略高。

收割机

★百度图库，网址链接：https://image.baidu.com/search/detail

（编撰人：莫嘉嗣，漆海霞；审核人：闫国琦）

69. 怎样正确维护与保养农机液压系统？

液压系统中很多零件都很精密，因此其阻尼小孔或零件缝隙中应谨防固体杂质的落入，否则容易使精密偶件拉伤或使油道堵塞，液压系统的安全性将受到影响。以下几点原因会导致液压系统中混入固体杂质：液压油不洁；加油工具不洁；加油和维修、保养不慎；液压元件脱屑等。为防止固体杂质进入液压系统，可按如下步骤操作。

（1）加油时。加注前应对液压油进行过滤，对加油工具进行清洁。加注时不允许去掉油箱加油口处的过滤器以达到较高的加油速度。加油人员应穿着清洁的工作服和手套，防止衣物上的杂质落入油中。

（2）清洗时。使用与系统所用型号相同的液压油进行清洗，油温控制在45～80℃，控制流量大小尽量将系统中杂质冲走。液压系统要按照规范至少清洗3次，清洗完毕后，及时从系统中放出热油。清洗好液压系统之后再清洗滤清器，更新滤芯后再加注新油。

（3）保养时。拆卸液压油箱加油盖、滤清器盖、检测孔、液压油管等部位时，要严格防止扬尘在系统油道暴露时侵入，彻底清洗拆卸部位后方可打开。如拆卸液压油箱加油盖时，应将其四周的泥土清除，拧松油箱盖后，将残留在接合部位附近的杂质清除（因水易渗入油箱故不可用水冲洗）；打开油箱盖前必须确保其四周清洁。如需使用擦拭材料和铁锤时，注意要选择不掉纤维杂质的擦拭材料和击打面附着橡胶的专用铁锤。液压元件、胶管清洗后需用高压风吹干再进行组装。选用包装均无破损的正品滤芯（内包装破损会引入杂质）。换油时需要清洗滤清器及其壳内底部污物，清洗完毕后再进行滤芯的安装。

（编撰人：莫嘉嗣，漆海霞；审核人：闫国琦）

70. 常用排灌机具有哪些保养技巧？

（1）抗旱节水型播种机。抗旱节水型播种机是一种有效结合灌水设施与播种设施的机械，可在土壤墒情不足时进行播种，可同时完成灌水和播种作业。该机的代表机型有单体播种机、施水硬茬播种机和抗旱灌水播种机。

（2）护旱保苗灌水机。抗旱保苗灌水机是在干旱季节对玉米、小麦和棉花等农作物进行播种、催苗和保全幼苗等操作所需的灌水机具。该灌水机以拖拉机为动力，并安装了水泵、贮水箱、水管和淋洒器。使用时，通过水泵或真空自吸泵、气泵将水箱中的水加压后送至横置于车前的水管中，经过管上多个淋洒器后作用到作物的根茎部。它是一种灌水均匀的局部灌水机具，在作物苗期时使用较多。

（3）排灌机具保养注意事项。

①排灌机具是在机井上作业的电动机，使用结束后应将其从井上拆卸下来，再到室内对其进行检修。在对机芯进行检修之前，需先清除其外壳上的油污，检修完毕后入库保管。对电动机和启动器要做好防尘、防潮、防雨等措施，入库保管前需进行包装。

②离心水泵使用完毕要从机井中撤出水泵和胶管，将水排出之后，检查水泵叶轮、轴承、口杯等零件是否存在磨损，并及时更换磨损严重的零件。轴承要用汽油清洗干净后涂上黄油，再进行妥善安装，并用铁丝刷子刷净水泵底阀、弯管等铁铸部件的锈蚀，随后涂上黄油，在库房内保存时将其垫高，离地存放，以

保持干燥。

③柴油机停用后，要对其各部位进行彻底的检修，保证其性能完好，并涂抹润滑油。

④对机体脱漆处要进行再次刷漆，避免生锈。检修之后需在室内将其垫高，即离地存放。

水泵

（编撰人：莫嘉嗣，漆海霞；审核人：闫国琦）

71. 排灌机械如何保养?

排灌机械在冬季停用期间，极易因为保养、管理不善而导致锈蚀甚至损坏，不但造成了不必要的经济开支，更影响来年的春耕作业。因此，排灌机械在停用后的保存与管理显得十分重要。

（1）柴油机。柴油机停用后，要对其各部位进行彻底的检修，保证其性能完好，并涂抹润滑油。对机体脱漆处要进行再次刷漆，避免生锈。检修之后需在室内将其垫高，即离地存放。

（2）电动机。在机井上作业的电动机，使用结束后应将其从井上拆卸下来，再到室内对其进行检修。在对机芯进行检修之前，需先清除其外壳上的油污，检修完毕后入库保管。对电动机和启动器要做好防尘、防潮、防雨等措施，入库保管前需进行包装。

（3）离心水泵。使用完毕要从机井中撤出水泵和胶管，将水排出之后，检查水泵叶轮、轴承、口杯等零件是否存在磨损，并及时更换磨损严重的零件。轴承要用汽油清洗干净后涂上黄油，再进行妥善安装，并用铁丝刷子刷净水泵底阀、弯管等铁铸部件的锈蚀，随后涂上黄油，在库房内保存时需将其垫高，离地存放，以保持干燥。

（4）深井泵。在停用期间需每隔7~10d启动一次，启动时间在30min左右，避免转动部位生锈。若停用较长时间，需将其从井中取出，检修并入库保管。

（5）管子。各种管子在停用期间都应保证无残留水。将铁管子刷漆，胶管子与汽油隔离，塑料管子冲洗干净后置于干燥的库房内保存。

水泵

★百度图库，网址链接：https://image.baidu.com/search/detail

（编撰人：莫嘉嗣，漆海霞；审核人：闫国琦）

72. 喷灌机如何使用及保养？

（1）喷灌机的使用。

①启动水泵以后，若3min没有水喷出，应立即停机并检查。

②水泵运行中若出现杂音、振动、水量下降等异常现象，应立即停机，运行中随时注意轴承温度，不允许超过75℃。

③观察喷头工作有无异常，有无转速不均，太快或太慢，甚至停止转动等异常现象，并观察转向是否灵活。

④喷灌用水不可使用泥沙含量过高的水体，水中泥沙容易对水泵叶轮和喷头的喷嘴造成磨损，同时还会影响作物的生长。

⑤不同的土质和作物应分别选用合适的喷嘴，可通过拧紧或放松摇臂弹簧调整喷头转速，亦可通过转动调位螺钉改变摇臂的入水深度来调整喷头转速。在调整反转处可用类似方法调整反转速度。

⑥一般采用产生地表径流前最慢的转速，具体而言就是小喷头转1圈用时1～2min，中喷头转1圈用时3～4min，大喷头转1圈用时5～7min。

（2）喷灌机的保养。

①将喷灌机停放在适当位置。

②清洁管道内的沉积物，排净积水。

③卸开中心支座处的链锁。

④将中枢控制箱、塔盒、电缆、电机拆下入库保存。

⑤支起塔架底梁，使行走轮离地100～150mm。

⑥将喷头、压力调节器、喷头接管卸下入库，喷头座用丝堵堵好。

⑦将运动件、钢丝绳涂上油脂。

⑧将柴油机牵引回机房。

水管

★百度图库，网址链接：https://image.baidu.com/search/detail

（编撰人：莫嘉嗣，漆海霞；审核人：闫国琦）

73. 支轴式喷灌机是什么？

中心支轴式喷灌机又称指针式喷灌机，是一种节水增产灌溉机械。其转动支轴被固定于灌溉场地中心的钢筋混凝土支座上，井泵出水管或压力管与支轴座中心下端连接，支轴座中心上端通过旋转机构（集电环）与旋转弯管相连，经过桁架上的喷洒系统向农作物喷水。其特点如下。

（1）产品具有防水、防尘、耐腐蚀的双层门不锈钢电控箱以及多功能触摸屏，其操作简便，容易理解，设备的工作状态将通过动画模拟显示。

（2）智能自动化控制系统，具有温度采集、湿度采集、风速采集的小型农田气象站，喷灌机的工作状态能被实时监测，并可对其运转数据信息进行及时反馈。

（3）实时反馈数据可用电脑或手机等设备在线接收，可直观地展示现场灌溉状态（包括故障状态和报警），可在线传达操作指令，远程控制喷灌机作业。

（4）对尼尔森低压喷头进行科学配置，具有95%以上的喷洒均匀系数。

（5）整机采用热镀锌处理，保证20年内不锈蚀。

（6）适于对谷物、豆类、牧草等农作物进行喷灌，还可以喷洒除草杀菌剂或化肥农药。

（7）地形适应性强、单机控制面积大、综合利用好、土地利用率高，适用大面积平原（或浅丘）作业。

（8）通过与其他农机具的配合使用，能完成灌溉、耕作、播种、管理、施肥、收获等一系列操作，可节水30%～50%，增产20%～50%。

灌溉设备

★百度图库，网址链接：https://image.baidu.com/search/detail

（编撰人：莫嘉嗣，漆海霞；审核人：闫国琦）

74. 背负式压缩喷雾器如何使用与保养？

（1）将喷雾器零部件按正确方式安装，观察各个连接处是否存在漏气，用清水试喷以后才能装入药剂进行使用。

（2）正式使用时，先将药剂加入喷雾器中，随后再加水，溶液高度应处于安全水位线以下。为使桶内气压上升至工作压力，应扳动摇杆10余次才能进行喷药操作。不要过于大力地扳动摇杆，否则会使气室爆炸。

（3）初次喷药时，在喷雾起初的2～3min内会因气室及喷杆内残留的清水导致药液浓度较低，所以在喷淋的初期应注意补喷，以免因药物浓度过低而影响效果。

（4）工作完毕，应将桶内残留的药液倒出，并用清水清洗容器，同时，检查气室内是否有积水，若有积水，要拆下接头并将积水处理干净。

（5）短期内不使用喷雾器，应将其主要零部件洗净擦干后置于阴凉干燥处存放。长期不使用喷雾器时，则需用黄油涂抹覆盖其各个金属零部件，避免锈蚀。

背负式压缩喷雾器

★百度图库，网址链接：https://image.baidu.com/search/detail

（编撰人：莫嘉嗣，漆海霞；审核人：闫国琦）

75. 超低量喷雾器使用新技术及故障排除方法有哪些?

（1）构成及工作原理。超低量喷雾器是一种新型的喷雾机械，具有较高的工效和良好的防治效果。该机既可用于果林树木和农作物的病虫害防治，又可用于温室大棚、仓贮的杀菌消毒。超低量喷雾器由药液箱组件、喷洒部件、风机等构成。通过4个防震垫将其固定于机架，机架上方固定有药箱、油箱和手柄。

（2）使用及注意事项。

①使用前的准备。使用前应确保喷雾器的零部件齐全，安装准确，各部分连接安全可靠，转笼可灵活自如地转动；将由汽油以及机油配成的混合油注入发动机之前，应先将清水注入药液箱内进行试喷，观察药液箱及其管路是否有漏液现象，转笼喷出的雾滴有无异常；同时，应针对不同的防治对象，结合专业技术人员的指导建议，选择合适的药物剂型和种类，必须满足超低量喷雾的要求。可通过节流阀控制喷洒的药量多少。

②使用中的操作。待喷雾器各部件运作正常，且操作人员起步后，再将输液开关打开，并且需保持匀速步行。停止喷药时，需将输液开关关闭后方可关机。喷药时，要结合实际风向，使喷雾方向与自然风向保持一致，不可逆风喷药。

（3）故障及排除方法。

①喷量减小或不喷雾。若因节流阀阀芯位置不正引起，则调整好阀芯位置即可；若因输液开关堵塞引起，则需对输液开关进行清洗；若因节流阀节流孔堵塞引起，则需对阀芯节流孔清洁处理；若因轴头出液孔堵塞引起，则需对轴头输液孔进行清洗；若因药液箱内压力不足引起，需重装增压接头，并使缺口朝向风机；若因药液箱盖过松引起，重新拧紧药液箱盖即可。

②雾粒明显粗大或转笼转速偏低。若因汽油机转速不够引起，应对汽油机进行调整；若因转笼轴承缺油引起，应将轴承清洗后补加润滑剂；若因轴承磨损引起，应使用新轴承；若因转笼尼龙网罩堵塞或破裂引起，应清理网罩或使用新网罩。

超低量喷雾器

★百度图库，网址链接：https://image.baidu.com/search/detail

（编撰人：莫嘉嗣，漆海霞；审核人：闫国琦）

76. 低量喷雾器使用有哪些注意事项？

（1）使用前的准备。使用前应确保喷雾器的零部件齐全，安装准确，各部分连接安全可靠，转笼可灵活自如地转动；将由汽油以及机油配成的混合油注入发动机之前，应先将清水注入药液箱内进行试喷，观察药液箱及其管路是否有漏液现象，转笼喷出的雾滴有无异常；同时，应针对不同的防治对象，结合专业技术人员的指导建议，选择合适的药物剂型和种类，必须满足超低量喷雾的要求。可通过节流阀控制喷洒的药量多少。

（2）使用中的操作。待喷雾器各部件运作正常，且操作人员起步后，再将输液开关打开，并且需保持匀速步行。停止喷药时，需将输液开关关闭后方可关机。喷药时，要结合实际风向，使喷雾方向与自然风向保持一致，不可逆风喷药。田间喷雾时应用侧喷技术，喷管喷口对作物应有适当的角度，角度大小取决于自然风速大小，风速大则角度大，风速小则角度小。不宜在炎热的中午进行喷药；超低量喷雾不宜在自然风大于3级时施行；不宜在仓库、温室等地进行长时喷药，否则容易引起药物中毒。若轴承部分有药液进入，应用汽油或煤油清洗取下的轴承，并按说明书要求在轴承室内加入适量的二硫化钼固体润滑剂或钙基润滑脂用于润滑，最后装上转笼；在喷药过程中，应避免喷头雾化器的转笼触碰作物，以保护转笼；加入药液箱的药液量应合理，不应有溢出，若不慎溢出，应立即进行清理。每次使用完毕后，都要将药液从药液箱、输液管中排净，并擦拭全机；喷雾作业结束后，应将残余油液从油箱、药液箱内排净，并进行全面清洗，用防锈油对金属件进行防锈处理，方可置于通风阴凉处进行收藏保管。

低量喷雾器

★百度图库，网址链接：https://image.baidu.com/search/detail

（编撰人：莫嘉嗣，漆海霞；审核人：闫国琦）

77. 典型喷雾器喷头故障排除方法有哪些?

（1）水舌形状异常。正常工作状态下，水舌在无他物阻挡时，在喷嘴四周应有一透明且光滑的圆形密实段，水舌在密实段之后才会慢慢变白并被粉碎；其射程应大于标准值的85%，且良好雾化。

其原因和排除方法为：①水舌主流呈圆形，但刚离开喷嘴就显得毛糙且非透明，原因是喷头粗糙或有损伤，应将喷头磨光或使用新喷嘴。②水舌无圆形密实段，即一离开喷头就散开。其原因有以下几点：喷嘴内部严重损坏，应更换新喷嘴；整流器扭曲变形，应修理或更换；流道内因异物造成堵塞，将异物清除即可。

（2）水舌射程不够。①水舌雾化效果良好但射程不足，主要由喷头转速过快引起，将喷头转速减小即可。②水舌雾化效果差并且射程不足，主要是工作压力不够，应按规定调高压力。

（3）摇臂式喷头转动不正常。①摇臂正常工作，但喷头转速很慢甚至不转。原因如下：套轴与空心轴间隙太小，应加大空隙；其间有泥沙阻塞，应拆下进行清理；套轴过紧，应稍微放松。②摇臂张角太小。原因有：摇臂弹簧过紧，应稍微调松；摇臂装于过高的位置，使导水器不完全切入水舌，应将摇臂位置调低；摇臂和摇臂轴之间过紧，应增大两者间隙；水压不足，应调高水压。

（4）蜗轮蜗杆式喷头转动不正常。①叶轮空转但喷头不转。主要原因：连接在叶轮轴与小蜗轮之间的螺钉或销钉松脱，应将其适当拧紧；大蜗轮与套轴之间的定位螺钉松动，应将其适当拧紧；换向齿错位，应扳动换向拨杆调整齿轮搭位置。②水舌正常但叶轮与喷头不转。主要原因如下：蜗轮蜗杆或齿轮润滑效果不佳，应涂抹润滑油以减小阻力；定位螺钉太紧，导致大蜗轮偏心，应适当放松螺钉；异物卡于叶轮，应清除异物；蜗轮、齿轮或空心轴与套轴锈牢，应先清理锈蚀再加润滑油。

喷雾器

★百度图库，网址链接：https://image.baidu.com/search/detail

（5）喷头转动部分漏水。①垫圈混入泥沙导致密封不佳，应卸下空心轴进行清理。②喷头加工较粗糙，导致空心轴与套轴的端面之间存在缝隙，应再加工或换用新喷头。

（编撰人：莫嘉嗣，漆海霞；审核人：闫国琦）

78. 机动喷雾器如何操作使用及维护？

（1）使用前的准备。

①按照使用说明书准确安装喷雾器。对喷雾器各部位进行彻底检查后再作业（各部位是否安全可靠）。

②将按规定混合的燃油注入油箱。

③通过拉启动手柄2～3次来判断发动机转动有无异常。

④先用清水试喷并检查药箱和管道有无漏液，喷雾器作业有无异常，然后再往药箱中加药。

（2）汽油机的使用。

①排尽燃油油路内的空气。

②先关闭阻风门，通过拉动启动手柄来启动发动机，待发动机启动后，再打开阻风门。

③发动机启动后需运转2～3min方可作业，根据实际情况合理改变油门位置从而调整喷雾压力，不可因压力过大而引起软管和喷头破裂。

④停机前，需让发动机以较低速度运转2～3min后方可熄火停机。

（3）常见故障排除。喷雾器无法启动或启动困难，其原因及排除方法如下。

①油箱缺油，应加入燃油。

②油路堵塞，应清理油道。

③油中含有杂质水，应更换燃油。

④汽缸内进油过多，拆下火花塞后拉动启动手柄，再擦干火花塞。

⑤火花塞不跳火，积炭过多，应更换火花塞或清除积炭。

⑥火花塞之间间隙大小不合理，应重新调整间隙为1.1～1.4mm。

（编撰人：莫嘉嗣，漆海霞；审核人：闫国琦）

79. 排除喷雾器故障有哪些诀窍？

（1）普通喷雾器。

①手杆不着力。如果打气筒在手杆压气时出现冒水或不着力的现象，原因多为皮碗干缩或损坏，应将皮碗卸下浸油处理或更换新皮碗。

②雾化不良。喷雾断续不流畅，并伴有水滴喷出，原因是桶内出水管脱焊，可将其拆下后用锡焊补。喷出雾形不呈圆锥形，原因是异物堵塞喷孔，导致喷孔不圆，可对喷头进行清理，或换用新的喷头片。

③多方漏水。喷杆漏水，原因是接焊处脱焊或存在裂缝，应用锡焊补或更换；各接头处漏水，原因是开关帽松动；密封圈受损，开关芯粘连，视具体情况采取拧紧、更换、清洗、加油等处理即可。

（2）弥雾机。

①起动困难。浮子室因机械长期停用而导致机油积压，使用前应进行彻底清洗，保持油路畅通。

②起动后即停止。主要因点火系统的白金触点沾污、松动或烧蚀引起，可针对白金触点上的污渍用零号大砂纸或什锦锉刀锉平擦净，并将白金点间隙调整合适。

③汽缸压力不足。因磨损严重导致气压下降，可视情况更换新的活塞环、活塞或缸体等。

（编撰人：莫嘉嗣，漆海霞；审核人：闫国琦）

80. 压缩式喷雾器原理是什么？

压缩式喷雾器是靠预先压缩的气体使药液桶中的液体具有压力的液力喷雾器。按携带方式可分为肩挂式和手提式两种，农用压缩喷雾器都为肩挂式，且容量为6～8L。

（1）结构。泵筒、塞杆和出气阀共同构成打气泵。泵筒采用焊接钢管制造而成，其内壁光滑且密封性能好。出气阀位于泵筒底部，应保证密封良好，避免药液在打气筒进气时混入泵筒内部，垫圈、皮碗等零件则位于塞杆下端。

桶身、加水盖、出水管、背带等共同构成了药液桶。桶身采用薄钢板制造而成，主要用于贮存药液，同时具有空气室的功能，可承受一定压力并能良好密封。桶内的药液量不应超过桶身上的水位线。

（2）工作原理。压缩喷雾器是利用打气筒将空气压入药液桶液面上方的空间，使药液承受一定的压力，经出水管和喷洒部件呈雾状喷出。喷雾器塞杆上拉，泵筒内皮碗下方空气变稀，压强减小，由于吸力的作用导致出气阀关闭。同时皮碗因其上方空气的作用而弯曲，空气经过皮碗上的小孔进入皮碗下方。喷雾器塞杆下压，因皮碗下方空气的作用使其紧贴大垫圈，出气阀的阀球受空气压力作用而打开，从而使空气进入药液桶。如此反复上拉与下压塞杆，压缩空气在药液桶的上方聚集，使桶内压强增大，此时若将开关打开，药液就会被压缩空气压入喷洒部件，最后呈雾状喷出。

压缩式喷雾器

★中国农机网，网址链接：http://www.nongjx.com/tech_news/.html

（编撰人：莫嘉嗣，漆海霞；审核人：闫国琦）

81. 压缩式喷雾器使用规范有哪些？

（1）新喷雾器应先拆下压盖，将少许机油滴入气筒内用于皮碗的润滑，再按要求妥善安装各部件，装入垫圈后再将各接头处拧紧。经过以上处理，新喷雾器方可使用。

（2）使用喷雾器之前，应向其中注入清水，再拧紧器身上部用于放气的螺丝，手握抽压塞杆上下拉动30～50次（应平稳拉动抽压塞杆，每次拉与压的行程均应完整），将开关置于开放状态即可进行喷雾，仔细检查喷雾器各管路接头处有无漏水或漏气，并观察喷雾有无异常。若无异常，到田间便可进行作业。若存在漏水、漏气或喷雾异常，应先检修再作业。

（3）若加水盖存在轻微漏气现象，可摇晃桶身使水与加水盖充分接触，可适当增强桶盖的密封性能，然后继续打气，以增大桶内压力，可使加水盖与桶身更为紧密地结合。

（4）修理故障时，应先将桶内的压缩气体放出，具体操作是将放气螺帽松开。否则药液容易在压缩气体作用下冲出，对人、畜构成威胁。

（5）向容器注入的清水或药水都应低于器身外部所标的药水高度线，以确保有足够的空间储藏用于产生压力的压缩空气。加药前应对药液进行过滤，避免喷孔被其中的杂质堵塞。

（6）每次使用完毕都应及时将残留的药液倒出，并用清水洗净药液箱后晾干，这样可降低喷雾机具在使用时的故障几率，同时延长其使用寿命。倒药操作按松开拉紧螺母、按下吊紧螺钉、拧开加水盖等顺序进行，倒出药液后再用清水洗净。在喷雾器长期存放前，或注入过强腐蚀性的药液后，都需要用碱水清洗其内外表面，再用清水冲洗干净，用清水喷雾对胶管及喷杆内部进行清洗，洗完后打开桶盖，倒出剩余的水，揩干桶身后将水接头朝下平放，避免生锈。将颈圈螺丝擦干后涂上油再存放，可避免生锈；皮管以两头下垂的形式悬挂存放；喷杆以喷头朝上的形式直立存放，有利喷杆内的积水流出；在皮圈以及皮碗的接头处应涂抹机油，避免干燥收缩。

（编撰人：莫嘉嗣，漆海霞；审核人：闫国琦）

82. 深松机如何使用？

（1）深松机的一般构造。目前在生产中主要使用悬挂式的深松机，常与大马力拖拉机配合使用，松土深度最高可达50cm。深松铲是深松机的主要工作部件，安装在机架后的栋梁上，它由铲头和铲柱两部分组成，具有足够的强度和刚度可以很好地松碎土壤，同时其耐磨性也很优越。连接处装有安全销，在碰到石头或树根等障碍物时，可通过剪断安全销来保护深松铲。用于调整耕作深度的限深轮安装于机架两侧。

（2）作业前准备。

①检查各部件齐全与否，是否存在变形或损坏，各螺栓是否安全可靠。

②检查各调整机构是否灵活可靠，必要时应再调节。

③检查工作部件有无严重磨损，若磨损严重则必须及时更换，以确保良好的深松质量。

（3）机具的安装使用调整。

①将深松机与拖拉机三点悬挂相连接，通过调整限位链或限位杆，使两侧的下拉杆左右摆动，并且不能碰到轮胎。工作时应与地面保持平行。如果与地面不平行，可通过上拉杆的调整使两者平行后再进行作业。

②在作业初期，拖拉机以较低速度行驶，通过操纵液压杆使深松铲靠自身重量缓慢达到预定的土壤深度，作业过程中保持深松机匀速行驶。

③当松土深度为25～30cm时，深松机便可打破犁底层，在使用中可通过调整拖拉机的中拉杆长度来使其达到要求。松土深度随中拉杆的伸长而增加，随中拉杆的缩短而变浅。

深松机

★百度图库，网址链接：https://image.baidu.com/search/detail

（编撰人：莫嘉嗣，漆海霞；审核人：闫国琦）

83. 深松机操作注意事项有哪些?

（1）应有专人负责深松机的维护使用，对于深松机的性能应足够熟悉，对其机械结构及各个操作点的调整以及使用方法也要有一定的了解。

（2）深松机在使用之前，必须对各部位的连接螺栓进行检查，观察是否存在松动。检查各部位润滑脂是否足够，若不足则应及时添加以保证润滑效果。检查易磨损的器件是否存在严重磨损，若有则应及时更换。

（3）作业时应保持深松间隔距离一致，并保持深松机匀速直线行驶。

（4）作业时应保证不重松、不漏松、不拖堆。

深松机

★百度图库，网址链接：https://image.baidu.com/search/detail

（5）作业时应随时注意机具的工作状态，及时清理杂物以避免堵塞。

（6）若在作业时听到异常响声，应及时停止深松机的工作，检查清楚原因并得到妥善处理后再开机作业。

（7）机器在工作时，若有坚硬和阻力激增等现象产生，应及时停止作业，查明原因排除不良状况之后再进行操作。

（8）始终注意深松机在入土与出土时缓慢进行，并且不对其进行强制操作，可有效地延长深松机的使用寿命。

（9）深松机作业一定时间后，需对其进行彻底的检查，有利于及时发现和排除故障。

（编撰人：莫嘉嗣，漆海霞；审核人：闫国琦）

84. 半喂入式联合收割机如何使用保养？

收获机械在收获季节投入使用之前一定要进行彻底的拆卸检查，该调整的调整，受损零部件应及时修复，故障零部件应及时更换，这样才能保证收获机械在紧张的收获季节始终保持良好的工作状态，不因故障而延误农时。

（1）行走机构。按规定，支重轮轴承每工作500h要加注机油，1 000h后要更换。但实际情况是，很多收割机在工作几百个小时之后便出现轴承损坏，若没有及时发现并修理，支架上的轴套也会因此损伤，后期修理麻烦。故拆卸时要仔细检查支重轮、张紧轮、驱动轮及各轴承组，若存在松动或异常现象，都应用新件替换，即使其尚未达到使用期限。橡胶履带的使用期限是800h，但履带价格较高，所以一般都是待履带彻底损坏无法继续使用之后才会进行更换，尽量在平日使用中多加防护。

半喂入式联合收割机

★中国农机网，网址链接：http://www.nongjx.com/tech_news/.html

（2）割脱部分。谷粒竖直输送螺旋杆使用期限为400h，筛选输送螺旋杆使用期限为1 000h，若在拆卸检查中发现严重磨损则应及时更换，或者经过堆焊修复后也可再用。收割时若发生割茬撕裂、漏割等情况，应仔细检查并调整割刀间隙，更换磨损严重的刀片，还要检查割刀曲柄和曲柄滚轮，避免因为磨损太大而受冲击，降低切割质量。割脱机构的部分轴承组拆装复杂，因此应尽量在停耕期间进行保养维护，以及更换异常零部件，以保证在作业期间具有良好的作业状态，不误农时。

（编撰人：莫嘉嗣，漆海霞；审核人：闫国琦）

85. 谷物联合收割机用后如何维护？

（1）检查分禾器。分禾器是薄钢板件，经久难用不易损坏，因此它是随坏随修的器件。

（2）检查拨禾轮。主要检查偏心滑轮机构是否存在磨损变形等情况，检查拨禾轮中心管轴两端轴承有无严重磨损，以及弹齿管轴有无发生形变，弹齿有无缺损等。对于损坏器件应及时修复或更换。

（3）切割器的检查。切割器在收割机上属于容易受损的器件，应重点对护刃器梁、刀杆、刀头、动定刀片、护刃器、压刃器、摩擦片等零件进行挨个检查，若动刀片的齿纹缺损了5mm以上，应及时进行更换。

（4）检查割台搅龙。割台搅龙由滚筒体和叶片焊合而成，如果发现叶片变形，可通过焊合进行修复。伸缩拨指的工作面磨损超过4.5mm时就需要更换新的伸缩拨指，拨指导套是容易受损的器件，当其与拨指间隙超过3mm时，应更换新的导套。

（5）仔细检查倾斜输送室的链条、耙齿是否存在磨损损坏、变形、断裂等情况。若有则应进行及时修复或更换新品；检查被动轴的调整机构有无损伤、调整是否准确可靠，若有异常应进行及时修复或更换新品。

（6）彻底检查脱粒滚筒的性能状态。滚筒轴是否存在弯曲变形，滚筒幅板以及两端轴承台阶处是否存在裂纹等缺陷，费用充足时可将异常器件送至修理厂进行探伤并修复。

（7）栅格式脱粒凹板不允许出现任何变形，要确保横格板上有大小合适的棱角，以保证良好的脱粒质量。当棱半径r≥1.5mm时，有条件的可送维修厂修理镗磨，否则应更换新的横格板。

谷物联合收割机

★中国农机网，网址链接：http://www.nongjx.com/tech_news/.html

（编撰人：莫嘉嗣，漆海霞；审核人：闫国琦）

86. 联合收割机"跑粮"怎么办？

联合收割机在运行时"跑粮"的正常范围是：每收50kg水稻跑粮1~2kg。控制"跑粮"是提高联合收割机经济效益及运行质量的主要方法。如今把联合收割机运行时"跑粮"的原因及应对方法列举如下。

（1）掌控合理的喂入量与前进速度。喂入量直接影响机车效率。在收割时操作人要根据秸秆产量和高低等因素来合理改变联合收割机的前进速度。为了让收割机工作中的前进速度、喂入量、脱粒、分离、清选等主要环节配合默契，应该合理控制喂入量，避免过载运行。

（2）掌握拨禾轮的旋转速度。拨禾轮转速过低，拨板不能立刻将秸秆拨向切割器，切割就有困难，秸秆振动变剧烈，会增加掉粒的损失。转速过高，拨齿对穗头的打击力大，落粒丢失较为严重。拨禾轮转速应与收割机的前进速度配合。此外，拨禾轮位置过高，拨禾板打击穗头，导致落粒损失；拨禾轮位置过低，割下的禾秆随拨禾轮转动被抛出机外，引起落粒损失。运行时应根据秸秆高矮程度，及时调节拨禾轮高度，让其拨板作用点于稻麦切割线上方2/3处为宜。对倒伏或矮秆庄稼，拨禾轮高度还应相应降低。

（3）合理调整脱粒间隙。若凹板入口、出口间隙小而滚筒转速高，秸秆就难以进入下一道工序，脱掉的谷粒也无法及时排出，而是继续承受高速滚筒的打击，使得谷粒破碎。脱粒的最小间隙不应小于4mm。此外，还需检查滚筒皮带轮与动力皮带轮搭配的合理与准确性。

（4）灵活调整清筛部位。对成熟度低和潮湿度大的作物，上筛片的开度应调大防止筛不净的杂质堵塞推进器；对成熟度高、较干燥的作物，上筛片打开2/3就可以。下筛片的开度应小于上筛片的开度，当上筛全开时，下筛可开2/3，上筛开度减少，下筛也相应减少。风量大小的调整以粒中无谷壳、谷壳中无谷粒为宜。筛后吹出的谷粒和断穗多，应减少风量；谷粒中谷壳多，风量应调大。

联合收割机

★中国农机网，网址链接：http://www.nongjx.com/tech_news/.html

（编撰人：莫嘉嗣，漆海霞；审核人：闫国琦）

87. 联合收割机常见故障如何维修？

（1）复脱器堵塞。

①清选皮带过松，将清选皮带适当张紧。

②上筛开度小，尾筛开度大，导致杂余量大，应适当调小尾筛开度，而调大上筛与下筛前段开度。

③作物潮湿，杂余量大，喂入量大，将喂入量适当降低。

④复脱器安全离合器弹簧预紧扭矩不足。安全离合器在复脱器阻力较小时容易打滑，因此要清理复脱器，调节安全离合器预紧扭矩。

⑤由于复脱器叶轮叶片变形导致复脱器反复堵塞，这时要换新零件。

⑥因为升运器、风扇及复脱器均在同一传动链上，若升运器链条传动速度不当引起阻力增大，这也是造成复脱器转速下降的原因，易发生反复堵塞。为了减少运动阻力，需要重新调试升运器链条的传动速。

（2）链条断裂。主要表现是：传动轴弯曲，使链轮偏摆；链条松紧度不合适；链条偏磨；链条严重磨损后继续使用；套筒滚子链开口销磨断脱落，或接头卡子开口方向装反；链轮磨损超过允许限度；钩形链磨损严重或装反，都将导致链条掉链、断裂和脱开。必须要让同一传动回路中的各链轮在同一转动平面内来预防故障的发生；经常检查链条接头开口销的情况，必要时更换；经常检查链条的磨损情况，及时修理与更换；矫直弯曲的传动轴，使链轮在允许的摆动量范围内转动；正确调整链条的松紧度；对严重磨损的链轮要及时修理或更换，正确调整安全离合器；及时润滑传动链条。

（3）割台螺旋推运器打滑。割台底板与推运器的螺旋叶片的间隙过大，使得叶片抓不住已割作物，导致不能按时输送，必然在推运器前堆积和堵塞，引起割台螺旋推运器打滑。根据作物的稀密、高矮等不同情况，正确调整好螺旋叶片与割台厢板的间隙来预防故障的产生。当叶片边缘磨光时，推运效率会下降，可采用锉刀或扁铲加工出小齿，使其抓取和推送能力得以提高。

（编撰人：莫嘉嗣，漆海霞；审核人：闫国琦）

88. 联合收割机常见故障如何排除？

（1）割刀阻塞。若禾秆因割刀来回速度低引起的切割力过小而不易被切断，只需将油门加大，使发动机运转速率提高；若因杂物堵塞刀片，应及时停机并将杂物清除；若因割刀间隙过大，应重新调整动刀片前端间隙为0.5mm，后端间隙为0.5~1.5mm；若刀杆或刀片变形，应及时进行修复或更换。

（2）割台前部堆积作物。当割台前方有作物堆积时，应将割台升高，不能再继续前进，应等待作物完全进入喂入口后再前进；当拨禾轮处于较前的位置时，将无法有效地往搅龙输送作物，此时应重新调整拨禾轮的位置，尽量使其贴近搅龙，但需注意不得与搅龙直接接触。如果禾秆太低，应将割茬高度调低。

（3）割台搅龙堵塞。割台前进过快，喂入搅龙的作物量过多，导致输送装置超负荷，应及时停车将作物从搅龙清理出去，并适当降低前进速度；禾秆粗壮、高、长，也会导致搅龙的喂入量过多，则应将割茬高度适当地调高，或将收割幅度适当地减小。

（4）拨禾轮甩草。拨禾轮位置低导致其所切割下来的禾秆过高，应将拨禾轮位置适当调高。拨齿后倾角过大导致拨禾轮甩草，应将拨齿后倾角适当减小。

（5）割台喂入口处翻草。因割台搅龙调节块处于不合适的位置，或因调节块的紧固螺钉松动，可以通过调整调节块的位置，或加紧调节块的紧固螺钉松紧度，来解决割台喂入口处翻草。因传送带打滑或跑偏导致翻草，则应提高传送带的松紧度，并将主被动滚筒调整至平行。

联合收割机

★农机360网，网址链接：http://www.nongji360.com/.shtml

（6）脱粒滚筒堵塞。机车以较快速度前进时，会导致喂入搅龙的作物量过大，从而引起脱粒滚筒堵塞；作物秸秆具有较高的含水量时，也会导致脱粒滚筒堵塞。若发生堵塞应及时停车将作物从脱粒滚筒清理出去，并且将机车前进速度适当降低，将脱粒滚筒旋转速度适当提高，或将收割幅度适当减小。

（编撰人：莫嘉嗣，漆海霞；审核人：闫国琦）

89. 联合收割机常见故障如何预防？

（1）联合收割机行走传动带折断。联合收割机行走传动带折断主要有两个原因：①限位挡块出现松动或处于不当位置，使无级变速器油缸工作行程超过了允许范围。无级传动带轮在变速时达到了极限传动比，但限位挡块尚未阻止油缸行程，导致油缸推杆持续推动，拉断上下传动带。②无级变速传动带轮的中间圆盘被卡住时，也将出现类似现象。

预防措施：①将无级变速器油缸行程调整在正确位置再启动发动机。根据以下标准可判断油缸行程限位挡块是否处于正确位置：下挡块在变速轮中间圆盘靠近内圆盘时即可碰到限位块；上挡块在变速轮中间圆盘靠近外圆盘时即可碰到限位块。②不管无级变速器处于什么位置，应始终保持两条行走传动带的紧度一致；若在收割机作业过程发现两条传动带中任意一条出现松弛抖动现象，应及时停车并将其张紧。③必须仔细检查联合收割机中间盘有无移动不灵现象，若有则应查明原因并妥善修理，进行润滑后方可投入使用。

（2）联合收割机轴承及轴承座过度磨损。联合收割机所用的外球面的、全封闭的向心球轴承常因缺油而导致烧坏，而轴承座则容易因磨损过度导致报废。

预防措施是：①在进行收割作业之前，应先将封闭轴承拆卸下来，置于液态黄油（将黄油加热，另加30%的机油）内，使轴承内部充分地接触液态黄油，将轴承取出后静置即可使黄油在轴承内冷却凝固。②及时更换因过度磨损导致无法继续工作的轴承座。

（编撰人：莫嘉嗣，漆海霞；审核人：闫国琦）

90. 联合收割机传动链条维护保养要点是什么？

（1）链轮装在轴上应没有歪斜和摆动。在同一传动组件中的两链轮的端面应处于同一平面，链轮中心距在0.5m以下时，允许偏差1mm；链轮中心距在

0.5m以上的时，允许偏差2mm。链轮齿侧面不能有摩擦现象，两轮偏移过大会导致脱链以及磨损加速。更换链轮后，必须仔细检查，并将偏移量调整合适。

（2）链条松紧度应恰到好处，链条太紧会使功率消耗增大，造成轴承磨损；链条太松则容易出现跳动和脱链的现象。链条合适的松紧程度应表现为：两链轮中心距在提起或压下链条中部时为2%～3%。

（3）可视情况拆除过长的链条链节，但余下的链条节数必须为偶数节。从链条背面穿过链节，并在外面插上锁紧片，转动的反方向即锁紧片的开口方向。

（4）链轮严重磨损后，应将链轮和链条一并更换，使两者可以更好地啮合。切不可只更换链条或链轮中的一个，否则容易因啮合不好而加速链条以及链轮的磨损。对于可调面使用的链轮，当其磨损到一定程度后可翻面继续使用，将链轮的使用寿命最大化。

（5）旧链条与新链条不可混合使用，否则在链条传动中会发生冲击，导致链条断裂。

（6）在工作中要及时对链条加注润滑油。链条滚子和内套的配合间隙都必须充分接触润滑油，以保证良好的润滑效果，减小对链条的磨损。

（7）机器在进行长期存放之前，应将链条拆卸下来，并使用煤油或柴油将其洗净，晾干后再涂抹机油或黄油，方可在干燥处进行存放保管，避免链条生锈。

联合收割机

★农机360网，网址链接：http://www.nongji360.com/.shtml

（编撰人：莫嘉嗣，漆海霞；审核人：闫国琦）

91. 联合收割机电气系统常见故障如何排除？

（1）起动故障。

①无法起动。可用万用电表检查起动电机接线柱间的电压值，如果万用表显示为12V电压值，则说明起动电机没有发生故障，若电机接线柱间没有电压，则

说明起动开关接触不良，理应进行修理或者更换。

②起动无力。造成起动无力的原因通常是蓄电池极桩接触不良或者蓄电池电力不足，其中蓄电池极桩接触不良又称为虚接。可以通过起动一下发动机，用手触摸极桩是否发热来判断极桩是否虚接；判读蓄电池电力不足的方法是在紧固极桩或充电，闭合灯系开关或喇叭开关之后，观察灯亮度、喇叭响声是否出现异常。

（2）充电故障。

①无法充电。调节器或发电机出故障通常是导致无法充电的原因，可通过观察起动发动机的状态来判断故障的原因。将起动发动机调整在怠速状态，然后利用导线或导体将调节器电源和磁场端短路，观察电流表的数值，若电流表数值没有变化，通过慢加油门来提高转速，此时，若电流表有数值，即表示有充电电流，说明调节器受损或故障，应及时更换调节器；若电流表数值仍然没有变化，表明发电机已故障，应及时更换或修理。

②充电电流过大。若电流表长时间指示的充电电流数值过大，表明调节器损坏，因为电流表只会在刚起动时充电电流数值较大，而后数值会趋于正常范围内，此时应换新的调节器。

（3）灯光和指示仪表故障。

①灯光故障。如果灯不亮，可以检查保险丝是否烧断，如若保险丝没有烧断，可检查灯泡和导线接头是否完好。

②仪表无法指示。若指示仪表无法指示，可在接通电源的前提下，短路指示仪表相对应的传感器，如果指示仪表有反应，则说明传感器损坏；若仍没有反应，则表明仪表已经损坏，应换新的指示仪表。

③指示无法回零位。指示无法回位是指接通电源后，仪表指示到最高位，当发动机正常工作时，仪表指针却无法正常指示，此时断开传感器，如果指示可以回到零位，则表明传感器发生短路，应换新的传感器，如指示仍然无法回零，说明仪表已经损坏，应及时更换。

（编撰人：莫嘉嗣，漆海霞；审核人：闫国琦）

92. 联合收割机内柴油机过热原因是什么？

（1）燃烧室。燃烧室作为柴油机的起始热源，在联合收割机作业时，其室内工作气温最高可达1 500～2 000℃。通常室的外围会有一定数量的冷却介质水以保证室中相关零件的正常工作，但由于具有分隔式燃烧室如预燃室、涡流室的柴油机，其冷却面积大于工作容积，且预燃室中涡流室所增加的冷却面积参与热交换最为强烈，分隔式燃烧室的主燃室内的强烈涡流更是进一步促进了燃烧和膨胀期间热量的传出。

（2）冷却水流量。在确定了柴油机燃烧室结构和工作状况后，可以提高换热系数，降低热阻以提高冷却水的流量，这样既可以降低燃烧室外冷却水的平均温度，又可以增强水流扰动，使热量更有效的传递。但是转速提高会有一定的局限性，当冷却水克服系统阻力在柴油机水腔以及散热器内流动时，若水泵内各处的压力低于水泵的汽化压力，冷却水将立即汽化（水蒸气的导热系数不到水的1/25）。

（3）冷却水质。由于水垢的导热系数仅为水的1/3 000左右，如果水质不佳，如使用了河水、井水等硬水，生成的水垢不仅严重增加热阻，而且还会影响冷却水的流动阻力及流量。

（4）风扇转速。风扇与水泵同轴，若采用较小直径的水泵，在提高风扇转速的同时，水泵流量也会加大，不仅增大了冷却空气流量值，还进一步减小了散热器的总体热阻，会达到较理想的散热效果。当然，提高风扇转速会增加柴油机的功率消耗，对风扇和水泵的强度会要求更高。

（编撰人：莫嘉嗣，漆海霞；审核人：闫国琦）

93. 联合收割机全液压转向器如何正确使用？

全液压转向器是保障机车行驶安全以及作业效率的重要器件，是联合收割机液压转向系统的关键元件，为了减少或避免全液压转向器故障的产生，有良好的使用体验以及使用寿命，实际工作中应注意以下几点。

（1）不要随意拆卸全液压转向器，必须拆卸时，一定要注意清洁，不要划伤配合表面。

（2）拆卸过程中，为了防止钢球掉入进油孔与阀套环槽之间，卡坏阀套的表面，应先将人力转向单向阀的钢球取出，再取出阀套和阀芯。

（3）在装配过程中，应先将阀套和阀芯取出，再将人力转向单向阀的钢球取出，与拆卸的过程相反，注意装配阀套和阀芯时要平稳装配，位置对正，不要相互碰撞，以免损坏零件；尤其注意阀内是否有污物，是否干净的新机油涂在零件表面。

（4）安装联动器时，要注意联动器与转子之间的正确装配关系，即联动器外花键上与转子内花键上的记号相匹配，若没有记号可以校对，可以通过对正联动器上端的拨销槽与转子齿凹的中心线来进行校对。

（5）在转向过程中，为了防止机车的油温升高，使零件损坏，当发现转向盘转动得很费力时，即转动方向盘时可以清晰地听到安全阀开启的"嘶嘶"声，此时应停止用力转动方向盘。

（6）发动机熄火或油泵不工作时，为了避免损坏弹簧片、拨销或联动器，转动转向盘的幅度要小，转动的速度要慢。

（7）为了防止因油被污染而导致油液高温和零件磨损，要用适当黏度的液压油，并且要注意油的清洁。

（编撰人：莫嘉嗣，漆海霞；审核人：闫国琦）

94. 联合收割机收获前如何检修？

（1）拨禾轮的检修。检修之前，首先要排查弹齿是否有丢失或损坏，弹齿轴是否有弯曲变形的现象，若有以上情况，应及时调整和补上。对拨禾轮检修的内容主要包括如下几方面。

①检查拨禾轮的高低、前后位置。检查拨禾轮是否放到最低位置，弹齿不应该碰到切割器以及割台搅龙；拨禾轮弹齿与割台搅龙旋转叶片之间要保持一定的距离，应力求其轴位于割刀的正上方或稍向前方。

②拨禾轮转速的调整。在收割小麦时，要控制拨禾轮圆周速度，使拨禾轮既不重复打击麦穗又不向前推倒小麦，一般其速度不应超过3m/s。

③拨禾轮弹齿角度的调整。根据不同的农作物，拨禾轮弹齿角度会有所不同；收直立作物时，调整弹齿使其与地面垂直；收倒伏作物时，可将拨禾轮弹齿适当向后调整10°～30°；收高密作物时，可将弹齿适当调整使其向前倾斜；除以上3种情况外，一般情况下，弹齿向后倾10°左右为宜；在拨禾轮正式工作前，为了使其转动灵活，应对偏心幅盘上的3个滚轮加上油润滑，否则将会造成拨禾轮稳盘磨损严重和转动不稳的现象。

（2）切割器的检修。切割器的检修主要检查刀片的完好度以及动刀、定刀和压刃器之间的相对距离是否恰当。割刀刀片分为两种，一种是光刃，另一种是锯齿刃刀片；其中动刀为锯齿刃，定刀为光刃。对切割器检修的内容主要包括如下几个方面。

①检查刀片完好度。当刀片磨钝或损坏时，会增加切割的阻力。不同类型的

割刀刀片处理方式有所不同；对于动刀片——即锯齿刃，一般只更换不修理，当刃口磨损至0.15mm，齿高不足0.5mm，连续缺齿3个以上时，应更换新刀片。对于定刀片——即光刃，当其刃口超过0.3mm后，可用砂轮将其磨利，当刀片宽度小于护刃器宽度时，应将其报废处理，在检查过程中应注意观察定刀片顶面是否始终保持在同一平面上；铆接时，铆钉头是否正确、稳固。

②检查刀杆完好度。当刀杆变形或弯曲时，可将刀杆放在平板上，用锤子进行敲击至刀杆平直为止；断裂的刀杆可利用焊接进行修复，修复后应将焊口处锉平。

③检查定刀片、动刀片的间隙。通过校正护刃器安装位置调整间隙，使其在0.3～1mm，注意检查前端是否小于0.5mm，后端是否小于1.5mm。

（编撰人：莫嘉嗣，漆海霞；审核人：闫国琦）

95. 联合收割机如何维修?

（1）一般收割机中的铆合件如动刀总成，铆钉都是冷挤制成，不应在铆合时加热，因为加热会减小材质强度。铆合后应用成形冲子重铆，以加强刀片与刀杆的牢固性。

（2）易损零件，尤其是销轴、压片、套、垫铁在维修中不得以多加黄油而代替换件和修理，因为长时间使用磨损到极限的零部件会导致其他机械寿命的减短。

（3）没有平衡机的轴类修理在修理各种轴类需平衡时，可在轴的一端装一推力轴承，夹持在车床三爪上，另一头可用顶尖顶住，如车床短，可用中心架夹住另一端装在轴上的轴承，校正平衡为止。但在配重时，用螺钉上紧，尽量不要用电焊方式配重。

（4）在维修中因材料型号繁多，不易购置，可用废旧轴类加工。目前我国轴类多数是以45#碳钢为主，如需淬火调质，在条件不好的情况下，可把所需零件用氧气、土炉加热到红中发乌放置盐水中，根据需求而定。

（5）在加工套类零件时尽量在套孔中拉油槽。由于收割机某些部位加油特别困难，凡难加油的地方可用黄油及重机油，尼龙套除外。凡用尼龙套的部位，最好不要用铸铁、铜、铝代替，因为尼龙套承受一定的冲击而不变形。

（6）皮带轮和轴上的键与键槽修复应保证尺寸不变为提前，不能加大键的尺寸，避免影响轴的强度，轴上键槽可用电焊填料补焊，在旧键的反方向铣一键槽，带轮上键槽可用镶套（过渡配合）的办法，镶好后，用埋头螺钉在套缝中攻丝上紧插键。

（7）收割机液压部分的维修卸下分配器和减流阀等，用气泵对各管件压力冲气，液压油二次装入时应过滤、排气，装配液压的维修主要是密封件，而密封件最好卸下后换新的。

联合收割机

百度图库，网址链接：https://image.baidu.com/search/detail

（编撰人：莫嘉嗣，漆海霞；审核人：闫国琦）

96. 联合收割机输送槽堵塞的原因及解决办法有哪些？

（1）输送槽主动轴转速。主动轴的转速对于输送带的线速度有着决定性的作用。当速度超过定值时，增大的机械振动频率，会造成机具寿命的下降；当速度低于定值时，如当低于割台搅龙叶片的线速度时，则可能导致堵塞。尤其在较大喂入量的情况下，存在单产高、收割速度快、作物秸秆含水量大，草谷比大于1.5时，堵塞的可能性又会加大。所以需要根据收割作物的实际情况来实时调整主动轴的转速，一般情况下收割时的线速度是1.2 ~ 1.5m/s。

（2）割台搅龙转速。割台搅龙主要把割后置于台前的作物，经由叶片传送到输送槽口，接着采用搅龙伸缩杆喂入输送槽。当搅龙的线速度高于输送槽输送带的线速度，而搅龙同时又满载工作时，就会造成输送槽被堵塞的问题。反之。当搅龙的线速度过低的时候，又会使搅龙再次堵塞，同时导致喂入量产生不稳定的波动变化，会存在脱粒不干净，混杂的情况。所以，一般情况下割台搅龙的转速需要达到比输送槽主动轮线速小10% ~ 15%的标准；通常情况的收割线速度是1.05 ~ 1.30m/s。

（3）拨禾轮的转速。拨禾轮先把作物放置为后倾，然后扶稳作物来进行切割，最终把处理后的作物平放至收割台。当拨禾轮的转速高于一定值，乃至和收割速度产生了不协调，此时作物尤为可能被弹齿轴连击与梳刷，以至于带来籽粒脱落之类的损失。当拨禾轮的转速低于一定值，而弹齿轴处于向下运动的情况时，将导致待割作物在割台与切割器之间被弹齿轴向前推的情况。不但不利于切割器的正常切割，而且已割作物很可能散落在割台前方又或者堆积在切割器上，由于不能够及时通过搅龙进行输送，而累积至一定程度时又会造成输送槽的堵塞，部分作物处于搅龙叶片边缘，被喂入伸缩杆使喂入量瞬间增大，造成堵塞。所以，根据收割速度来对拨禾轮转速进行相应调速，一般情况下的收割转速是30～40转/min。

联合收割机

★农机360网，网址链接：http://www.nongji360.com/.shtml

（编撰人：莫嘉嗣，漆海霞；审核人：闫国琦）

97. 联合收割机自行熄火的故障原因是什么?

（1）发动机在熄火之前转速逐步降低，同时排气管冒黑烟。其原因主要是由于联合收割机工作部件堵塞导致的。遇到这种情况，需首先检查联合收割机割台、滚筒等工作部件是否堵塞。如为堵塞，清理堵塞之后，发动机一般即可重新起动。需要说明的是，发动机因润滑不足，产生抱轴烧瓦事故，也会产生这类现象，如遇这种情形，应当拆下发动机对发动机进行大修。

（2）机器熄火前发动机转速失稳或逐渐下降，但排气管没有显著冒黑烟现象。这种故障的原因主要是发动机燃油供给不畅所致。遇到这种情况应检查油箱内的燃油是否耗尽，输油泵供油是否异常，沉淀杯进油口有无杂物堵挡，柴油滤清器是否过脏。若柴油滤清器过脏，则应拆下柴油滤清器，清洗后重新安装，并排除油路中的空气。

（3）机器熄火前不存在转速降低的阶段，呈突发性的熄火。发生这种故障的原因主要是发动机供油突然中断或负荷突然增加造成的。遇到这种情况应首先检查发动机部件有无突然松动或脱落，对于由熄火电磁阀控制高压油泵供油拉杆的发动机还应检查熄火电磁阀是否断电。

联合收割机

★农机360网，网址链接：http://www.nongji360.com/.shtml

（编撰人：莫嘉嗣，漆海霞；审核人：闫国琦）

98. 联合收割机作业时易堵塞故障及排除方法是什么？

（1）中央搅龙堵塞。

①在收割过程中偶尔作物在中央搅龙前会产生作物堆积的情况，这多半是因为割台的三角死区太大所致，使割刀切割下来的作物无法及时地输送到中央搅龙附近，在割台台面上作物会越堆越多，这些作物同时进入到中央搅龙中导致堵塞。一方面容易损坏中央搅龙安全离合器、叶片和伸缩指，另一方面影响作业效率。此外，过于潮湿和倒伏时的作物也易引发堵塞。

②排除方法。向下调整中央搅龙，但要保证搅龙叶片与割台台面有10mm的间隙，以防作物堵塞或损坏搅龙叶片；向下调整拨禾轮以提高拨禾轮的输送能力，这样，切割下来的作物可以被及时送到中央搅龙的工作区内，但要保证弹齿不能与护刃器相接触以防损坏割刀和护刃器；尽量向后调整拨禾轮，以缩短弹齿和搅龙叶片之间的距离，但要保证搅龙叶片与弹齿的间隙大于5mm。

（2）割台堵塞故障。

①故障原因。切割器与拨禾轮缺乏配合，即拨禾轮对割下作物的扶持和铺放效果不佳，导致割台前部堆积作物。拨禾轮转速及作用点高度未调整得当，造成拨禾轮与割台之间的"死区"过大。割台推运器未调整得当，搅龙与底板、后板间隙过大。

②预防措施。爪形皮带、扶禾链、茎端链、穗端链等保持适当的张紧状态。应及时调整过松和及时更换磨损过大的情况。收割时应缩小割幅避免收割倒伏过度的作物时易发生割台堵塞，并减慢车速，注意观察，发现堵塞及时清除。收割的作物不能过湿。依据收割机前进速度和作物的密度、倒伏情况合理调整拨禾轮转速及作用点高低。扶禾链需保持良好的张紧度。调整好割台，搅龙的位置，搅龙叶片磨损严重时要及时修复，以便保持合适的工作间隙。

联合收割机

★农机360网，网址链接：http://www.nongji360.com/.shtml

（编撰人：莫嘉嗣，漆海霞；审核人：闫国琦）

99. 联合收割机如何防火？

（1）收割机在投入收割作业前要认真检修保养，按有关规定做到"五净"（油、水、气、机器、工具）、"四不漏"（油、水、气、电）、"六封闭"（柴油箱口、汽油箱口、机油加注口、化油器、磁电机、机油检视口）、"一完好"（技术状态），并且，保持发动机及燃油箱清洁，不用汽油擦拭油垢。

（2）电气设备应定期检查，看电路导线的连接是否松动，设备有无损坏。应用带弹簧垫圈的螺栓牢固连接导线接头；电路线束、导线应套上塑料管并密封好，避免进水进油；不允许有油污在导线附近，蓄电池有良好的防护设备，避免金属物坠落时导致短路电弧。

（3）电器线路远离热源，经过运动部位的电线应用夹子紧固，电线的中间跨度不得过长或过短，避免因转动或振动导致导线磨损、擦伤裸露，搭铁着火。

（4）启动用汽油机的点火时间应经常检查，以防在田间作业时化油器回火；最好在发动机主机加装质量合格的火星收集器。

（5）喷油器和高压油泵的工作情况以及空气滤清器、排气管和燃油的质量需经常检查，必要时修理或更换。

联合收割机

★农机360网，网址链接：http://www.nongji360.com/.shtml

（6）不得长时间超负荷运行，作业时应控制好发动机转速，不得忽大忽小，更不得猛轰油门；当水箱开锅、发动机过热时应注意停机休息降温。

（7）收割作业时，要定期加油加水，并检查发动机高温部位，附近的可燃物、油污应及时清除。

（编撰人：莫嘉嗣，漆海霞；审核人：闫国琦）

100. 履带式全喂入水稻联合收割机转向失灵怎么办？

正确调整转向机构可保证实现可靠转向。转向制动的原则是先分离后制动，即先使转向齿轮分离，然后制动器抱死制动。如果中央齿轮与转向齿轮分离后制动器制动失效，将会导致转向拨叉磨损；若中央齿轮与转向齿轮没分离，制动器已抱死制动，则有可能烧损制动蹄片或制动鼓，同时造成中央齿轮和转向齿轮牙嵌的快速磨损，出现转向失灵。

（1）调整方法。

①先松开可调转向臂的螺栓，调节转向拉杆长度，使分离凸轮凹陷处靠近可调转向臂的轴承，然后锁紧可调转向臂，再将调整好的转向拉杆用锁紧螺母锁紧。

②制动器调整时，应试着推动左右可调转向臂到转向齿轮完全分离位置时制动器开始制动为准，接着锁紧制动拉杆。

③当制动蹄与制动鼓配合不佳时，需更换制动蹄、修磨摩擦片或更换制动鼓。

④现场调整时，可把制动器端盖打开，查看制动蹄是否将制动鼓抱死止动，分析并调整其他元件。

（2）转向失灵的原因与排除方法。

①转向拉杆调整不恰当，牙嵌未分离即产生制动。造成这种现象的原因多半是未把制动拉杆调节好，只需按调整方法（1）的要求再次调整一次即可。

②摩擦片过度磨损。摩擦片是一种易损件，在使用过程中越摩擦越薄，当摩擦片与制动鼓之间的间隙大到某种程度，无论如何扳动拉杆都无法制动时，便导致转向失灵。这时需要及时替换新的摩擦片，并依照要求重新调整。

③转向拨叉磨损，导致转向时无法可靠地将中央齿轮与转向齿轮分离，则要替换新的拨叉或左右互换，调整好拉杆。

④转向齿轮或中央齿轮磨损，导致转向时车身振抖而不能可靠地转向，要马上替换转向齿轮或中央齿轮。

（编撰人：莫嘉嗣，漆海霞；审核人：闫国琦）

101. 水稻联合收割机有哪些使用操作技术?

水稻联合收割机有着结构复杂，技术含量高，一次性投资大，使用操作技术水平要求高的特点，在购机补贴政策的激励和拉动下，近几年来水稻联合收割机飞速发展。

由于一些机手存在缺乏使用操作技术的问题，不能发挥出收割机的功效和作用。为使收割机"高效、优质、低耗、安全"地为农业生产、农民增收服务，将收割机使用操作技术"16字"口诀介绍如下。

一是"遇湿等干"。早晨山区农村露水大，水稻潮湿，通常要等到8:00—9:00，露水干了才能操作收割机割禾。若在降雨后则要等水稻上的雨水干了，才能用收割机去割禾。如稻田中有水，农户应提前7~10d放尽水并晒好田，人踩上去没有脚印。若稻田中放不尽水，可带水作业，水深通常保持在20~30mm为宜。如此可以提高收割机的作业效率，以免造成收割机的堵塞和稻谷的浪费。

二是"先动后走"。收割机在田间开始作业时，先结合工作离合器，让割台、切割器、输送装置、脱粒和清洗等工作部件先运转起来，达到额定工作转速（发动机大油门），机手再驾驶操作收割机行走，进行收割作业。这样可以防止切割器被稻秆咬住，无法切断及工作的现象。

三是"遇差就快和遇好就慢"。在收割机作业时，遇到水稻产量低，如亩（1亩≈667m²，全书同）产在350kg以下时，一般可选用4挡作业，加快收割机的行走速度。遇到水稻产量高时，如亩产400kg以上时，一般可选用2挡作业，降低收割机的行走速度。

四是"一停就查"。收割机在停止作业后，机手要按《收割机使用说明书》的要求，仔细地对收割机进行检查和维护保养等。使收割机保持良好的技术状态。但机手一定要注意，收割机的发动机必须在熄火之后，才能清扫，检查和维护保养，避免事故的发生。

水稻联合收割机

★农机360网，网址链接：http://www.nongji360.com/.shtml

（编撰人：莫嘉嗣，漆海霞；审核人：闫国琦）

102. 水稻联合收割机液压的常见故障如何排除？

全喂入履带式水稻联合收割机液压机构常发生割台挂不起、中立位置停不住的故障，产生的主要原因及排除方法如下。

（1）液压油有杂质。更换干净的液压油，清洗滤清器和油箱。

（2）油箱内液压油量太少。添加液压油，加到油箱满载的2/3以上。

（3）液压油管泄漏。主要是液压管损坏或液压油管接头密封不严，应及时更换或修复，避免漏油。

（4）液压油泵磨损，密封件不密封。应修复或更换损坏的液压油泵和密封件。

（5）油路中有空气。油箱换油后或液压油量不足时，油路中进入空气，导致割台挂不起，需要排除空气。排气的方法：拧松两圈液压泵出油口螺母和割台挂降油缸进油口的螺母，启动发动机，使液压泵工作，观察液压泵出油口处溢出的油，若没有气泡则拧紧螺母，然后操纵升降手柄升降割台，当割台升降到最高和最低两极限位置，油缸进油口螺母处溢出的液压油均没有气泡时，拧紧螺母。注意应在发动机熄火停机时拧紧螺母，以确保人员安全。

（6）油缸或油封磨损损坏。检查油缸和油封的磨损损坏情况，更换或修复。

（7）安全阀工作不正常。使用一段时间后，安全阀闭不严，调压弹簧变形。液压油压力降低，导致割台挂不起或提挂缓慢。这时需进行调整，方法是：启动发动机后，使发动机中速运转，将挂降手柄放到升的位置，拧松安全阀锁紧螺母，再将调节螺栓拧松，使割台完全降到最低位置，然后重新慢慢拧入调节螺栓，直到割台刚能顺利提升，此时液压系统内调到的压力为最佳压力。若压力太高，会引起油液发热，齿轮油泵等会因负荷过大而损坏；若压力太低，则使割台不能顺利挂起。调整后，拧紧锁紧螺母。

收割机

★农机360网，网址链接：http://www.nongji360.com/.shtml

（编撰人：莫嘉嗣，漆海霞；审核人：闫国琦）

103. 水稻收割机的保管与封存有什么方法?

水稻联合收割机结构复杂,一次性投资较大,而使用时间短(在南方一般在夏收和秋收使用,一年中使用时间约一个月),闲置存放的时间长。所以,机手应在秋收作业结束后及时维护保养和封存水稻联合收割机,保持技术状态良好,延长收割机的使用寿命和下一年的使用。现将水稻联合收割机作业结束后的维护保养和正确的封存方法介绍如下。

(1)清理干净收割机内外的泥土、碎稻草、谷粒等杂物,并用水冲洗一遍,晾干后开进机库内存放好。

(2)将所有的三角传动带卸下,擦干净后,涂上滑石粉,装进塑料袋,挂在库内的墙壁上;卸下传动链条放入柴油中清洗干净,涂上机油或黄油,用塑料纸包好,存放在醒目且通风干燥的地方。

(3)彻底检查收割机上的易磨损件。如割台上的动刀片与定刀片、搅龙伸缩杆套、滚筒钉齿等。发现磨损过度,变形,损坏时,应进行修复或更换。

(4)向各部件上的转动轴承添加润滑脂,对摩擦部位,如切割器、离合器爪、搅龙伸缩杆、调整螺栓等,要涂上机油或黄油,防止锈蚀,对油漆已磨掉或生锈的外露件,要除锈后重新涂上油漆。

(5)用方木头将收割机垫离地面,把割台、拨禾轮降到最低位,平稳地放在垫木上,使液压升降系统的升降手柄,放下降的位置上。

(6)卸下蓄电池,单独进行存放。保存的方法有两种:①充电注水法。将蓄电池充足电后倒出电解液,换入蒸馏水,停放6h,再充电4h,更换蒸馏水后再充电2h,然后倒出蒸馏水,再装满新蒸馏水,即可长期存放,在冬季要注意保温防冻。②干存法。将蓄电池完全放电,倒出电解液后用蒸馏水多次冲洗,直到水无酸性为止,倒净蒸馏水,晾干后,拧紧孔盖,密封通气孔,即可长期存放。

收割机

★农机360网,网址链接: http://www.nongji360.com/.shtml

(编撰人: 莫嘉嗣,漆海霞;审核人: 闫国琦)

104. 小麦收割机的故障如何排除？

（1）秸秆夹粒多。

原因：秸秆太过干燥；脱粒部件瓦筛开度过大。

排除技巧：①减小脱粒瓦筛间隙，上筛开度保持小于2/3，下筛开度一般大于1/3。②机到地头就快速升起割台，大油门送脱槽内剩余籽粒。

（2）穗头脱不净。

原因：麦穗青头多；脱粒部件的纹杆与凹板之间的脱粒间隙太大，转速过低。

排除技巧：①控制田块的割幅宽度，控制不超过2/3。②调整脱粒机脱粒间隙，减小滚筒转速，扩大凹板间隙。磨损严重的零件应及时更换。③张紧动力机连动脱粒部件的轮带。

（3）拨禾轮打落籽粒多。

原因：拨禾转速过高，禾位置太高打击穗头，或拨禾轮位置太靠前，增加了麦穗的打击次数。

排除技巧：适度减小拨禾轮转速或高度，适当后挪拨禾轮。

（4）自动喂入困难。

原因：拨禾轮位置离割台喂入搅龙过远，中间段的搅龙叶片与底板间的距离太大；喂入链与伸缩齿尖距离不符；作物倒伏或潮湿。

排除技巧：①在弹齿不碰割刀的前提下，拨禾轮应尽量向后移。②修复割台喂入搅龙叶片，使叶片离底板高度小于10mm。③喂入链与伸缩齿尖的距离维持在10~15cm。④割台喂入搅龙安全离合器的弹簧长度应恰当，当喂入阻力太大时能及时分离。

（编撰人：莫嘉嗣，漆海霞；审核人：闫国琦）

105. 收割机应如何保养？

（1）闲置时期应尽快使收割机内外的尘土、秸秆、籽糠等杂物被清除干净，然后用压力水冲洗整机（皮带、电器等须在清洗前拆下另置），然后晾干。裸露的金属机件（如切割部分的机件）表面应当涂上一层机油并粘贴报纸加以保护，脱漆部分尽量补涂同样颜色的油漆。

（2）把收割机存放于干燥通风、地高坚硬的车库内，同时用木墩在轮胎附近的机架坚固处提供支撑，4个支撑点应在同一水平面上，避免机架变形。支撑高度保持轮胎距离地面20～50mm，放出轮胎内2/3的气体，避免轮胎过早老化。把收割台放下，用枕木垫起，使液压油虹的柱塞杆完全收缩进液压缸内，使液压泵卸下负荷。将收割台缓冲弹簧调整螺栓拧松，使其处于自由状态。

（3）把所有的传动带拆下，擦拭干净，涂上滑石粉，挂上标明规格与传动部位的标签，挂在库内墙上保存；把所有滚子链拆下，用柴油或煤油清洗干净，沥干后放入废机油中浸煮30min左右（或在废机油中浸泡48h），取出后沥净机油，再放入加温熔化了的黄油中蘸一下，然后用牛皮纸或耐油薄膜包好，存放于干燥通风处。

（4）拆下蓄电池，使蓄电池完全放电，倒出电解液，用蒸馏水反复冲洗蓄电池内部，直到蓄电池内倒出的蒸馏水无酸味为止。将蓄电池倒置放在两条木棒上，晾干水分。将加液口盖拧紧，将盖上的通气孔用蜡滴封死。

（5）卸掉加在所有安全离合器弹簧及其他一些弹簧上的负荷，避免弹簧产生疲劳变形而影响其工作性能。

（编撰人：莫嘉嗣，漆海霞；审核人：闫国琦）

106. 收割机行走系统出现故障怎么办？

（1）行走离合器打滑。

原因：分离杠杆（三爪）不在同一个平面上；摩擦片的磨损过大，弹簧压力偏低或摩擦片铆钉松脱；主动盘、被动盘表面不平。

修理方法：车平主动盘、被动盘，把压力弹簧更换。若无弹簧，也可用小四轮拖拉机离合器弹簧代替；调整分离杠杆螺母；修理或更换摩擦片。

（2）行走离合器分离不清。

原因：分离杠杆与分离轴承之间自由间隙过大或不等，主动盘与被动盘无法完全分离或分离轴承损坏。

修理方法：可调整杠杆与分离轴承之间的自由间隙，替换分离轴承。

（3）挂挡困难。

原因：离合器分离不完全，工作齿轮啮合不到位或小制动器制动间隙偏大；软轴里面有污垢，加大了挂挡阻力。

修理方法：清理软轴里面的污垢，且加少量滑石粉；调整离合器或小制动器间隙。

收割机

★农机360网，网址链接：http://www.nongji360.com/.shtml

（编撰人：莫嘉嗣，漆海霞；审核人：闫国琦）

107. 收割机季节性存放需防止哪些问题？

（1）防日晒夜露。由于收割机的型号不同、种类不一，某些机体庞大，需要特制存机库。一些机手嫌麻烦，图省事，仅仅搭简易天棚遮挡，机体经风吹雨淋会受到不同程度的损害。只有保管好才能用得好，因此，无论哪类型号的收割机，都应尽可能盖专用机库。

（2）防杂物锈蚀。每一季度完成收割之后，收割机内外的泥土、碎草、谷芒、籽粒等杂物应被彻底清除干净，然后用压力水将机子内外冲洗干净，晾干后存入机库内。并且对各润滑部位进行清洗、润滑或注油密封。在存放期间对脱落防护漆的部位要及时涂漆防锈。

（3）防变形腐朽。各种传动带在用后要拆下，擦净晾干后，存在室内通气的地方，并防止虫蛀或鼠咬，这些制品存放不当极易霉烂或变形。对所有传动链条，用柴油或煤油洗净晾干后，放入机油中浸煮15～20min，或在机油中浸泡一夜取出，待不再滴油时涂上润滑油，用牛皮纸包好，放在通风干燥处即可。

（4）防橡胶件老化。对橡胶件保管，最好在橡胶表面涂上热的石蜡油，并置于室内通风、干燥及不受阳光直射的地方。因为收割机上的橡胶及塑料制品在受阳光紫外线作用下易老化和变质，弹性差易折断。

收割机

★百度图库，网址链接：https://image.baidu.com/search/detail

（编撰人：莫嘉嗣，漆海霞；审核人：闫国琦）

108. 收割机离合器有哪些使用技巧及故障处理?

起步时,要踩一脚把离合器踏板踩到底,彻底分离离合器。离合器踏板抬起时,起初要快速抬,在感到离合器压盘开始结合至半联动后逐渐减小速度,使收割机起步平稳。

部分司机喜欢遇到紧急情况踩下离合器后进行制动,这样会使离合器加速磨损。高速惯性滑行时踩着离合器踏板的做法也不可取,不仅会使收割机行驶状况控制失稳,而且会使离合器损坏,同时也极易产生危险。由于缺乏驾驶经验新手总是下意识性地踩离合器,这是一个坏习惯,长期这般既会造成离合器打滑,也会使离合器的磨损加剧、离合器片烧蚀、压紧弹簧退火等。在正常行车时收割机上的离合器,是一种紧密接合状态,离合器应无打滑。所以从开始驾车的时候新手应该就养成良好的驾驶习惯:除起步、换挡和低速制动时,其余时候都不要习惯性踩离合器,也不要把脚始终放在离合器踏板上。

摩擦片和摩擦盘组成离合器中的摩擦副,通过摩擦副的相互作用来传递扭矩。摩擦副的摩擦系数与所传递的扭矩呈正比关系,然而摩擦副工作状态会很大程度影响摩擦系数。其结合过程是:离合器从动盘随着压盘压紧力的施加,被逐渐压紧,摩擦力使从动盘转速递增,在压盘和摩擦盘的转速相同时则达成扭矩的传递。摩擦片与压盘和摩擦盘之间在这个过程中,有相对的滑摩,这时产生的摩擦力叫动摩擦力矩,滑摩所做功使摩擦副表面温度增加。当转速一致时,摩擦副不再滑摩,此时所产生的才是摩擦副的静摩擦力。只有负载超过静摩擦力扭矩时离合器才会打滑。

(编撰人:莫嘉嗣,漆海霞;审核人:闫国琦)

109. 收割机农闲时如何存放?

(1)底盘。

①将底盘架起放于同一个水平面上,让行走履带避免长时间受压,以履带不受力为宜设定高度,应在同一水平面上顶起四个支撑点,以防机架因长期受压不均匀变形;放松行走履带并拆下清洗、晾干,涂上滑石粉。若无机库,为了避免过冬变形老化可将履带存放在室内,检查行走支重轮、驱动轮轴承部位、油封水封是否良好,状态不好的进行更换,并加注新黄油。

②查看齿轮油、变速箱油有无达到标准,加足不够的。

③查看离合器"分"与"离"是否明显,是否正常,调整异常的,离合器摩

擦片、弹簧等需更换。

④查看转向操纵机构、离合、变速及装置是否正常，转向节头有无松动，必须紧固可靠，涂黄油于表面。

（2）脱粒装置。

①打开脱粒室，将余粮、杂草清理，避免腐烂变质腐蚀机器。

②查看脱粒滚筒有无磨损变形，其两端轴承有无磨损，脱粒齿杆有无损坏变形，并重新注入黄油。

③查看脱粒室凹板筛、振动筛是否异常。

④打开横搅龙、竖搅龙和摇床的清扫口，接着使脱粒部空转，清扫干净未放出的稻谷，避免老鼠咬坏电线。

⑤放松喂入深浅输送链条、脱粒输送链条、排草输送链条，使之不受力，查看链条驱动轮有无磨损，刷涂废机油在链条上。

收割机

★农机360网，网址链接：http://www.nongji360.com/.shtml

（编撰人：莫嘉嗣，漆海霞；审核人：闫国琦）

110. 收割机如何日常维修保养？

（1）收割机田间作业前的保养工作。

①发动收割机之前，第一应查看动力有没有机油、柴油、水，其次查看电瓶是否充足电，查看线路是否损坏，依据说明书要求加满油、水，充足电，最后检查皮带及其链条的松紧程度，必要时按说明书要求进行调整。

②割台部分要留意切割器、动刀杆头连接螺栓有无松动，动刀与定刀之间的间隙是否偏大，易磨损地方要按规定添加润滑油。

③将脱粒部分后盖打开，查看脱粒齿杆是否磨损过度，搅龙有没有异物堵塞，筛网有无破损，若发现问题，应及时进行清理、维修。

④检查底盘时，首先把车身用千斤顶支起，检查履带的松紧是否合适，用手

摆动驱动轮等轮子，检查间隙是否偏大，必要时按说明书进行调整、维修，各个润滑部分要按说明书规定进行润滑。

⑤以上工作做好后，便开始原地发动，无负荷运转2～5min，在运行过程中收割机无异常，便能进行田间作业，若发生异常则立即关闭发动机，进行全面检查，排除故障，及时修理，直到可以正常运转使用为止。

（2）联合收割机田间作业后的保养工作。

①清理干净机器内外的泥土、碎秸秆、籽粒等杂物，并用自来水冲洗干净，晾干后开进机库。

②将全部三角胶带卸下，擦干净后，系上标签，挂在机库内墙壁上，卸下链条，放入柴油中清洗干净，涂上机油或黄油，存放在通风干燥处。

③彻底检查机器上易磨损件。如搅龙伸缩杆套、动刀片与定刀片等，若有磨损、变形、损坏过度时，应进行修复或更换。

④向各传动轴承加注黄油，对摩擦部位，如拨禾轮、搅龙伸缩杆套、张紧螺杆等，要涂上机油或黄油，避免锈蚀，对生锈的外露件和油漆已磨掉的地方要除锈后重新涂油漆。

⑤将联合收割机用木头或砖块垫起，让履带离开地面，把割台、拨禾轮降到最低位置，平稳放置在垫木上。

（编撰人：莫嘉嗣，漆海霞；审核人：闫国琦）

111. 喂入不均匀对收割机工作有什么影响？

（1）"喂入不均匀"是指联合收割机倾斜喂入室向脱粒滚筒喂入的作物不能保持连续均匀，出现时多时少、一侧多一侧少的现象，有时人们称之为"成团喂入"。

（2）喂入不均匀对联合收割机工作的影响。倾斜喂入室、脱粒滚筒在出现喂不均匀现象时会因作物成团喂入而形成堵塞，同时脱粒后的茎秆"成团"在逐稿器键面上运动，使籽粒无法从茎秆中分离出来，因此加大了清选损失。

堵塞后，将浪费驾驶员很长时间清理堵塞的作物。如果不消除喂入不均匀的原因，继续收割会很快又造成新的堵塞。这样就会使联合收割机无法正常工作。

（3）喂入不均匀的原因。

①拨禾轮距离割台喂入搅龙太远，不能及时将切割下的作物连续地喂入搅龙，堵塞成团而导致喂入不均匀。

②调整不当，如割台喂入搅龙离割台底板的间隙大于10mm。由于多数联合收割机喂入搅龙的螺旋叶片磨损不均匀，靠喂入口的中间段比两侧边磨损量大，调整不当时，中间段的搅龙叶与底板间的距离太大，要堆积到一定厚度作物才能由喂入搅龙送入喂入链，导致成团喂入。再者，如果割台喂入搅龙的叶片高低不一致，就会使进入喂入链的作物一边多一边少，从而造成喂入链偏斜或堵塞。

③喂入链与伸缩齿尖的距离太远，作物在喂入口堵积到一定厚度才能进入喂入链。

④作物倒伏或潮湿也是造成喂入不均匀的重要原因。

收割机

★百度图库，网址链接：http://info.machine.hc360.com/2016/03/181505562179.shtml

（编撰人：莫嘉嗣，漆海霞；审核人：闫国琦）

112. 夏季水稻收割机有哪些使用注意事项？

（1）严防动力部件温度过高。夏季气温高会影响动力部的动力。若在使用中遇动力部"开锅"，主要情况是水箱缺水，但此时切不可马上加入冷却水，否则会引起缸盖或缸体炸裂。正确的做法：停止运行或低速运转，待水温降到70℃左右，再缓慢加入清洁的冷却水。超负载作业时不但水温升高很快，而且容易损坏机件。所以，一般情况下应把负载控制在90%左右为宜，留下10%作为负载储备，以便应付上坡或耕地阻力变化带来的短时间超负载。

（2）严防使用的燃料不对路。润滑油黏度随温度高低而变化，温度升高则黏度下降。所以，夏季应换用黏度较高的柴油机机油。另外，应选用与使用环境相适应的凝固点牌号柴油，这样价格低，能降低成本。

（3）严防轮胎气压偏高。温度高季节，昼夜温差大。空气因温度升高热胀体积增大导致轮胎压力升高，容易引发轮胎爆破，造成不必要的经济损失。所以夏季给轮胎充气应比冬季低5%～7%，切不可气压高于轮胎的标准气压。

（4）严防动力部水垢过厚。动力部水套水垢过厚，会使散热效率降低30%～

40%，易引起动力部过热，导致动力部工作恶化，马力降低，喷油嘴卡死，导致严重事故。所以要定期清理水垢，保证良好的冷却性能。

（5）严防风扇皮带紧张度偏松。温度高条件下作业，风扇皮带紧张度减小会造成皮带打滑，传动损失增大，皮带易损坏。所以夏季冷车调整动力部风扇皮带紧张度要比标准值略高一点。

收割机

★百度图库，网址链接：https://image.baidu.com/search/detail

（编撰人：莫嘉嗣，漆海霞；审核人：闫国琦）

113. 自走式联合收割机的操作需注意些什么？

（1）进好田、转好弯。联合收割机进田前，首先平稳接合脱粒滚筒离合器，使各工作部件逐步转动起来；再把割台、拨禾轮放置到工作位置；然后根据麦子的长势，选好前进挡位（一般选低挡），同时使发动机在额定的转速下开割，切忌用小油门开割。在田头转弯时，要升起割台、降低前进速度，但发动机转速不能降低。

（2）要操作好防堵手柄。自走式联合收割机为防止收割中滚筒被堵塞，而设置了使凹板出、入口间隙增大的防堵手柄，在收割中若发现滚筒堵塞而未完全堵死前，就应减速操作防堵手柄，防堵后要随即升起凹板，以防脱不净造成损失。

（3）要用好脱粒和卸粮手柄。两个手柄是分别控制脱粒和卸粮的离合器，因此，接合时要慢而平稳，分离时要快而彻底。尤其要注意的是，卸粮时若遇阻塞，不能强行启动，而要先把卸粮清理口的粮食掏出一部分，后再按动卸粮手柄，卸下粮仓内剩余粮食。

（4）要放妥液压升降手柄。操纵割台、拨禾轮升降时，要一步到位。到位后要及时将手柄返回到中立位置，且要固定好。

（5）要留意田间的障碍物。驾驶联合收割机在田间收割作业时，要密切观察前方是否有障碍物，避免割刀切到硬物损坏护刃器或将刀杆撞弯。

收割机

★百度图库，网址链接：https://image.baidu.com/search/detail

（编撰人：莫嘉嗣，漆海霞；审核人：闫国琦）

114. 大马力轮式拖拉机的正确操作方法是什么？

（1）拖拉机的换挡及工作速度选择问题。拖拉机的换挡及工作速度选择会造成对离合器总成在拖拉机行驶速度降低时，操纵方向盘实现转向。正确选择拖拉机工作速度，不但可以获得最佳生产率和经济性，也可以延长拖拉机使用寿命。拖拉机工作时，要使发动机具有一定的功率储备，不应经常超负荷。拖拉机田间工作速度的选择应使发动机处于80%左右负荷下工作为宜。

（2）拖拉机差速锁的使用。差速锁在拖拉机工作时通常保持分离状态。当拖拉机后轮单边打滑严重或陷入坑中时，应踏下差速锁控制踏板，并保持在这个位置，使差速锁结合，让拖拉机驶出打滑地段。

（3）拖拉机的制动。一般情况下，应先减小发动机油门，再踩下主离合器踏板，然后逐渐踩下行驶制动器操纵踏板，使拖拉机平稳停住。紧急制动时，应同时踩下主离合器踏板和行驶制动器操纵踏板。行进中，驾驶员不得把脚放在制动器踏板或离合器踏板上。特别提醒：拖拉机在道路上行驶时，一定要把左右制动器踏板联锁起来。

（4）前轮驱动的操纵。当拖拉机进行田间重负荷作业或在潮湿松软土壤上作业时，通常挂接前驱动桥工作，拖拉机在硬路面做一般的运输作业时，不允许接合前驱动桥，否则将会引起前轮早期磨损。

（5）拖拉机用油要求。①根据不同的环境、季节选择不同牌号的柴油。严禁不同牌号的柴油混用。②加入油箱的燃油、传动液压两用油必须经过过滤或至少48h沉淀后，才能加入使用。③发动机运转中，切不可给燃油箱加油。如果拖拉机在炎热天气或阳光下工作，油箱不能加满油。否则，燃油会因膨胀而溢出，一旦溢出要立即擦干。

（编撰人：莫嘉嗣，漆海霞；审核人：闫国琦）

115. 大马力轮式拖拉机如何使用维护?

（1）拖拉机使用中的注意事项。

①必须经过磨合后，新的或大修后的拖拉机才能正常使用。②拖拉机各部件应严格按照厂家推荐的油品、溶液使用。③不应只通过控制油门来提高发动机的转速。④经常检查各连接部位的螺栓、螺母及其他易松动零部件。⑤对电气系统进行保养时必须先拆掉蓄电池搭铁线，以免电器零件烧毁。⑥必须停车熄火后，将变速杆和动力输出操纵杆放在空挡上锁上停车制动器，让所有运动部件都静止，才能对拖拉机和农机具进行检查、调整、保养。⑦牵引拖车时，必须用牵引钩而不能用三点悬挂。⑧拖拉机带悬挂农机具行驶时，控制手柄应放在上升位置并把农机具锁定，防止提升器操纵手柄被碰突然下落造成事故。⑨轮胎的调整安装，必须由有经验的人员使用专用工具进行，避免因轮胎安装不正确造成严重事故。⑩发动机在工作状态时，不要去拧水箱盖，应在发动机熄火并冷却后，才可拧下水箱盖。

（2）拖拉机操作常识。

①禁止起步猛抬离合器。应缓慢地松开离合器踏板，同时适当加大油门行驶。避免造成离合器总成及传动件的冲击，甚至损坏。②副离合器不能长期拉起（分离），否则会引起离合器早期损坏。③拖拉机严禁挂空挡或踏下离合器踏板滑行下坡。④拖拉机的转向，拖拉机转向时应减小油门或换到低挡位时，切不可使用单边制动做急转弯。⑤拖拉机的换挡及工作速度选择会造成对离合器总成在拖拉机行驶速度降低时，操纵方向盘实现转向。

拖拉机

★百度图库，网址链接：https://image.baidu.com/search/detail

（编撰人：莫嘉嗣，漆海霞；审核人：闫国琦）

116. 拖拉机漏油故障的维修方法?

（1）拖拉机回转轴漏油。回转轴包括起动机的变速杆轴的离合器手柄轴以及发动机的减压轴。如遇漏油，可将起动机的变速杆轴和离合器手柄轴在车床上削出密封环槽，装上相应尺寸的密封胶圈即可。若因减压轴胶圈老化失效，应更换新胶圈。

（2）拖拉机开关漏油。若因球阀磨损或锈蚀时，应清除球阀与座孔之间的锈，并选择合适的钢球代用。若因密封填料及紧固螺纹损坏，应修复或更换紧固件和更换密封填料。若因锥接合面不严密，可用细气门砂和机油研磨。

（3）拖拉机管接头漏油。若因高压油管接头磨损变形或裂纹，可把它锯掉，换一个好接头焊上。若因低压油管接头损坏，可锯掉喇叭口，重新制作喇叭口。若因螺纹损坏，应修复或更换新件。空心螺栓管接头包括燃油粗、细过滤器以及喷油泵低压输油管接头等。若因垫片损坏或装配不平，可换用塑料垫片，或用什锦锉修平，也可用砂纸磨平，严重的可用铣床铣平。若因管接头装配平面上产生拉痕，可用细砂纸或用油石磨平接头装配平面和垫片。若因配合面有杂质，装配时应注意机体清洁，接头固定螺栓应均匀拧紧。

（4）拖拉机螺塞油堵漏油。螺塞油堵漏油部分包括锥形堵、平堵和工艺堵，若因油堵螺丝损坏或不合格，应更换新件；若因螺孔螺丝损坏，可加大螺孔尺寸，配装新油堵。若因锥形堵磨损，可用丝锥攻丝后改为平堵，然后加垫装复使用。

（5）拖拉机平面接缝漏油。若因接触面不平或接触面上有沟痕或毛刺，应根据接触面的不平程度，采用什锦锉、细砂纸或油石磨平，大件可用铣床锉平。另外，装配的垫片要合格，同时要清洁。若因螺栓松动，应拧紧各个固定螺栓。

拖拉机

★百度图库，网址链接：https://image.baidu.com/search/detail

（编撰人：莫嘉嗣，漆海霞；审核人：闫国琦）

117. 拖拉机紧急修理方法是什么?

（1）气缸垫烧损的应急修补。拖拉机行车途中，如果气缸垫被烧坏了一道小口子，可将烧损部位用石棉线或精装香烟盒内的铝箔纸填补起来。如果烧损面积过大，可从废气缸垫相同部位剪下一块贴补在烧损处，或剪下一块与烧损部位形状相同的牛皮（厚度应与衬垫一致），垫在烧损处，然后用手锤轻轻捶击，使之结合紧密。

（2）乱挡简易排除法。变速杆球节和球形上盖磨损，导致变速杆下端插入拨叉槽的深度不够，挂挡时滑脱乱挡。这时可拆下变速杆座，用废内胎剪1~2个垫片，垫在变速杆球节和球形上盖之间，故障即可排除。

（3）手拖自动转向简易排除法。手扶拖拉机转向齿轮靠转向弹簧弹力作用中央传动齿轮啮合。随着使用时间的延长，弹簧的弹力会减弱，转向齿轮容易脱离中央传动齿轮，发生自动转向的故障。排除方法：在转向弹簧与轴承之间适当增加垫片，增大弹簧弹力，即可排除自动转向。

（4）油箱漏油简易补漏法。行车途中发现油箱漏油，将漏处擦干净，用肥皂或泡泡糖涂在漏处，可减少渗漏，如有环氧树酯胶等黏胶剂，用于临时堵漏，效果更好。

（5）高压油管漏油的修理。高压油管两端的凸面与喷油器、出油阀紧座上的凹面相连接，中间无垫片而不漏油。当接触面磨损则会漏油。这时，可从废气缸垫上剪下一块圆形铜皮，中间扎一个小孔，垫在凸头与凹头之间，把螺母拧紧，漏油问题就解决了。

（编撰人：莫嘉嗣，漆海霞；审核人：闫国琦）

118. 拖拉机常见故障排除方法有哪些?

（1）高压油管磨损漏油。拖拉机高压油管两端的凸头与喷油器、出油阀接连处出现磨损漏油现象，可从废气缸垫上剪下一圆形铜皮，中间扎一小孔磨滑，垫在凸坑之间便可解一时之急。

（2）突发性供油不足。拖拉机运行中出现供油不足，如果排出空气更换柱塞、喷油嘴后仍无变化，那就是喷油器的喷油针顶杆内小钢球偏磨使喷油不能雾化所致。应换一粒小钢球，如没有也可用自行车飞轮钢球代替。

（3）方向盘震抖。出现方向盘震抖和前轮摇头现象，主要是前轮定位不当，主销后倾角过小所致。在没有仪器检测的情况下，应试着加塞楔形铁片在钢板弹簧与前轴支座平面后端，使前轴后转，再加大主销后倾角，试运行后即可恢复正常。

（4）变速后自由跳挡。拖拉机运行中，变速后出现自由跳挡现象，多半是拨叉轴槽磨损、拨叉弹簧变弱、连杆接头部分间隙过大所致。此时应采用修复定位槽、更换拨叉弹簧、缩小连杆接头间隙，挂挡到位后便可确保正常变速。

（5）液压制动机车制动失效。要认真检查制动总泵和分泵，是否按时更换刹车油，彻底排除制动管路的空气，并要查看刹车踏板是否符合科学高度。气压制动的机车要检查调整最大制动工作气压，检查制动皮碗及软管是否发生异常变化。

拖拉机

★百度图库，网址链接：https://image.baidu.com/search/detail

（编撰人：莫嘉嗣，漆海霞；审核人：闫国琦）

119. 手扶拖拉机如何维护保养？

（1）每班保养。每班保养是驾驶员每班出车前或停车后进行的保养。内容包括：拖拉机外表面的泥土、灰尘和油污的清除。检查排气管与消音器的连接，如有松动，应拧紧锁紧螺母。检查发动机的油封有没有漏油，检查发动机的水箱有没有漏水，检查发动机的进气管道有没有漏气。如有三漏，查明原因后，应及时排除。检查排气管与消音器检查柴油机排气管与缸盖连接处的垫片是否漏气。如有漏气，应更换垫片，避免失火或伤人。检查各部位螺栓、螺母的紧固情况。如有松动，应及时紧固。检查柴油机的燃油是否充足，检查柴油机的机油是否充足，检查柴油机的冷却水是否充足，不足时应及时添加。

（2）定期保养。定期保养是在每班保养的基础上，拖拉机每工作100h，或消耗燃油200kg以后进行的保养，也称为一级保养。内容包括：清洗空气滤清器清洗前，检查空气滤清器各管路的连接处是否密封良好。检查空气滤清器螺母、夹紧圈等有无松动。如有应及时拧紧。检查各零部件，若有损坏、漏气，应及时修复或更换。清洗时，打开空气滤清器。用清洁的柴油清洗滤网、清洗贮油盘、清洗中心管。清洗后，更换贮油盘内的机油，油面高度应控制在油面标记位置，按相反的顺序安装。有些机器采用干式滤清器，清洗干式滤清器时，可用手轻轻拍打滤芯的表面，去除表面的浮尘，再用毛刷清除滤芯缝隙内的尘土，最后安装好空气滤清器。

（3）照明设备保养。照明设备常见故障是灯光不亮、亮度不足或忽明忽暗。例如，加快发动机转速时，灯光依然发红，亮度不够。检查灯泡是否符合规格。应换用6～8V，15W的灯泡。保养照明灯时，拆下灯罩。拆下照明灯。检查灯泡是否损坏，必要时更换。打开照明灯，用干净的棉布或纸巾擦去积尘。注意不要用粗糙或油污的物料擦拭，以免损伤照明灯的反光镜。按相反的顺序安装照明灯。

手扶拖拉机

★百度图库，网址链接：https://image.baidu.com/search/detail

（编撰人：莫嘉嗣，漆海霞；审核人：闫国琦）

120. 拖拉机有哪几个常见故障急救？

（1）水箱损伤漏水。由于拖拉机经常在路况较差的路面上行驶，经过长时间的颠簸，有可能发生水箱损伤漏水现象，如果出现这种情况时，驾驶员应及时靠路右边停车，下车后，拿一块干净的布擦净漏水处泥污，找些麻绳塞紧漏水处，然后再涂上一层肥皂即可止住漏水。

（2）进出水管破裂。如果破裂程度不大时，可用布将水管裂处擦干净，可用涂有肥皂的布条将漏水处捆扎紧固。

（3）油管破裂。如果油管破裂不大时，将漏油处用布擦干净，然后抹上肥皂泥，用布条缠紧，再用细铁丝捆紧。

（4）油箱损伤。拖拉机在使用中，出现漏油现象时，驾驶员应及时靠路的右侧停驶，下车后，进行查看，如果油箱损伤不大时，用棉纱擦净油污，用肥皂泥堵塞漏油处，能暂时起到堵塞的作用。

（5）风扇皮带断裂。驾驶员如果在行驶中，水温突然升高时，请及时靠路右侧停驶，下车后，细查看，如果是风扇皮带断裂，可用细铁丝把断裂的皮带捆扎起来使用。

（编撰人：莫嘉嗣，漆海霞；审核人：闫国琦）

121. 拖拉机保养注意事项是什么？

（1）不超负荷。

超负荷会极大程度影响拖拉机寿命，会引起发动机过热，使运动机件润滑不良而过早磨损。引起超负荷的原因：①农机具不配套，如"小马拉大车"。②装载、耕幅、耕深作业负荷太大。③陷车。④路况不好。

（2）温度不要过低。发动机的工作温度是75～85℃。拖拉机工作时，应在40℃时方可起步，60℃可负荷工作。必要时需调整保温帘（百叶窗）的开度，或加热水等方法来解决温度不适的问题。

（3）发动机不要温度过高。发动机温度过高，就会引起润滑不良，从而导致运动机件加速磨损。发动机过热的原因主要有：①发动机超负荷。②保温帘未打开。③冷却水过少。④风扇皮带过松。⑤水垢太多。⑥水泵叶轮严重磨损。⑦节温阀失效于关闭冷却水的小循环位置。⑧散热芯堵塞。⑨散热器的散热片间有杂物堵塞。⑩装配不当、失去润滑或其他原因引起不正常的摩擦。

（4）不要猛加油门。一方面，猛加油门会使运动中的机件受到额外惯性的冲击；另一方面，猛加油门使喷入气缸内的油量短时间大量增加，而进入气缸中的新鲜空气与燃料不成比例，造成燃烧不良，发动机冒黑烟，燃烧积炭变多，增加机器磨损和燃油浪费。

（5）轮胎气压不要过高过低。尽量躲避尖棱、坑洼，不平路行驶要降速，不猛加速行驶；尽可能减少刹车次数，不要猛刹车，应预见性行驶，必要时辅以制动；行驶中不准将脚放在制动踏板上，下坡时要选择适当的挡位。挡位过高，就要增加制动次数，挡位过低，拖拉机受下坡推力滑行，加速轮胎磨损；陷车后不要强行加速，否则，轮胎严重打滑而加剧磨损。

（编撰人：莫嘉嗣，漆海霞；审核人：闫国琦）

122. 拖拉机保养的要点是什么?

（1）方向盘振抖、前轮摆头故障。出现方向盘振抖和前轮摇头现象，主要是前轮定位不当，主销后倾角过小所致。在没有仪器检测的情况下，应试着在钢板弹簧与前轴支座平面后端加塞楔形铁片，使前轴后转，再加大主销后倾角，试运行后即可恢复正常。

（2）机油泵性能差的故障。为解决大修或检修后的机车初次启动机油泵泵不上来油的问题，应将机油滤清器或出油管卸掉，然后用注油器从机体出油孔注满机油，即刻上好滤清器或通向机油指示器的机油管，启动后，机油就会泵上来。

（3）液压油管疲劳折损故障。液压油管由于油压变化频繁和油温高，致使管壁张弛频繁，极易出现疲劳折损酿成事故。为有效延长液压油管的使用寿命，最好是用细铁丝烧成弹簧放入油管内作支撑。

（4）液压制动机车制动失效故障。要认真检查制动总泵和分泵，是否按时更换刹车油，彻底排除制动管路的空气，并要查看刹车踏板是否符合科学高度。气压制动的机车要检查调整最大制动工作气压，检查制动皮碗及软管是否发生异常变化。

（5）柴油机烧机油冒蓝烟故障。柴油机烧机油冒蓝烟，除了检查缸套活塞组是否磨损、活塞环弹力是否减弱、油底壳机油是否添加过量、空气滤清器油面是否过高等原因后仍未解决问题，应注意检查气门杆与气门导管的配合间隙是否过大这一潜在的病因。

（6）变速后自由跳挡故障。拖拉机运行中，变速后出现自由跳挡现象，主要是拔叉轴槽磨损、拔叉弹簧变弱、连杆接头部分间隙过大所致。此时，应采用修复定位槽、更换拔叉弹簧、缩小连杆接头间隙，挂挡到位后便可确保正常变速。

（编撰人：莫嘉嗣，漆海霞；审核人：闫国琦）

123. 拖拉机的技术保养周期计量方法有哪些?

（1）按拖拉机完成的工作小时计量。即拖拉机每完成一定累计工作小时后，就要进行某号的技术保养。如东方红-75拖拉机每完成10～12h作业，进行班次保养；完成50～60h作业，进行一号保养；完成240～250h作业，进行二号保养。这种计量方法实行得最早，也是其他计量方法的基础。其优点是便于计量，执行方便；缺点是拖拉机进行不同作业项目，负荷变化不同，繁重程度不同，但技术保养周期却相同。这不符合机械磨损的实际要求。

（2）按拖拉机完成的工作量计量。即拖拉机每完成一定工作量（标准亩）后，就进行某号的技术保养。这种计量方法需要根据折合系数算出标准亩工作量，优点是考虑了作业繁重程度，缺点是往往因为折合系数不够准确，使保养次数和保养级别不符合机械磨损的实际要求。

（3）按主燃油消耗量计量。即拖拉机每消耗一定量的主燃油后，就要进行某号的技术保养。这种计量方法是将第一种小时保养周期乘上拖拉机平均小时耗油量，再根据大量统计资料加以修正。因为发动机所做的功和主燃油消耗量是一致的，所以这种计量方法是比较科学的，它比前两种方法较合理，能比较全面地反映拖拉机工作时间、负荷程度、磨损程度以及需要保养情况。当然，这种计量方法也有不完善之处，如燃油系统工作不正常时，将引起耗油量的增加，进而导致其他部位保养提前。

农业机械的技术保养，是按每个工作班次和一定期间进行的。技术保养周期计量方法是否准确，影响保养质量。如果技术保养周期计量不合理将使保养次数过多或过少，造成保养物质、时间的浪费以及不必要的拆装。科学地计量技术保养周期，适时地进行技术保养，才能减少损失，预防事故的发生。

拖拉机

★百度图库，网址链接：https://image.baidu.com/search/detail

（编撰人：莫嘉嗣，漆海霞；审核人：闫国琦）

124. 拖拉机底盘部分如何日常维护？

（1）转向机构。转向机构作用是控制和改变拖拉机的行驶方向，影响拖拉机行驶的安全性，对转向机构的检查，需要特别注意，确保转向机构技术状况良好。应注意：①当行车中发现方向摆振、方向跑偏等现象，要及时送修，不得长时间续驶。②当行车过程中发现有方向发卡现象时要停车，排除故障后方可行驶。③当转向机构零件有损伤裂缝时，不得进行焊接修理，应更换新件。④球头等处及时加注黄油。⑤在检查方向盘的游动间隙控制在15~30mm的范围内，过大过小都要及时调整。⑥检查转向轴的预紧情况（方法是沿转向轴轴向推拉方向盘，不得有明显的间隙感及晃动感）。⑦检查横直拉杆球头、转向垂臂、转向机座等的紧固情况及开口销的锁止情况。

（2）制动系统。是用来降低拖拉机速度直至停车，也是影响拖拉机道路运行安全性的重要系统，必须重点检查。应注意：①检查制动油管有无磨损及管口连接的紧固情况，特别注意制动油管是否与桥包、车架等碰磨（小方向应注意主、侧拉杆的连接情况）。②检查制动液量，不足时应加注同一种制动液，不得几种混用。③检查制动踏板的自由行程，保持制动踏板有10~15mm的自由行程，过大、过小须及时调整。④当发现制动踏板下沉，说明管路、分泵等有漏油或主缸活塞制动液回漏，应及时检查和排除。⑤当制动发软无力时，可能蹄鼓间隙过大、制动片硬化、制动鼓失效等，应及时排除。⑥当踩制动踏板有弹性感时，说明制动系统内有空气，应及时放净空气。⑦发现制动跑偏、制动拖滞等现象也应及时排除。⑧拖拉机行驶后，应用手触摸四车轮轮毂，温度应基本一致，如有个别车轮特别热，说明该车轮制动磨毂；如有个别车轮特别冷，说明该车轮制动无力。

拖拉机

★百度图库，网址链接：https://image.baidu.com/search/detail

（编撰人：莫嘉嗣，漆海霞；审核人：闫国琦）

125. 拖拉机非动力部分的常见故障及排除方法有哪些？

（1）离合器打滑。若因摩擦片及压盘有油污引起，可用煤油清洗；若因离合器调整不当和踏板无自由行程引起，可进行适当的调整；若因摩擦片磨损过于严重以及压紧弹簧折断引起，那就必须进行更换了。

（2）离合器分离不彻底。对天踏板自由行程太大、后压盘与限位螺母间隙太小及3个分离杠杆不在同一平面的情况，可进行调整解决；对于被动盘的翘曲，一般需更换新的，因修复后使用不久又会翘曲。

（3）变速箱有敲击声。因齿轮轮齿端面磨损毛糙引起的，可修理锉平；因齿轮和轴承磨损引起的，则必须更换磨损件。

（4）制动器工作不良。因制动器摩擦片上有油污引起的，可用汽油清洗，并排除漏油现象；因制动器调整不当而导致摩擦片烧坏的，可进行调整；若摩擦片过多磨损，则必须更换新的才能恢复正常。

（5）液压系统不工作。主要有以下两种原因：一是液压油泵传动机构未结合，只要将油泵结合就可解决；二是分配器回油阀长期被打开，解决办法是清洗阀门。

（6）农具提升缓慢。原因可能是液压系统内吸进空气，可检查排除；可能是油泵的输油压力不够或漏油，可把油泵拆开，检查并清洗各零件；可能是油温太高或油太稠，可停止工作冷却一段时间或换油；可能是油箱中的油太少，可予以添加；可能是油泵或油缸密封环损坏，可更换密封圈；可能是分配器回油阀关闭不严，可进行清洗；可能是安全阀关闭不严，检查清洗即可。

（编撰人：莫嘉嗣，漆海霞；审核人：闫国琦）

126. 拖拉机换气系统故障排除方法有哪些？

（1）气门关闭不严。

主要现象是：发动机起动困难，功率下降，冒黑烟等。不减压时，用手摇动曲轴，可听到漏气声，可能的原因如下。

①气门与气门座之间有积炭、烧蚀、斑点甚至剥落。轻者可采取对气门座铰削，气门进行光磨，然后两者进行研磨。严重者则需更换气门与气门座。②气门杆与气门导管配合间隙不正确。间隙过大，气门晃动，关闭时造成密封不良；间隙过小，气门在导管中卡滞，使气门关闭不严或不能关闭，如间隙过大，应更换气门导管；间隙过小，可用导管铰刀铰削导管。③气门弹簧弹力不足或折断，使气门关闭不严或不能关闭。如发生故障只能更换。④气门间隙过小应进行调整，将调整螺母旋松后，拧出调整螺钉，再将螺母锁紧。

（2）气门有敲击声。

主要现象是：在气门室处可听到清脆的"哒哒"声。此声音随发动机转速的变化而变化；在气缸盖与气缸体连接处可听到金属敲击声，但不清脆，主要可能原因如下。

①气门间隙过大，使摇臂敲击气门杆顶端，需对气门间隙进行检查和调整。②气门间隙过小或气门下降量不够，造成气门撞击活塞顶，需调整气门间隙或修气门座后再调气门间隙。③气门弹簧断裂，使气门下落但没落入气缸内，需更换气门弹簧。④气门座圈脱落，需更换座圈，即将缸盖放入机油中加热至100℃左右，然后将气门座圈敲入座孔中。镶好后，磨平平面，再与气门进行研磨至规定要求。

（3）气门脱落。

其现象是：发动机突然熄火，并有较大撞击声。主要原因可能是：气门杆上锁片或卡簧由于振动而脱落、弹簧折断、气门杆折断等。排除此故障办法是停机更换零件。

（编撰人：莫嘉嗣，漆海霞；审核人：闫国琦）

127. 拖拉机离合器的常见故障有哪些?

（1）离合器打滑。

①现象。低挡起步迟缓，高挡起步困难，有时发生抖动；拖拉机牵引力降低；当负荷增大时，车速忽高忽低，甚至停车，但内燃机声音无变化；严重时离合器过热，摩擦片冒烟，并有烧焦气味。

②原因及排除方法。摩擦片表面有油污，主要由于油封等密封装置损坏，渗漏润滑油，或保养不当，注油过多造成，应查明油污的来源并消除，然后进行清洗离合器。自由间隙过小或没有间隙，应重新调整。压力弹簧折断或弹力减弱，应更换弹簧。摩擦片磨损，如摩擦片偏磨，严重烧损或太薄，铆钉头露出，应更换；如磨损不大，铆钉埋入深度不小于0.5mm，可以不换。但若铆钉松动应重新铆接或换用新铆钉。若摩擦片烧损较轻，可用砂纸磨平。从动盘翘曲变形，飞轮与压盘平面的不平度过大，应校正修复。回位弹簧松弛或折断，应更换。

（2）离合器分离不清。

①现象。当离合器踏板踩到底时，动力不能完全切断，挂挡困难或有强烈的打齿声。

②原因及排除方法。离合器自由行程过大，小制动器分离间隙过小（东方红-75拖），或主离合器分离间隙过小（双作用离合器），造成离合器工作行程不足，使离合器分离不清，应正确调整。三个分离杠杆内端不在同一平面上，个

别压紧弹簧变软或折断，致使分离时压盘歪斜，离合器分离不清。应调整或更换弹簧。由于离合器轴承的严重磨损等原因，破坏了曲轴与离合器轴的同心度，引起从动盘偏摆；从动盘钢片翘曲变形，摩擦片破碎等，都会造成离合器分离后，从动盘与主动部分仍有接触，使离合器分离不清。从动盘偏摆应进一步查明原因予以排除，必要时校正从动盘钢片，更换摩擦片。由于摩擦片过厚和安装不当等原因，造成离合器有效工作行程减小而分离不清。应查明原因排除。摩擦片过厚应更换，或在离合器盖与飞轮间加垫片弥补（所加垫片厚度不应超过0.5mm）。

（编撰人：莫嘉嗣，漆海霞；审核人：闫国琦）

128.拖拉机缺陷有哪些？

（1）连接件配合性质破坏。主要指动、静配合性质的破坏。以曲轴轴承与轴颈配合工作面的磨损为例，轴承间隙逐渐增大，机油从间隙外泄，载荷因此带有冲击。结果使主油道压力下降，出现敲击声，零件温度升高。又如齿轮花键与花键轴配合的破坏；滚动轴承外圈在变速箱或后桥壳体座孔内松动；气门与座接合面磨损等。机器上所有的活动连接表面，甚至静止连接表面，在工作中都存在不同程度的磨损。

（2）零件相互位置关系破坏。主要指结构比较复杂的零件或基础零件。典型的例子是变速箱、后桥壳体的变形，轴承座孔沿受力方向偏磨。如果不能在修理中及时发现并恢复其精度，装配调整后的总成，由于破坏了齿面正常啮合，就会产生噪音和总成温度升高，造成齿面磨损加重。

（3）机构工作协调性破坏。机器由若干总成组成，整机的正常运转，需要各总成或总成中的各机构按规定时间、相位等关系准确地协调动作。由于机构零件的磨损会破坏这种工作协调性，而机器的功能又往往对这些机构零件的磨损非常敏感。如气门机构零件的磨损，燃油喷油泵及调速器的磨损，它们都会直接影响到发动机的动力性及经济性，因而经常需要维修和调整。

（4）零件工作性能方面的缺陷。有些缺陷完全是由于零件自身的缺陷直接造成的，包括零件的几何形状，表面质量，材料的力学性能、物理性能、化学性能等发生变化。如燃烧室的结构形状参数发生变化，腔室内积炭，室壁及通道烧损；气门、喷油器弹簧刚度的变化；发动机、磁电机磁极的退磁；电器零件绝缘被击穿；油封的胶质材料老化等。

（编撰人：莫嘉嗣，漆海霞；审核人：闫国琦）

129. 拖拉机燃油系统常见故障如何排除?

燃油系统是拖拉机的主要系统之一, 工作中易出现各种故障, 及时找出故障原因并予以排除, 是提高机械效率的关键。

(1) 油路进空气。油路进空气的原因有: 漏油处有空气进入, 多数在低压油路; 拆装时进入了空气; 油箱中燃油过少, 油箱盖通气气孔堵塞; 输油泵的手油泵手柄螺帽未拧紧, 也会有空气从手油泵进入。排除方法: 打开放气孔, 按动手油泵, 排除空气; 扳动减压杆, 加大油门; 用摇把或启动发动机。

出油阀偶件磨损主要磨损部位在出油阀和出油阀座密封锥面、减压环带和阀座孔内。密封锥面严重磨损后, 减压作用失效, 喷油器在停止喷油时动作不干脆, 有后滴现象, 从而造成柴油机工作粗暴, 并且不规则地冒黑烟。

(2) 柱塞偶件的磨损。柱塞偶件磨损后, 将使供油时间滞后, 供油量减少, 造成柴油机功率下降、启动困难, 怠速运转不稳。柱塞偶件更换后应在油泵试验台上进行供油量及其他各项指标的检查和调整。

喷油泵柴油内漏表现为, 喷油泵润滑油池中的机油面迅速升高, 造成内漏的主要原因有: 喷油泵柱塞套台扇与油泵上体平面接触处密封不良, 造成上体低压油道中的柴油由此泄露; 柱塞偶件严重磨损; 输油泵泄道堵塞, 推杆与推杆套严重磨损。

卡滞造成喷油泵拉杆卡滞有两种原因: 一是润滑不良, 二是拉杆定位衬套磨损, 起不到定位作用, 使拉杆转动而卡滞。拉杆卡滞有两种情况: 或是卡在柱塞停止供油位置, 使柴油机不能启动; 或是卡在柱塞供油位置上, 使调速器无法控制柴油机的转速, 甚至发生了飞车。遇到上述情况, 就迅速用停车手柄强制熄火, 或扳动减压杆熄火。

拖拉机

★百度图库, 网址链接: https://image.baidu.com/search/detail

(编撰人: 莫嘉嗣, 漆海霞; 审核人: 闫国琦)

130. 拖拉机特殊部位如何清洗?

（1）泡沫塑料空气滤清器的清洗。先清除壳内的尘土，再把滤片放在洗衣粉或皂水溶液中（不可用汽油），用手轻轻挤揉。洗去赃物，等晾干后，把滤片在清洁的机油中浸透，再用手挤干。换新滤片时也要浸机油。新滤片的宽度应比芯管高10mm。使滤片两端各比芯管长5mm。滤片要能在芯管上缠两圈，两端都要压在压条下边，露在压条外边的滤片长度不大于3mm。滤芯总成往壳体上安装时，滤片上缠绕方向应与空气流动方向一致。

（2）纸制滤芯的清洗。先用橡皮塞把滤芯两端中心孔口堵住，在盛有柴油或煤油的盆中用软刷清洗滤芯内孔打气，自内向外吹去渗进滤纸表面微孔内的污物。最后用干净的柴油或煤油再刷洗一次。

（3）用酸洗去清洗冷却系。先放净冷却水，灌入25%的盐酸溶液，等10min后，使水垢脱落、溶解，再放出清洗液，用清水将冷却系冲洗干净。如果清洗液中的水垢块塞住放水开关，可直接取掉下方的水管放出清洗液。

（4）用碱洗去清洗冷却系。先放净冷却水，将6kg热水、0.5kg烧碱、0.1kg煤油配制的混合液倒入水箱，静置2h后，起动发动机运转10min。这样间隔运转5~6次后，趁热放出清洗液，等发动机稍冷后，再用清水将水箱、水道清洗干净。

（5）润滑系的清洗。在发动机停转时，先趁热放出旧机油，使杂质随机油一道排出，然后清洗滤清器和放油塞。在曲轴箱内加入用机油、煤油和柴油混合配成的洗涤油，发动机低速动转3~5min后，放尽洗涤油，并注入新机油。在清洗中应注意机油压力不得小于50Pa。

此外，变速箱清洗时，也应趁热放出齿轮油，加入适量的柴油，拖拉机前进、倒退数次来进行清洗。然后放出柴油，加入清洁齿轮油。

（编撰人：莫嘉嗣，漆海霞；审核人：闫国琦）

131. 拖拉机夏季保养维护方法有哪些?

（1）防止水箱水温过高。夏季，拖拉机的冷却水蒸发、消耗快，出车前必须加足冷却水，并在工作中经常检查水位。无水温表的单缸柴油机，要时时注意水箱浮子的红标高度，如果浮子不能正常使用就应及时修理。工作中若出现开锅现象则不要直接加冷却水，应停止工作，使发电机减速运转，待水温降低（约

60℃）后再慢慢添加冷却水，以免水箱遇冷产生裂纹。

（2）保证最佳供油时间。夏季，应将拖拉机的供油时间调整好。若供油过早，则发动机会发出敲缸声，有时还会出现反转现象；供油时间也不可过晚，否则发动机工作无力。

（3）保持轮胎合适气压。给拖拉机的轮胎充气时以低于标准压力的2%～3%为宜，以免爆胎。停车后，最好将拖拉机停放在树荫或通风、阴凉处，在烈日下停放时，要用稻草等将轮胎遮住。

（4）选用黏度大的润滑油。润滑油黏度大可提高润滑油性能，增加密封性。更换拖拉机的润滑油时，要对机油滤清器、集滤器、油底壳彻底清洗一遍。装有转换开关的柴油机，夏季应将其转到"夏"的位置，使机油经过散热再进入主油道，以免润滑油黏度降低。

（5）正确使用蓄电池。夏季应将拖拉机蓄电池内的电解液吸出一部分，加入适量的蒸馏水，使电解液的比重控制在1.25左右，每隔5～10d要检查一次液面高度（正常的液面应高出极板10～15mm），不足时要加蒸馏水。蓄电池要经常保持充足的电量，拖拉机长时间不工作时，应将蓄电池拆下，放在通风、干燥的室内，每隔15～20d充一次电。此外，还要保持蓄电池的外部清洁。

（6）合理使用和存放。盛夏时节，拖拉机的作业时间最好安排在早上和晚上，中午尽量不出车。正常作业的负荷应掌握在85%左右，避免超负荷作业。夜间最好将拖拉机停放在车库内，露天存放时要用塑料布将其罩好。

（编撰人：莫嘉嗣，漆海霞；审核人：闫国琦）

132. 拖拉机液压泵如何维护与保养？

（1）日常检查泵的紧固件，比如：螺钉等是否松动，检查安装管路接口等是否漏油。

（2）检查油封的清洁。经常需清洁油封处，防止影响机械的使用寿命。

（3）推荐首次工作满500h后，更换液压油，液压油更换最大周期为2 000h，带空气过滤器的最大更换周期为500h。

（4）为使液压元件使用寿命最优化，请定期更换液压油及过滤器。液压污染是液压元件损坏的主要原因。日常保养及维修时请保持液压油清洁。

（5）日常使用应检查液压油箱油位是否满足要求，同时检查液压油含水情况及是否存在异常气味。液压油含水时，油液浑浊或呈牛奶状，或在油箱底部有水珠沉淀。油液存在恶臭时，表明液压油工作温度过高。当上述情况发生时，请立即更换液压油，同时找出问题产生的原因并解决。日常注意检查车辆是否有泄漏。

（6）试运行和运行期间，轴向柱塞泵元件必须充满液压油并排净空气。经过较长时间的停机后，需要进行注油和排气操作，因为系统可能会通过液压管路泄油。

（7）污染对液压元件有致命的损坏，要保证保养和维修的工作环境清洁。在开始保养或者维修前，请对泵或马达进行彻底清洗。

（8）定期根据推荐的标准更换系统的液压油及过滤器，确保系统高效安全地运行，定期更换易损零件。

（编撰人：莫嘉嗣，漆海霞；审核人：闫国琦）

133. 拖拉机雨淋和水淹后如何处理？

（1）及时清洗拖拉机上的泥土、杂草。

（2）卸下排气管，清洗里面的污水泥沙。

（3）清洗空气滤清器。先用柴油清洗滤芯，再用机油浸润，待多余机油从滤网上滴尽后再组装。

（4）卸下气缸盖，取出气门组，洗净泥土，清除锈斑后研磨气门。

（5）卸下涡流室镶块，清洗杂质，疏通镶块上堵塞的主喷孔、启动孔。

（6）卸去连杆螺母，取出活塞连杆组清洗，用铜刮刀或竹签清除活塞上的积炭。

（7）放掉燃油箱内的脏油，清洗燃油箱、柴油滤清器、喷油泵。

（8）放出冷却水，用水冲洗冷却水中的杂质，直到放水处流出清洁水为止。

（9）放出油底壳中的润滑油，用柴油清洗油底壳、滤清器。洗净后，加入混合油（2/3机油，1/3柴油），摇转曲轴数圈，清洗润滑油槽，再放出混合油，加入清洁的机油至规定的刻度位置。

（10）卸下离合器，用柴油清洗各零件，洗净后晾干再安装。

（11）放出变速箱内的齿轮油，用柴油洗净后，加注干净的齿轮油。

（12）清除轮胎内的泥沙，清洗各球头上的泥土，调整前轮前束值及方向盘的自由转角。

（13）拆开制动器，清洗制动毂、制动片的泥污，晾干后再安装。

（14）清洗电器设备内部的泥土。将线圈作烘干处理，进行绝缘及导电性能的检查。清除电瓶极桩上的泥土，在线卡和极桩处涂抹黄油。拧开加液孔盖，疏通通气孔，用蒸馏水清洗电瓶内的杂质，洗净后加入电解液充电。

拖拉机

★中国农机网，网址链接：http://www.nongjx.com/tech_news/.html

（编撰人：莫嘉嗣，漆海霞；审核人：闫国琦）

134. 夏季怎样用好拖拉机?

（1）保持冷却系统中的正常水位。夏天，蒸发式水冷系统和开式强制循环水冷系统中的冷却水消耗较快，在工作中应注意检查水位，不足时应及时添加清洁的软水。

（2）注意水温表的读数。当水温超过95℃，要停车卸载，空转降温，以防止"开锅"。

（3）谨慎处理"开锅"。当冷却水熄火并马上添加冷却水或用冷水浇淋。否则，易使缸体、缸盖等炸裂。正确的处理方法是：使发动机中速运转，打开散热器盖，放出热气，待降温后，再慢慢加入冷水。在打开散热器盖时，操作者应站在上风位置，脸不要朝向加水口，以免被喷出高温水气烫伤。

（4）注意风扇皮带的张紧度。风扇皮带过松，易打滑，使磨损加剧，动率消耗增加。一般要求是：用拇指在皮带中部按压时，皮带下垂量在10～12mm。

（5）正确使用调温装置。调温装置有自动式（如节温器）和手动式（如保温帘和百叶窗）两种。有的驾驶员认为夏季天热，水温越低越好，常将节温器拆去。这样做，在冷车起动时，将大大延长发动机的预热时间，加速零件的磨损。因此，在夏季也不应把节温器拆下。保温帘和百叶窗用来调节通过散热器风量。夏季一般可不用保温帘，百叶窗也应放在全开位置。

（6）正确选用油料。夏季气温高，可使用凝点较高的柴油，并要保证供油提前角的正确性。此外，还应特别注意防止供油系统漏油。

拖拉机

★慧聪360网，网址链接：https://b2b.hc360.com/supplyself/

（编撰人：莫嘉嗣，漆海霞；审核人：闫国琦）

135. 拖拉机在使用中应注意哪些问题?

（1）忌少装传动皮带。拖拉机装有三根三角传动皮带，有的机手只是装一根或两根而顶三根使用。拖拉机在作业时负荷增大，使得传动皮带严重打滑，不仅传动效率降低，输出功率下降，并使皮带发热脱层、变形和磨损加快，因此不要使传动皮带缺根。

（2）忌长期不清洗冷却系。拖拉机水箱口向上敞开，使用和停放时会落入灰尘，有时加入不清洁的硬水，水中的杂质又会沉淀下去，天长日久，灰尘和杂质越积越多，会形成水垢堵塞水道，影响发动机的散热，使机车温度升高，机油变稀，润滑性能变差，加速各运动幅的磨损，还使零部件膨胀，影响其技术性能、功率下降，严重时还会造成烧瓦、抱轴和黏缸等事故。

（3）忌随意改装。一些驾驶员随意改装部件，破坏了原车的机械性能。如一些驾驶员为了提高行驶速度，加大主动皮带轮直径，这样会造成如下危害：①加大皮带轮后，改变了传动比，离合器转速增高，工作中，当发动机转速改变时，使冲击载荷增加，扭转振动增大，从而缩短了离合器各零件的使用寿命。②皮带与轮的接触面积增大，易使皮带拉断和加速皮带损坏。③由于行驶速度增高，使牵引力减少，运输爬坡时易出现危险，同时使机车负荷加重，温度升高，润滑油变稀，油膜难以形成，加速发动机曲柄连杆机构及各运动件的磨损。④破坏了拖拉机的操纵性和稳定性，易造成因制动不灵和制动系统零部件的早期磨损。

（4）忌严重超载。有些驾驶员，在运输作业时随意超载，使机车长时间超负荷作业，其危害为：①机车超载后，发动机、传动系统和行走部分的零件受力加大，机车温度升高，润滑油变稀，润滑性能下降。②当遇到紧急情况时，不能在有效距离内实现停车，使制动距离拉长，容易造成事故。③油耗增加，排气管冒黑烟，燃烧室容易积炭，加速活塞和缸筒的磨损。

（编撰人：莫嘉嗣，漆海霞；审核人：闫国琦）

136.拖拉机后桥有哪些常见故障?

（1）后桥漏油。若是半轴导管与变速箱体接合面处漏油，主要是由于纸垫破损、接合件变形或螺栓松动所致；若半轴导管外端漏油，一个可能的原因是该处骨架油封装反，另一个可能的原因是油封老化开裂、环形弹簧太松、折断或脱落。

（2）后桥过热。如果后桥在刚刚调整以后出现过热现象，一般是轴承间隙或齿轮的啮合间隙过小；如果后桥在安装轴承处出现过热现象，一般是由于轴承、轴承架损坏或轴承间隙过大引起；变速箱内润滑油量不足或油的质量差也会造成后桥发热。

（3）后桥异响。差速器盖、从动齿轮的紧固螺栓松动，或锁片没锁好，使螺母松脱，齿轮的正常啮合遭到破坏；从动齿轮一般通过若干个"T"形螺栓和若干个止退螺栓与差速器壳、差速器盖连接在一起，从动齿轮有凸台的一面应是接合面，若装反即把无凸台的一面作为接合面，使用一段时间后，螺母会自行松脱，使差速齿轮出现轴向窜动；半轴齿轮和差速齿轮面磨损，啮合间隙过大；轴承磨损、轴承间隙过大，使齿轮的正常啮合遭到破坏；差速器盖安装轴承处的凸缘断裂；箱体内润滑油不足或油的质量不符合要求，造成润滑不良。

拖拉机

★百度图库，网址链接：https://image.baidu.com/search/detail

（编撰人：莫嘉嗣，漆海霞；审核人：闫国琦）

137.拖拉机有哪几种常见故障?

（1）制动鼓有异响。拖拉机制动时制动鼓里发出很大的碎片撞击声，机手应立刻停车，经拆卸检查，发现制动蹄回位弹簧很软，制动蹄部分烧损，局部铆钉松脱，摩擦片破裂。造成故障的原因：一是摩擦片铆接质量差；二是经常频繁地紧急制动；三是装配时不清洁，将沙粒混入。后经铆接新的制动蹄，更换了回位弹簧，消除制动器内杂物，装配后正确操作（如不制动时脚不要放在制动踏板上；尽量避免紧急制动；保持正确的制动器间隙并定期检查调整），制动良好。

（2）制动鼓发热。拖拉机工作时间不长，发现制动器很烫，空车上坡时呈超负荷状态。其原因是：机手为了行驶安全，将制动器调得过死，制动器踏板自由行程几乎为零。这样，不但在行驶中消耗了发动机功率，而且加速了制动带的磨损，造成制动鼓发热。

（3）方向盘空转。导向轮与方向盘不能同步运作，在实现右转弯后，再左转弯或回正方向时，方向盘空转，导向轮没有随之偏转，且右转弯灵活，左转弯很迟钝。原因是涡轮轴与转向垂臂不是花键连接，而是靠一平键固定（现在新出厂的拖拉机全是花键连接）。由于使用时间长，键与键槽严重磨损，转向时涡轮轴在方向盘的控制下转动，而转向垂臂并未随之摆动，因而使方向盘与导向轮之间不能可靠地传递转向力，造成方向盘空转。将键槽适当修整扩大，并加装相应平键，转向恢复正常。

（编撰人：莫嘉嗣，漆海霞；审核人：闫国琦）

138. 拖拉机轮胎损坏的原因及预防是什么？

（1）主要特点。

①结构特点。大部分拖拉机的驱动轮是以法兰盘方式固定在半轴的这种结构使驱动轮轮距的调整受到了很大的限制，因而适应路面特点的调节性较差，尤其是在大、中型拖拉机压过较深的车辙上行驶或在垄地上顺垄沟方向作业时常处于"挤胎"状态使轮胎磨损加剧。

②使用特点。由于小型拖拉机体积小、重量轻、操作容易、使用范围广以及机动性大等特点，它在以下几个方面比大中型拖拉机更容易使轮胎损坏。a.作业项目多，所处的工作环境差，因而受摩擦、挤压、冲击和侵蚀的机会就多。b.负荷能力低时常处于超负荷下作业。c.小巧易操作，使得不懂维护保养技术的人也能操作，操作者对轮胎损坏的征兆不能及时发现，很难保证轮胎在良好的状态下工作。

（2）预防措施。

①定期检查与轮胎有关联的零部件的技术状态如轮圈、压条、轮体（一般指前轮体等）的技术状态。也要经常检查对轮胎有较大影响的零部件的技术状态如半轴、前轴、机架以及行走机构的轴承等的技术状态。发现问题要及时进行调

整、修理。

②合理使用配重。在田间牵引作业时应增加配重，在公路运输时应减少配重，另外不要在驱动轮挡泥板上坐人或负其他重物。

③掌握好轮胎内气压。轮胎不要缺气作业（田间作业可稍低些，公路运输时要充足些）。较长时间固定作业时最好垫起机架使轮胎不受或少受机车的重力作用，这时胎内气压可保留到正常工作气压并定期更换（即转动）轮胎接地位置。较长时间停放时应垫起机架，使轮胎完全离地，放掉胎内气体或保留正常工作气压的1/5以下，也可拆下轮胎总成。放气保管，注意避免受挤及日晒、雨淋。

④在丘陵地带或山区行车时，由于上下坡面使轮胎对地面的压力减少易发生轮胎对地面的相对滑动，加剧轮胎的磨损。遇到这种情况可加防滑链，不能加防滑链时可适当增加驱动轮的配重，也可适当减少牵引负荷。

拖拉机

★中国农机网，网址链接：http://www.nongjx.com/tech_news/.html

（编撰人：莫嘉嗣，漆海霞；审核人：闫国琦）

139. 小型拖拉机选购原则及注意事项是什么?

（1）小型拖拉机选购原则。

①型号及功率。型号及功率的选择要考虑拖拉机的用途及应用的自然条件，即买拖拉机干什么，在什么条件下使用。这就要知道当地的地形地貌、田块的大小、生产规模、作业种类及作业量的多少等。田块大、地平、作业量多时，特别是运输作业量多，应选择功率稍大些的小四轮拖拉机，反之可选择手扶或功率小些的拖拉机。

②拖拉机的性能。拖拉机的性能包括动力性能、经济性能以及使用性能。在选购小型拖拉机时应考虑选择各方面性能优良的机型。动力性能好即反映为拖拉机的发动机功率足，牵引能力强，加速能力好，克服超负荷的水平高。经济性能好反映为拖拉机的燃油、润滑油消耗量少，使用维修费用低，经济合算。使用性能好反映为拖拉机的操作灵活、方便可靠、安全舒适，使用中故障少，零件的使

用寿命长，能适合各种类型的作业。

③拖拉机的适应性。选购的拖拉机应适应当地的地形地貌、气候和作业规模，综合利用的程度高，能与多种机械配套进行多种作业。

（2）小型拖拉机选购注意事项。

①注意收集和了解各制造厂的情况，如工厂的信誉、制造品的质量稳定与否、售后服务如何等。

②注意所购机型的配件供应是否充足，购买是否方便。因在使用过程中，机器总免不了出现故障而进行更换零件和维修，若配件不易购到，一方面影响生产，另一方面影响维修费用，可能会发生为了一个零件要花费比零件本身价格高出几倍，几十倍的差旅费的情况。

③要注意配套农具的齐全与性能可靠性。拖拉机必须有与之配套的农具才能工作。农具的配套情况与性能对生产的正常进行和生产率的提高有很大的影响。因而选购拖拉机时也应考虑配套农具的性能与质量。

（编撰人：莫嘉嗣，漆海霞；审核人：闫国琦）

140. 新拖拉机使用前注意事项是什么？

（1）检查各连接件是否出现松动。拖拉机在出厂前工厂检验虽然是合格的，但是经过反复的使用后，各连接件之间难免出现松动。因此，应经常检查并及时拧紧各连接件和紧固件，要特别留意转向、制动、悬挂和车轮等重要部分的紧固情况。

（2）检查各液面情况。主要是燃油的油面、水箱的水面、变速器和后桥润滑油的油面，以及蓄电池电解液的液面情况。发现液面不符合要求时，应及时添加相同液料。

（3）检查机油情况。①油底壳内机油的液面应高于油标尺下刻线。②机油的品质，如拖拉机是夏季出厂的，而使用时间是冬季，则机油应更换成冬季用的；反之亦然。③机油滤清器的开关应指向相应的季节或气温位置。④有些拖拉机为了避免油浴式空气滤清器油盘内的机油在运输途中泄漏污染车容，而在出厂时并没有添加机油，使用时应注意检查并添加。

（4）磨合。将新机器的转速由低到高、负荷由小到大运行来进行循序渐进的磨合，把齿轮、轴等摩擦面上的加工痕迹磨光而变得更加合缝。磨合能够很好地延长零件的使用寿命，不能为了省油省事不进行磨合，否则会加快机件损坏，因小失大。

（5）挂牌上户。购买新拖拉机后，应在3个月内携带购机发票、合格证、使用说明书等证件，到农机、征费等部门办理入户手续，无牌证驾车上路行驶是违法行为。

手扶式拖拉机

★中国农机网，网址链接：http://www.nongjx.com/tech_news/.html

（编撰人：莫嘉嗣，漆海霞；审核人：闫国琦）

141. 增减垫片在手扶拖拉机维修中的作用是什么?

（1）增减垫片是为了调节高压油泵使用单体柱塞式油泵的柴油机供油时间。因为当供油时间过早时，柴油机会出现"当当当"的敲缸声，造成启动反转，功率不足等现象，此时应增加油泵垫片。当供油时间过晚时，会出现声音沉闷，燃烧不完全、冒烟、无力等现象，此时应减少垫片。

（2）机油泵换新或下平衡轴时，有时出现机油泵内外转子轴的榫头与下平衡轴端的小槽配合过紧现象，当机油泵安装后，转子轴会顶死下平衡轴，此时添加垫片，直至下平衡轴转动自如。使用一段时间后，若出现机油压力不足的情况，并且机油泵内外转子、榫头与下平衡轴槽并没有明显磨损时，可减少垫片。

（3）主轴承盖更换曲轴、主轴瓦或主轴承盖等后，出现曲轴过紧现象，而当推拉飞轮，轴向并无间隙时，此时应装主轴承盖垫。使用时若出现飞轮少量轴向晃动、曲轴油封漏机油现象，应取下V带，推拉飞轮检查轴向间隙，若间隙过大，应减少垫片。

（4）调速推力轴承工作中如有柴油机转速不稳定、燃油消耗量大，燃烧不完全、排气冒黑烟等现象，应检查调速滑盘与推力轴承间隙，若过大应在滑盘与推力轴承间加1mm厚的垫片，当出现加油门却达不到应有的转速时应减少垫片。

（5）气缸盖罩由于铸造上的误差，有时更换时会出现减压轴头会顶压进气门情况，造成气缸无压缩力，此时应增加气缸盖罩垫片。

（编撰人：莫嘉嗣，漆海霞；审核人：闫国琦）

142. 怎样排除半喂入脱粒机常见故障?

（1）滚筒、副滚筒堵塞。原因：切刀过钝，滚筒缠草多；传动带松或带轮上螺钉松或两滚筒侧盖螺钉松；喂入不当，如喂入过多、过深、喂入作物过湿或喂入了硬物；滚筒导向板位置不当；原动机转速下降，使滚筒转速过低；夹持台安装过低或弹簧失效而使滚筒抽草过多；振动线筛停止振动。排除方法：拆下切刀磨锐；张紧传动带或拧紧各处螺钉；按前述要领操作，并挑出硬物，作物过湿应晾干；拆下或安装成向右倾斜；更换原动机，调节转速，加粗电缆线；拧紧振动臂或振动环内偏心头的螺钉。

（2）脱粒不净。原因：作物喂入过浅、不均匀或喂入禾把过大过厚；滚筒转速过低。排除方法：按前述喂入要领操作；调节原动机带轮，调节转速。

（3）籽粒破碎多。原因：各输送部分损坏变形，使间隙变小；喂入不均匀或作物过湿；滚筒转速过高。排除方法：更换修复变形部分，增大间隙；改进操作，晾干作物；调节原动机带轮，调节转速。

（4）籽粒清洁度差。原因：风扇传动带不紧或风扇带轮螺钉不紧；喂入方法不正确；夹持台位置过低；风量过小；分风板位置不合适。排除方法：张紧传送带或拧紧螺钉；按要领操作；提高夹持台位置；调风量调节板，增加风量；将分风板尖端朝上。

（5）紧急停车。原因：由原动机或其他原因造成的停机。排除方法：用手转动带轮将链条中夹持的禾把从出口方向拉出，打开滚筒和副滚筒盖清除禾屑，打开净粒喷射筒侧盖清除籽粒，打开前盖门清除风扇壳内籽粒，排除各种故障后空转一段时间再使用。

（编撰人：莫嘉嗣，漆海霞；审核人：闫国琦）

143. 脱粒机有哪几种常见故障排除方法?

（1）机具故障。

①脱粒不净。由喂入量不均，滚筒转速低，作物水分多，脱粒间隙过大造成。

②谷粒破碎。由喂入谷物不均，作物过干过湿，滚筒转速过高或脱粒间隙过小造成。

③分离不清。由脱粒机筛孔损坏或其间隙过大，作物太湿，风量不足或风向不对，不易吹掉杂物造成。

④滚筒堵塞。由滚筒转速过低，滚筒齿破损，作物过湿且量过大等造成缠草所致。

（2）故障排除。

①试探法。在不熟悉机器的情况下，用试探法调整、拆卸、更换零件，观察故障的变化情况，找出引起故障的因素。如脱粒不净，可改变筛孔大小，调节风量等。

②反证法。当怀疑某部件出现问题时，可改变其工作条件，观察故障是否有所变化。如脱粒滚筒堵塞，若是作物过湿时，可喂入较干的作物，再观察故障是否变化，判断怀疑是否正确。

③换件法。若怀疑某零件损坏，可更换新的，比较更换前后故障的变化，来确定引起故障的因素。

脱粒机

★百度图库，网址链接：https://image.baidu.com/search/detail

（编撰人：莫嘉嗣，漆海霞；审核人：闫国琦）

144. 脱粒机常见故障及维修方法是什么？

（1）脱粒不净。

原因：喂入不均或量过大；滚筒转速过低；作物过湿；纹杆与凹板之间脱粒间隙过大。调整方法：①减量均匀喂入。②动力机的皮带轮与脱粒机的皮带轮匹配好，如皮带轮打滑，应调节张紧皮带。③过湿的作物要适当晾晒。④调节减小脱粒间隙，磨损严重导致无法调节时应更换。

（2）籽粒清洁度差。

原因：风机风量不足；滚筒内作物量太多。调整方法：①检查风机传动皮带情况，调节张紧皮带轮到适当程度；若风扇皮带轮螺钉松动，应拧紧。②减少喂入量或适当调节喂入间隙的大小。

（3）堵塞严重。

原因：滚筒转速太低；凹板重度磨损或损坏；滚筒纹杆损坏造成缠草；作物

过湿、喂入量过大；喂入链松弛或夹禾间隙过大，造成滚筒抽草过多。调整方法：①检查动力功率是否足够或供电电压是否过低，并检查动力传皮带张紧度，是否有打滑现象。②更换凹板。③若滚筒纹杆损坏，应更换。④喂入均匀并减量。⑤调节链条张紧度，检查吸尘风扇皮带是否松动及风扇的转速是否合适。

（4）籽粒破碎过多。

原因：喂入物不均或过干、过湿；滚筒转速过高或脱粒间隙过小。调整方法：①尽量保持喂入均匀，干作物多喂，湿作物少喂。②检查脱粒间隙是否合适，小麦脱粒的最小间隙一般不应小于4mm，并且还要检查滚筒皮带轮与动力皮带轮选配是否合适。

脱粒机

★慧聪360网，网址链接：https://b2b.hc360.com/supplyself/

（编撰人：莫嘉嗣，漆海霞；审核人：闫国琦）

145. 脱粒机如何保养？

（1）作业期间的保养。应经常检查机器的转速、声音、温度等情况是否正常。每一项作业完毕，都应停机检查，检查各螺钉、键销的紧固情况，各处轴承的发热情况，发现不妥要及时维修处理。

当动力是柴油机时，应每天清理排气管及灭火罩，避免积炭影响排气和灭火效能；当动力是电动机时，当天气炎热时要注意遮盖电动机，以防电动机过热。

定期检查各配合部位的间隙大小是否合适，各传动皮带的张紧度是否合适，不合适时应及时调整；雨天作业时，要经常清理机器罩盖上及滚筒、滑板筛面等处的杂物，避免机件腐蚀生锈。

每次作业结束后，应尽量把机器存放在室内，当存放在室外时，应用防水材料覆盖，防止机器受潮或雨淋而生锈。

（2）封存期间保养。作业季节过后，应将机器进行封存，做好以下工作：①清理干净机器内外各种污垢杂物。②给传动皮带轮、滚筒等未涂漆的金属零件涂上防锈油，对漆皮磨损的地方补刷油漆。③将附件如电机、传动皮带等拆卸，同其他附件一起妥善保管。④将机器放置在干燥的室内，最好垫高并盖上油布，避免机器受潮、暴晒和雨淋。⑤翌年使用前，应对机器进行一次全面清理和检测，打开全部轴承座盖，清除里面的油污和杂物，上足润滑油，并修理更换变形、磨损的零件。在更换滚筒纹杆时，应根据纹杆重量加垫片进行安装，保持滚筒平衡。在更换个别纹杆时，除了注意平衡，还要适当增减垫片使滚筒运转时的跳动径向最小。另外还要检查各连接螺栓是否紧固牢靠。

（编撰人：莫嘉嗣，漆海霞；审核人：闫国琦）

146. 新型水稻脱粒机如何使用？

（1）安全使用。①由于脱粒机工作节奏快，工作环境差，所以作业人员要进行安全操作教育，要懂得基本操作规程和安全常识，如扎紧衣袖、戴口罩等。②脱粒机在使用前要仔细检查调节机构和安全设施是否正常有效；确保检查转动及摆动部位灵活没有碰撞；确保机内无杂物，各润滑部位润滑油足够。③脱粒机启动前，要清理作业环境，清理与脱粒无关的杂物；禁止无关人员在场，避免出现事故。④工作时要均匀喂入，应直接将水稻推入滚筒，不能将手或叉及其他工具推入滚筒；禁止无关硬物喂入机内。

（2）产品维修。①传动皮带的连接要牢固，运转时严禁摘挂皮带和严禁其他物体靠近传动部位。②脱粒机连续作业时间不宜过长，工作8h后就要进行停机检查、调整部件和进行润滑，避免部件严重磨损，发热变形。③动力源与脱粒机之间的传动比要合理，避免脱粒机转速过高而振动过大，损坏零件或松动部件。④脱粒机在作业过程中若出故障应立即停机维修，避免造成更大的损坏。⑤脱粒机动力源一般为柴油机，此时应在排气管戴防火罩，避免火灾的发生。

水稻脱粒机

★中国农机网，网址链接：http://www.nongjx.com/tech_news/.html

（编撰人：莫嘉嗣，漆海霞；审核人：闫国琦）

147. 微耕机怎样保养?

（1）微耕机的班次保养。①清理机器外部污垢杂物，检查外部各零件、螺栓等是否紧固，观察有无漏油现象。②检查曲轴箱、齿轮箱的润滑油是否充足，检查各润滑部位的润滑是否达标，不达标则要添加润滑油。③检查各焊接部位有无裂纹和脱焊，刀座、刀片有无变形，磨损严不严重。

（2）微耕机的季节保养。微耕机在一季作业后，即使用100h左右，就要进行季节保养。除包括班次保养外，还要进行以下的保养。

①按产品说明书对发动机部分进行保养维护。

②仔细留意耕整机各部件运转有无异常的声音，冒烟与异常发热等现象。

③停机后趁机体还发热时，放出齿轮箱的旧机油，清洗干净齿轮箱，换上新机油。

④发现零件损坏时应立即更换，出现故障应马上排除。

⑤注意防锈防腐。清洗干净机架各部件与农具后，应放在干燥通风处晾干。而螺栓、接头和转动部件等还要涂上机油，避免生锈。

⑥拆卸下来的零部件及农具必须放在干燥的地方，避免生锈损坏，并且严禁在上方堆放重物，避免造成变形；严禁接触有腐蚀性的物品，避免腐蚀损坏；要用布料加以遮盖，防止灰尘。

微耕机

★农机360网，网址链接：http://www.nongji360.com/.shtml

（编撰人：莫嘉嗣，漆海霞；审核人：闫国琦）

148. 微耕机怎样使用?

微耕机的保养除说明书要求的以外，还要注意以下部分。

（1）微耕机的用油。微耕机的发动机属于精密部件，对机油要求很高，必须使用合格的柴机油，并严格按期更换。新微耕机进行15～20h工作磨合后要更换机油，第二次更换是工作50h后，第三次是工作100～150h后。变速箱也是用柴机油，不能用齿轮油。

微耕机属于轻型机械，使用的机油必须是低浓度的轻负荷机油，如果使用高浓度的齿轮油，离合器摩擦片则会出现粘连导致离合器不能分离的状况。链条传动变速箱的转向是利用弹簧将转向拨盘归位的，如果机油太浓，则会出现分离以后，转向拨盘不能归位的情况。

（2）及时进行紧固和调整。微耕机使用一段时间后，一些地方的行程和间隙会变大，此时必须进行调整。微耕机的离合器、倒挡、油门、转向等都是通过拉线操作的，而拉线使用一段时间后会变长，此时要通过调整螺丝调整拉线长度。而齿轮传动箱的一轴、二轴、两对锥形齿轮等使用一段时间后间隙会变大，一轴、二轴的间隙可通过调节后端螺丝进行调整，两对锥形齿轮可通过增添垫片来调整。在使用时，每天都要检查紧固情况，及时加固。

（3）农机具的保养。每天在使用后都要清洗并紧固螺丝，校正变形，在冬季还要做防锈处理。

（编撰人：莫嘉嗣，漆海霞；审核人：闫国琦）

149. 微耕机维修保养需要注意什么？

（1）微耕机在使用初期的注意事项。①新微耕机在使用之前，要用中油门空载进行磨合12h以上，然后清除发动机及底盘磨合的机油，清洗机油滤网，加入新的CD级40#柴油机油再使用。②微耕机在使用初期，严禁超负荷运行，在中小负荷运行48h以后，应更换发动机及底盘的机油。③在磨合期结束后，每使用180h后更换新机油。④使用期间注意保持机器的外表干净，加快机器的散热。

（2）微耕机启动前的注意事项。①挡位要处于空挡。②检查发动机、底盘的机油是否充足。③检查燃油是否充足。④检查各部分的螺栓是否紧固。⑤启动时，脚要远离刀具并且不能处于刀具前，同时注意刀具前不能有人。

（3）微耕机操作中的注意事项。①使用时，机器前面不能有人。②使用时，严禁衣物等物体靠近旋耕刀具。③使用时，当遇到较大的石头或其他障碍物，要提前抓离合器，控制机器绕过障碍后再使用。

（4）微耕机较长时间闲置不用的保养方法。①清理油箱内的柴油。②清理机器上的各种杂物。③清理发动机内、底盘内的机油，并在清洗后加入干净的机油。④清洗干净机器的外表。⑤活塞要拉到上止点。

微耕机

★农机360网，网址链接：http://www.nongji360.com/.shtml

（编撰人：莫嘉嗣，漆海霞；审核人：闫国琦）

150. 如何正确操作旋耕机?

（1）旋耕机使用注意事项。

①起步时，应先接合动力输出轴动力，再挂上工作挡，然后缓缓松开离合，同时操纵液压升降手柄，使旋耕机刀片慢慢入土，随即加大油门，直至正常耕深。严禁将旋耕机落在地面上突然加大油门，或将旋耕机猛降入土，这样会使刀片、刀轴受到冲击，导致传动件损坏。

②作业中仔细留意各部件有无异常声响，若有异常应立即停车检查，排除故障后才能继续运作。

③万向节在运行时两端应保持水平，其夹角在10°以内，在提升时，夹角要在30°以内，并且应降低转速，避免万向节总成损坏。

④每工作3～4h后，应停机检查刀片是否紧固、有无变形，若有问题，应立即拧紧或更换。

⑤在检查和排除故障时，必须将发动机熄火，拉紧手刹，确保人身安全。

⑥在田间转移时，应先提升旋耕机，并切断动力输出轴动力。若转移距离较大，应将旋耕机固定，或拆下万向节来进行转移。

⑦在停放时，应将旋耕机着地，严禁悬挂停放。使用后要进行必要的保养，若长期存放时，应清除、洗净旋耕机外表杂物，更换传动箱的齿轮油，对各润滑部位进行润滑；拆下刀片、万向节并涂油存放室内。

（2）旋耕机的正确操作。

①旋耕机提升严禁过高。提升过高，会扭坏万向节，还会使悬挂下拉杆张紧链与万向节传动轴发生碰撞而造成损坏。

②在接合拖拉机机动力输出轴时，旋耕机不能提升过高，同时必须在离合器彻底分离后接合。

③对分置式液压系统，旋耕深度由油缸的定位阀和定位卡箍控制，在耕作中分配器手柄应放在浮动位置。

旋耕机

★中国农机网，网址链接：http://www.nongjx.com/tech_news/.html

（编撰人：莫嘉嗣，漆海霞；审核人：闫国琦）

151. 旋耕机操作有哪些注意事项？

（1）使用前应检查各部件安装情况，尤其要检查旋耕刀安装是否正确和固定螺栓及万向节锁销是否紧固，一再确认后再使用。在检查旋耕机时，必须先切断动力。在更换刀片等旋转零件时，必须将拖拉机关闭。

（2）拖拉机启动前，旋耕机离合器手柄要处于分离位置。要在提升状态下接合动力，等旋耕机达到一定的转速后，才能起步，并将旋耕机缓慢降下，使旋耕刀入土。在旋耕刀入土情况下严禁直接起步，避免损坏旋耕刀及相关部件。严禁急速下降旋耕机，严禁在旋耕刀入土时倒退和转弯。

（3）在转弯未切断动力时，旋耕机不得提升过高，万向节两端传动角度要在30°以内，同时降低发动机转速。转移地块或远距离行走时，切断旋耕机动力，并锁定在最高位置。

（4）旋耕机运转时，旋转部件周围不得有人，旋耕机后方也不得有人，以免发生事故。

（5）作业中，当刀轴缠草过多时应停车清理。旋耕时，拖拉机和悬挂部分严禁坐人，以免发生事故。

（6）旋耕机相对较宽，车体突出较多，在道路上应低速行驶，严格遵守交通规则，以避免与人与车发生碰撞。

旋耕机

★农机360网，网址链接：http://www.nongji360.com/.shtml

（编撰人：莫嘉嗣，漆海霞；审核人：闫国琦）

152. 旋耕机常见故障如何排除？

旋耕机负荷过大主要是由于入土过深或土壤比较黏重、干硬。此时应减少耕深，并且降低前进速度和刀轴转速。

旋耕机作业时跳动主要是由于刀片安装不正确或土壤比较坚硬。此时应检查刀片情况，正确安装或降低前进速度和刀轴转速。

旋耕机间断地向后抛出大土块主要是由于刀片发生了弯曲变形或断裂，此时要修正或更换刀片，补上缺失的刀片。

耕后地表起伏不平主要是由于旋耕机没有调平，拖板位置不对，前进速度与刀轴转速配合不好。此时应重新调平旋耕机和将拖板位置调节到正确位置，改变拖拉机前进挡位或刀轴转速。

齿轮箱有杂音有可能是由于异物落入齿轮箱，锥形齿轮侧向间隙过大，轴承损坏或齿轮磨损严重。此时应取出异物，重新调整间隙，修复或更换轴承和齿轮。

旋耕机作业有金属敲击声有可能是由于刀片的螺丝松动，刀轴两端刀片或罩壳变形，刀轴传动链过于松动。此时应重新紧固螺钉，校正罩壳或更换刀片，调节链条的紧度，控制旋耕机提升高度。

刀轴转不动有可能是由于刀轴缠草、堵泥严重，齿轮损坏卡死，轴承损坏咬死，锥形齿轮齿侧间隙过小。此时应清除缠草、积泥，校正刀轴，更换齿轮或轴承，重新调整间隙。

齿轮箱漏油有可能是由于油封损坏，纸垫损坏，齿轮箱裂缝。此时应更换油封和纸垫，焊修箱体。

刀片弯曲、折断有可能是由于旋耕机急速降在硬地上或与硬物相碰，转弯时仍在进行耕作，刀片过硬或有裂纹。此时应清除硬物，缓慢降落，转弯时应升起旋耕机，更换合格刀片。

旋耕机

★农机360网，网址链接：http://www.nongji360.com/.shtml

（编撰人：莫嘉嗣，漆海霞；审核人：闫国琦）

153. 旋耕机刀片如何安装与调整？

（1）安装旋耕机刀片。凿形刀的安装较为简单，直钩形的凿形刀安装一般是在刀楞上按螺旋线均匀排列，用螺钉固定在刀座上。而刀片头部弯曲、外圆弧有较长的刃口的左右弯刀的安装则比较复杂，刀片如果安装不对，不仅影响作业质量，还会降低使用寿命。其安装有3种方法。

①刀片向外。除两端的刀片向里弯外，其余刀片均向外弯，耕后中间出现沟，适用于拆畦耕作。

②刀片向内。左右两端的刀片都向里弯，耕后中间成垄，相邻两行程间出现沟。适用于做畦耕作。

③混合安装。左、右弯刀在刀轴上交错对称安装，刀轴两端的刀片向里弯。耕后地表平整，该安装方法最为常用。

（2）调整旋耕机刀片。与拖拉机配套的旋耕机，其耕作深度由拖拉机的液压系统控制。整体和半分置式液压系统应使用位置调节。分置式液压系统使用油缸活塞杆上的定位卡箍调节耕深，工作时操纵手柄放在"浮动"位置上。手扶拖拉机旋耕则是通过改变尾轮的高低位置来调节耕深的。

旋耕机

★农机360网，网址链接：http://www.nongji360.com/.shtml

耕作时旋耕机应保持在水平位置，使变速箱处于水平状态。其水平调整是通过悬挂装置的左右吊杆实现的。当拖拉机的前进速度不变时，刀轴转速越快，碎土能力越好。而当刀轴转速不变时，拖拉机速度越快，则土块越粗大。一般来说，除非要求土壤特别细碎使用快挡，否则刀轴的速度通常用慢挡。

（编撰人：莫嘉嗣，漆海霞；审核人：闫国琦）

154. 旋耕机的使用要点有哪些？

（1）起步时，应先接合动力输出轴动力，再挂上挡位，然后缓缓接合离合器，同时操纵液压升降手柄，使旋耕机刀片慢慢入土，随即加大油门，直至正常耕深。严禁将旋耕机落在地面上突然加大油门，或将旋耕机猛降入土，否则会使刀片、刀轴受冲击，导致刀片、刀轴和传动件损坏。

（2）运行中要仔细留意各工作部件有无异常声响，若发现异常应立即停车检查，直至排除故障才能继续作业。

（3）当旋耕过深、土壤黏重或过硬或拖拉机出现冒黑烟并打滑现象时，应适当降低耕深或减慢前进速度。

（4）在转弯时，应减小油门，尾轮与转向离合器要相互配合、缓慢转弯，严禁转弯过急，导致相关零件损坏。轮式拖拉机转弯或倒车时，应先升起旋耕机，避免刀片扭断、刀轴损坏。

（5）在过沟过埂时，旋耕机操作手柄应处于分离位置，避免拖拉机后部突然抬起，刀片伤人。

（6）刀轴、刀片上的缠草要及时清理，避免损坏刀轴、影响耕深。在清理缠草时必须先将发动机熄火。

旋耕机

★农机360网，网址链接：http://www.nongji360.com/.shtml

（7）万向节工作时两端应处于水平位置，其夹角要在10°以内，在提升时，夹角要在30°以内，并且应降低转速，避免损坏万向节总成。

（8）作业中，旋耕机后方和上方都严禁站人，避免事故发生。

（9）每工作3～4h后，都应停机检查刀片的紧固情况、有无变形，发现问题，应立即拧紧或更换。

（编撰人：莫嘉嗣，漆海霞；审核人：闫国琦）

155. 旋耕机如何进行作业操作与维修？

（1）旋耕机作业操作。由于拖拉机的液压悬挂装置和动力输出轴的结构有两种，每种的升降操作也不一样。一种是拖拉机液压悬挂机构和动力输出轴是分别传动，动力输出轴是否转动不影响旋耕机的升降。而另一种拖拉机的液压悬挂机构和动力输出轴是联动的，只有当动力输出轴转动时才能提升旋耕机。这种拖拉机在遇到刀轴转不动，会因负荷过大导致拖拉机熄火，旋耕机也升不起来，此时应将动力输出轴上的万向节拆下，让动力输出轴仅给旋耕机提供动力，旋耕机才能升起，刀轴才能出土旋转。

（2）旋耕机的调整和维修。

①链条的调整。链条松边过松而发生爬链现象，过紧则会加重磨损。在进行链条调节时，注意顶向张紧滑轨的力应在5～10kg内，以能压动松边链条为宜，若用劲压不动，则表示链条太紧。

②轴承间隙的调整。其调整方法有两种：一是增减垫片。可用增减轴承盖处垫片的方法调整内圈位置固定、外圈可调的轴承的轴向间隙。二是调节螺母。可用调节螺母的方法调整外圈固定，内圈可调的轴承的轴向间隙。具体方法为：先拧紧大锥齿轮端部圆螺母，锁好止推垫片，然后拧紧另一端圆螺母，用手使轴承转动，直到它不能凭惯性力再转动，而后用木榔头敲击轴，使轴承内外圈紧靠，再复查轴承预紧情况，调好后用锁片锁紧圆螺母。

旋耕机

★中国农机网，网址链接：http://www.nongjx.com/tech_news/.html

（编撰人：莫嘉嗣，漆海霞；审核人：闫国琦）

156. 旋耕机脱挡故障如何排除？

（1）常见原因。

①旋耕机使用的是牙嵌式离合器，会因使用的时间过长导致牙嵌齿啮合面磨损严重，啮合后的自锁能力下降甚至丧失，在使用过程中导致脱挡。

②啮合套定位弹簧弹力不够或折断，导致啮合齿在受力或遇到振动时，啮合套容易产生轴向滑动而导致脱挡。

③啮合套的定向钢球槽轴向磨损严重，在使用过程中钢球容易产生轴向游动导致啮合齿脱开。

④拨挡槽和操纵杆球头磨损严重，换挡时由于轴向自由间隙过大，就算挂上挡，啮合齿的啮合宽度也较小，遇负荷变化大或者较大振动时很容易脱挡。

（2）排除方法。

①定时检查离合器情况，发现啮合齿磨秃时，应立即修复或更换。可使用碳铜焊条堆焊啮合齿来修复，再用标准齿压痕进行修整，并进行规定的热处理。

②更换弹力过小或折断的弹簧，保证啮合套有足够的定位稳定性和可靠性。

③当发现啮合套定位钢球的槽磨损严重时，应马上修补加工或更换。

④拨挡槽和操纵杆球头磨损严重时可进行焊修，经手工修整后进行一定的热处理，当不能修复时则必须更换。

旋耕机

★中国农机网，网址链接：http://www.nongjx.com/tech_news/.html

（编撰人：莫嘉嗣，漆海霞；审核人：闫国琦）

157. 旋耕机水田操作有哪些旋耕技巧？

（1）适量进水。旋耕水田前应适量进水，进水不宜过多也不能太少，过多田不起浆，不符合要求；太少，田难耙平，农机在土中阻力增大。因此，一般应在旋耙前的2~4h进水，水深应为6~8cm，水的深度应不超过耕过的田的垡尖。

（2）犁刀安装。犁刀弯头的安装方向应由土壤状况加以调整。一般情况，犁刀弯头混合安装；平垄作业，犁刀弯头应向外安装；填沟作业，犁刀弯头应向内安装。为减少犁刀轴缠草现象，可将刀轴两端的两把犁刀的螺栓加长10cm左右。

（3）旋耙速度。拖拉机的前进速度和犁刀转速应根据具体情况选择。对未犁过的田第一遍旋耕时，拖拉机速度可用慢二挡，犁刀转速应为低挡速；旋耕第二、第三遍和已耕过的水田，拖拉机前进速度可加快，选用慢三挡，犁刀转速应提高，选择高挡转速。

（4）行走方向。常用的行走方法为套耙法，但这样会在田边形成重耙圈，费时耗料。正确的行走应采用斜耙法，即从田块的对角线偏左或偏右一个耙幅开始，逐渐向外扩展，最后绕田边耙一圈。这种行走方式效率更高、油耗更少、质量更好。

（5）耙田遍数。根据水稻栽插的要求，抛秧水田应耙田2~3遍。当采用人工进行栽插时，应耙田两遍。耙田过多，会破坏土壤的结构，导致土壤出现板结现象，而且增加农机具的损耗及油耗；耙田遍少，则质量达不到要求。

旋耕机

★中国农机网，网址链接：http://www.nongjx.com/tech_news/.html

（编撰人：莫嘉嗣，漆海霞；审核人：闫国琦）

158. 旋耕机突发性故障的解决方法有哪些？

（1）旋耕机作业时，突然出现冒黑烟并打滑等现象，这是由于负荷过重导致的。旋耕深度过大、土壤过硬是造成负荷过重的主要因素，此时应降低前进速度。

（2）旋耕机作业时，出现跳动、抖动等现象，这是由于刀片没有安装正确导致的，此时应马上停机检查刀片。

（3）旋耕机作业时，若留意到齿轮箱内有异常声响时，应立即停止作业，检查轴承情况，齿轮有无掉牙。若是轴承出问题，更换即可。

（4）作业时，旋耕机刀轴突然转不动时，应立即停止作业，检查刀轴是否缠草太多、堵泥严重或齿轮轴承损坏，此时应立即清理杂草泥土，调整间隙，若是轴承损坏，应及时更换。

（5）作业时，当听到由金属碰撞声和敲击声时，应立即停止作业，下车检查。一是检查传动链条是否松动而导致与传动箱体碰撞发出声音，此时要调整链条松紧度；二是检查旋耕刀轴两端刀片有无与支臂碰撞或传动箱体变形后相互碰撞，此时应使用工具修正变形部件，在排除异常后才能继续作业。

旋耕机

★中国农机网，网址链接：http://www.nongjx.com/tech_news/.html

（编撰人：莫嘉嗣，漆海霞；审核人：闫国琦）

159. 旋耕机怎样正确使用?

旋耕机的旋耕刀高速旋转，大部分的安全问题都与此有关。因此，使用旋耕机时要特别注意以下几点。

（1）使用前应检查各部件安装情况，特别要注意旋耕刀是否安装正确和固定螺栓及万向节锁销是否紧固，发现不妥要立即处理，一再确认没问题后才可使用。

（2）拖拉机起动前，旋耕机离合器手柄应处于分离位置。

（3）接合动力时要处于提升状态，等旋耕机达到一定转速后，才能起步，并将旋耕机慢慢降下入土。严禁在旋耕刀入土状态时起步，避免损坏旋耕刀及相关部件。严禁猛降旋耕机，严禁入土后倒退和转弯。

（4）在转弯动力没有切断时，旋耕机提升不能过高，万向节两端传动角度要在30°以内，同时应降低发动机转速。转移田地或行走距离较远时，应切断旋耕机动力，并锁定在最高位置。

（5）旋耕机运转时严禁人接近旋转部件，后方也不能有人，避免刀片甩出时发生事故。

（6）在检查旋耕机时，动力必须切断。更换刀片等零件时，拖拉机必须熄火。

（7）作业时前进的速度要视情况而定，旱田的作业速度为2～3km/h，对已耕翻或耙过的作业速度为5～7km/h，水田作业速度适当加快。但是作业速度不可过高，避免拖拉机超负荷导致动力输出轴损坏。

（8）旋耕机作业时，拖拉机应行驶在未耕地上，避免压实已耕地，因此拖拉机轮距要调整到旋耕机工作区域内。并且作业时要选择正确行走方法，避免拖拉机轮子经过已耕地。

旋耕机

★中国农机网，网址链接：http://www.nongjx.com/tech_news/.html

（编撰人：莫嘉嗣，漆海霞；审核人：闫国琦）

160. 什么是全自动水稻育秧播种流水线？

（1）用途。用于播种常规稻和杂交稻，适用于7寸（1寸≈3.3cm）与9寸规格秧盘。既能散播，也能行播。可与输送带配合使用，也可和覆土机、叠盘机配合使用。能够全自动化铺土、播种、洒水、覆土，是理想的工厂化育秧设备。

（2）应用价值。对水稻产区有较广泛的应用价值。它不仅操作简单，能够大大节约人工成本，而且播种比人工均匀，出苗整齐，质量好，同时还能提早育秧时间。一台设备一天能播种6 000盘秧苗。目前在浙江、福建、江西、湖南、安徽、广西等地得到广泛应用。

（3）参数。作业流程：铺土、播种、覆土、洒水；铺土箱容积：52L；播种箱容积：30L；最大播种量：425g/盘；最小播种量：40g/盘；总功率：0.24kW。播种效率：大于550盘/h；均匀率：大于95%；空穴率：小于3%。

全自动水稻育秧播种流水线

★中国农机网，网址链接：http://www.nongjx.com/tech_news/.html

（编撰人：莫嘉嗣，漆海霞；审核人：闫国琦）

161. 植保无人机有什么优点？

（1）优点。①电池驱动，操作简单易学。②飞机体积小重量轻，运输使用方便。③每小时作业面积大，可达20～40亩。④结构简单，维护保养简单。⑤节水90%，节药40%以上。

（2）参数。外形尺寸（长×宽×高）：2 110mm×2 110mm×800mm；飞机自重：11kg；最大起飞重量：30kg；农药容器容量：10L；喷杆长度：220cm；机体材质：碳纤维和铝合金；充电器：大功率锂电平衡充电器；一套包括喷施系统药箱、弥散式喷雾系统和增压泵；作业温度：-10～40℃；锂电池寿命：300次充放电；最大有效载荷：5～20kg；锂聚合物动力电池：22.2V/16 000mA，每次可使用10min；作业速度：3～8m/s；相对飞行高度：距离农作物1～3m；喷幅2～4m；喷洒流量：1～1.2L/min；高浓度农药消耗：0.5～1.0L/亩；单机喷洒作业效率：300亩/d。

多轴植保无人机

★中国农机网，网址链接：http://www.nongjx.com/tech_news/.html

（编撰人：莫嘉嗣，漆海霞；审核人：闫国琦）

162. 果蔬气调包装的基本原理和特点是什么?

果蔬气调包装，就是利用果蔬的呼吸作用来消耗包装中的O_2并增加包装中CO_2，从而改变果蔬贮藏环境的气体成分，延缓生物体衰败和延长果蔬产品保质期。

（1）果蔬气调包装内气调的建立有两种方式。

①主动气调。主动气调是人为地建立果蔬包装内的气调环境。当果蔬放入包装后，抽出包装中的空气，再充入合适的最佳浓度气体，使果蔬保持适宜的生理作用，从而达到保鲜的目的。这种方法的优点是充入合适的气体会立即建立最佳的气调环境，缺点是需要配气装置而成本增加。

②被动气调。被动气调是利用果蔬呼吸作用逐渐形成氧含量低与二氧化碳含量高的气调环境，并通过包装与周围空气的气体交换维持包装内的气调环境。超市中果蔬的塑料膜和浅盘包装或塑料袋包装，就是被动气调包装。这种方法，果蔬呼吸与塑料薄膜透气性要相匹配，建立最佳气调环境缓慢，但操作简单，包装成本低。

（2）气调包装的优点。

①保鲜效果好。在气调贮藏环境中可降低呼吸作用与乙烯的生成速度，能够推迟果蔬成熟和衰老。

②提高果蔬产品品质，延长货架期。在气调贮藏中，果蔬的代谢慢，营养物质和能量的消耗少，抵抗微生物的能力也强，能够使被包装的果蔬最大程度保留营养价值，延长贮藏期。

③果蔬包装美观，便于运输。

气调包装

★百度图库，网址链接：https://image.baidu.com/search/detail

（编撰人：莫嘉嗣，漆海霞；审核人：闫国琦）

163. 常见的蔬菜保鲜包装技术有哪些?

（1）减压保鲜。减压保鲜，又称低压保鲜、真空保鲜，是一种降低气压，营造低氧贮藏环境的蔬菜保鲜技术。如芦笋在室温条件下贮藏期为6d，冷藏条件下贮藏期为25d，而低压条件下贮藏期可达50d，大大延迟了芦笋的衰老。又如番茄在43.6kPa低压下贮藏，贮藏效果明显优于常压贮藏。

（2）可食性膜。可食性膜是指将天然可食性材料（如多糖、蛋白质及脂类）通过喷雾、涂刷或浸渍等方法覆盖蔬菜表面，形成密封薄膜，隔绝氧气，延缓蔬菜衰老，达到保鲜目的，并且可食用。可食性膜可降解、无污染，在添加抗菌剂后更能起到抑菌效果，是一种理想的食品包装材料。如将樱桃番茄浸泡二氧化氯之后再进行壳聚糖涂抹不仅能延长贮藏期，更能减少腐烂。

（3）瓦楞纸箱。在瓦楞纸箱的内表面加入镀铝保鲜膜或在造纸阶段加入能吸附乙烯气体的多孔质粉末，如SiO_2纳米粉剂。不仅能吸收乙烯，防止水分蒸发，而且反射辐射线，防止箱内温度升高，从而保持蔬菜的鲜度。

可食性膜保鲜

★搜狐网，网址链接: http://www.sohu.com/a/143468630_776224

（编撰人: 莫嘉嗣，漆海霞; 审核人: 闫国琦）

164. 蔬菜保鲜气调包装技术如何分类?

（1）自发气调薄膜包装。自发气调薄膜包装是指蔬菜在密封环境内通过自身呼吸作用形成适宜的气体环境，达到自发性气调目的。蔬菜在密封包装袋内自发创造出低氧和高二氧化碳的微环境，抑制自身呼吸作用及部分微生物的生长，减缓了蔬菜在贮藏中的损耗，并且使用简单、成本低、效果好。蔬菜的自发气调薄膜主要分为常规保鲜膜、新型保鲜膜和复合膜。常规保鲜膜有聚乙烯、聚氯乙烯膜、聚丙烯、硅橡胶膜，新型保鲜膜有微孔薄膜、高CO_2/O_2透气比保鲜膜。

（2）充注混合气体薄膜包装。充注混合气体薄膜包装是指应根据蔬菜自身的性能特点，选择合适的气体充注包装袋内，创造蔬菜贮藏环境。相比自发气调包装，充注混合气体薄膜包装内充入比例最佳的气体，形成最适合蔬菜保鲜的微环境，最大程度地降低蔬菜的代谢及其消耗，延长蔬菜贮藏期。

（3）活性包装。活性包装是指在包装材料或包装内添加气体（乙烯、CO_2）吸收剂、释放剂如抑菌气体（SO_2、ClO_2等）、精油或者其他材料，改变包装内的环境条件，延缓蔬菜衰老，保持营养风味。乙烯会促进蔬菜的成熟，加入能够吸收乙烯的物质，比如乙烯抑制剂、乙烯吸收剂、乙烯去除剂，能够延缓蔬菜的成熟腐败。

蔬菜气调保鲜包装

★中国农业网，网址链接：http://www.agronet.com.cn/

（编撰人：莫嘉嗣，漆海霞；审核人：闫国琦）

165. 蔬菜抗菌保鲜包装技术有哪些？

抗菌保鲜包装是指在蔬菜的贮运过程中能起到抗菌作用的保鲜包装方式，有以下方式。

（1）抗菌保鲜膜。抗菌保鲜膜是指含有抗菌剂的保鲜膜，通过抗菌剂的缓慢释放和光催化等达到抗菌、保鲜目的。抗菌膜具有高效、稳定、安全等优点，在食品包装和保鲜方面有广泛的应用。抗菌剂有无机抗菌剂和天然抗菌剂。金属离子抗菌剂就是利用具有抗菌能力的金属，通过物理吸附或离子交换等方法，固定于多孔材料的表面或孔道内，然后将其加入制品中从而获得具有抗菌性的材料。

（2）抗菌活性包装。在包装袋和吸水垫中加入抑菌物质是抗菌活性包装的一种。如加入了SO_2杀菌剂的三层复合包装薄膜，能释放SO_2达到杀菌保鲜的目的，又不会对人体造成伤害。加入了1%的丁香精油和1%的葡萄籽精油的活性薄膜能够抑制圣女果中的微生物和有机质的氧化，保鲜效果好。

抗菌保鲜膜

★百度图库，网址链接：https://image.baidu.com/search/detail

（编撰人：莫嘉嗣，漆海霞；审核人：闫国琦）

166. 蔬菜控湿保鲜的方法有哪些？

（1）特殊薄膜。采用特殊方法制造的薄膜，如将干酪和乙酰单酸甘油酯制出的特殊薄片贴覆在蔬菜上，能够防止褐变，减少水分蒸发，阻止微生物入侵。

（2）湿度调节剂。在包装内添加湿度调节剂能够保持蔬菜的湿度。常用的湿度调节剂有水分抑制剂、干燥剂、防结露剂等。而干燥剂是一种降低包装内相对湿度的材料。将装在透气性的小袋的聚丙乙烯酸钠，与果蔬一起封入薄膜内，当袋内湿度降低时，它能放出被吸收的水分调节包装内湿度。

（3）蔬菜保湿箱。在瓦楞纸箱衬纸上覆一层聚乙烯膜，再覆盖含有微量的消毒剂防水蜡层，具有抑制蔬菜的呼吸作用及减少水分散失的效果，达到保湿目的。蔬菜保湿设备还有高湿度的冰箱，与普通冰箱相比，高湿度冰箱的相对湿度更高，并且能控制温湿度，可以明显降低贮藏蔬菜的水分损失，保持其硬度。

蔬菜保湿箱

★百度图库，网址链接：https://image.baidu.com/search/detail

（编撰人：莫嘉嗣，漆海霞；审核人：闫国琦）

167. 蔬菜控温保鲜箱作用是什么？

蔬菜容易腐烂，在运输过程中应保持低温状态。常用方法是用制冷设备创造出低温环境，保鲜运送常用蔬菜控温保鲜箱。

蔬菜在低温贮藏运输过程中比较常用的是具有隔热功能的瓦楞纸箱、打孔聚氨酯泡沫箱、塑料周转箱等。隔热瓦楞纸箱是在传统箱内、外包装上添加复合树脂和铝蒸镀膜，或在纸芯中加入发泡树脂，提高隔热效果，防止在运输途中蔬菜温度的升高。将真空绝热板与PU发泡组合而成的复合材料铺设箱体底部，可大大提高保温效果。塑料保温箱内外表面均为PP材质，中间是PU发泡，箱盖采用硅胶条密封，并且可以安装冰盒，当外界温度30℃以下时，箱内温度能够维持2~8℃ 24h。

蔬菜控温保鲜箱

★百度图库，网址链接：https://image.baidu.com/search/detail

（编撰人：莫嘉嗣，漆海霞；审核人：闫国琦）

168. 蔬菜自动包装机如何工作？

蔬菜自动包装机是能够自动化包装蔬菜的包装装备，将蔬菜托盘放到包装机工作台上，包装机自动将物品送到包装机中进行包装，包装完成后，自动送出。蔬菜自动包装机的包装效果和包装速度都大大优于手工包装，采用自动包装的蔬菜广泛应用于超市及有机蔬菜企业。蔬菜自动包装机的功能包括如下方面。

（1）能够拉伸保鲜膜，减少保鲜膜的褶皱并增加透明度。

（2）设计合理，占地面积小，包装速度快，减少人工成本。

蔬菜自动包装机

★百度图库，网址链接：https://image.baidu.com/search/detail

（3）包装不仅精美，还减少保鲜膜使用，节省材料成本。

（4）更换保鲜膜操作简单，能在短时间内完成更换保鲜膜操作，减少作业时间。

（编撰人：莫嘉嗣，漆海霞；审核人：闫国琦）

169. 影响果蔬气调包装效果的因素有哪些?

果蔬气调包装的好坏，直接影响果蔬的保鲜效果，而影响果蔬气调包装效果的因素如下。

（1）果蔬对气体的扩散阻力。这个取决于植物的品种、栽培、组织结构和成熟度等。

（2）包装内的相对湿度。果蔬水分损失过多会引起枯萎，导致果蔬新鲜度下降，因此需要保证气调包装的相对湿度，以免果蔬枯萎。

（3）果蔬的呼吸作用强度。果蔬的呼吸作用强度和新陈代谢受到内部和外部因素影响，呼吸作用强度随着果蔬的成熟、熟化和衰老不断变化。

（4）果蔬温度。通常果蔬在低温下贮放时间延长，但每种果蔬都有自己的最低允许温度。最佳的温度应能最大限度延缓果蔬衰老、保持果蔬质量和保证不会冻伤。

（5）最佳气调平衡。氧气与二氧化碳的比例要合适，最佳气调要求不要太接近一个有害的气调平衡。

（6）环境光线。光合作用会减少水分，采用阻光包装材料包装减少光合作用。

（7）果蔬允许的最低O_2、最高CO_2浓度和最佳气调是果蔬取得最长保鲜期和最佳质量的重要因素。

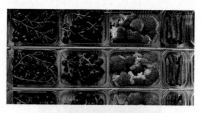

果蔬气调包装

★百度图库，网址链接：https://image.baidu.com/search/detail

（编撰人：莫嘉嗣，漆海霞；审核人：闫国琦）

170. 精密蔬菜播种机是什么?

精密蔬菜播种机可用于露地、设施大棚蔬菜的机械化播种。使用不同的播种轮,能播种不同品种的种子。动力采用汽油发动机,操作简单,效率高。播种机主要由发动机、驱动轮、镇压轮、底盘和电器、种子箱、排种器、传动机构、开沟器等部分组成,使用方法如下。

(1)选择合适的播种轮。应根据种子的大小选择播种轮,播种轮上的凹穴填满种子应恰好合适一穴所需的种子。

(2)安装播种盒。选好播种轮后,拆卸播种盒,换上选好的播种轮,然后根据播种的行距安装好播种盒。

(3)调节播种株距。通过安装不同传动齿轮,可以调整株距的大小。

(4)调节播种深度。拧松开沟器的固定螺栓可调整开沟器的位置,从而改变开沟深度,实现播种深度的调节。

(5)播种作业。拆下辅助行走轮,启动发动机,合上行走离合、播种离合,调节油门可进行播种作业。

精密蔬菜播种机

★百度图库,网址链接: https://image.baidu.com/search/detail

(编撰人: 莫嘉嗣,漆海霞; 审核人: 闫国琦)

171. 精密蔬菜播种机使用有哪些注意事项?

(1)在正式播种前,要进行试播,先试播一段距离,观察播种机的工作情况是否符合要求,达到要求后再正式播种。

(2)在转向时,为了避免重播,浪费种子,可以断开播种离合,转向完成后再继续播种。

(3)播种时仔细留意排种器、开沟器、笼罩器以及传动机构的工作情况,当发现异常时如堵塞、粘土、缠草、种盒密封不严，应立即处理。

（4）作业时种子箱内的种子应多于种子箱容积的1/5；在运输或转移到其他地块时，种子箱内不能有种子，更不能放置其他重物。

（5）调整、修理、润滑或清理杂物等工作，必须在停车后方可进行。

172. 精密蔬菜播种机如何维修保养？

（1）机油要选用四冲程机油，汽油要选用90号以上的无铅汽油，严禁使用有铅汽油、混合汽油、污染的汽油。

（2）每使用50h后都要清洗火花塞，避免积碳。

（3）使用结束后，应彻底清洁播种机上、播种箱内的种子，清洗播种机的各摩擦部位和传动装置，并涂上润滑油，对于松动的部位，应及时拧紧。

（4）当长时间不使用时应将机油放出，避免机油凝固堵塞通油孔。

（5）齿轮传动装置外部及排种轴清洁后应重新涂上润滑油。应调节各链条处于不受力的自由状态。

（6）播种机应放在干燥、通风的室内，如果存放室外时，则必须遮盖种子箱，应垫起播种机两轮和机架，避免机架变形。其他备用物品、零件和工具应保存于室内。在经过长期存放后再使用时，应先进行必要的维护检修。

精密蔬菜播种机

★慧聪360，网址链接：https://b2b.hc360.com/supplyself.html

（编撰人：莫嘉嗣，漆海霞；审核人：闫国琦）

173. 蔬菜播种机的作业故障如何排除？

（1）所有排种器都不排种。可能是由于种子箱没有种子、传动机构故障、驱动轮故障。此时应加满种子、检查调整传动机构，修复驱动轮。

（2）个别排种器不排种。可能是由于排种轮卡箍、键销松脱不转，输种管或下种口堵塞。此时应重新紧固调整好排种轮，清除输种管和下种口的堵塞物。

（3）播种不均匀。可能是由于外槽轮有效排种长度不一致或卡箍松动；种子潮湿、含杂太多；个别排种轮轮齿损坏；刮种舌磨损严重；播种机两侧行走轮轮缘粘土不均，轮径不一；机组行驶速度不均。此时应固定好卡箍，清选种子，更换排种轮和刮种舌，调整外槽轮工作长度，安装好行走轮上的刮土板。

（4）播深不一。可能是由于播种机挂结点过高或过低，机架倾斜，前后开沟器入土深浅不一；机架、方轴、行走轮变形，个别开沟器、伸缩杆和支臂技术状态不好，伸缩杆压缩弹簧弹力不一；播种机两侧深浅调整不当，或两侧负重不一；作业方向不当或速度过快。此时应调整挂结位置，校正变形部件、调整异常部分，选择合适的作业方向和作业速度。

（5）漏播。可能是由于操作不当，开沟器降落过晚或升起过早；土壤过湿，杂草过多，堵塞开沟器；分离拨叉、链条、链轮、齿轮等排种传动机构失灵或损坏；播种机起落机构技术状态不良，作业中自动将开沟器升起。此时应正确操作，清除田间杂草，及时修复或更换排种机构和起落机构零件。

（6）重播。可能是由于操作不当，在已播田块移动机车时，没有切断排种离合器，或机组行驶路线不直；升降开沟器不及时，升起过晚或降落过早；划印器臂长过短或印迹不清。此时应调整操作方法，正确操作，调整划印器臂长。

蔬菜播种机

★慧聪360，网址链接：https://b2b.hc360.com/viewPics/supplyself_pics/.html

（编撰人：莫嘉嗣，漆海霞；审核人：闫国琦）

174. 气吸式膜上精量点播机的特点是什么？

气吸式膜上精量点播技术具有节省种子、节省人工、增加产量和提高经济效益等优点，在农业生产中得到广泛运用。随着技术的不断完善提高，其种类规格也逐渐增多。气吸式膜上精量点播机的特点如下。

（1）结构非常复杂，能够联合作业。气吸式膜上精量点播机一般由机架、风机系统、整形设备、铺管设备、铺膜设备、点播装置、覆土机构、镇压设备及划行器等部分组成，可一次完成整形、铺管、开沟、展膜、压膜、膜边覆土、膜上点播、膜孔覆土以及镇压等多种工序的联合作业。

（2）布置紧凑，重量大。由于气吸式膜上精量点播机一次就要完成多种工序，因此各种机构、部件和设备紧密配合，又要尽量减小机器体积便于运输使用，因此各个部件非常紧凑。由于结构复杂，部件多，与其他类型的农机具比较，质量很大，一般挂接超过10行的气吸式膜上精量点播机，拖拉机前桥都需要安装配重才能确保能够顺利作业。

（3）作业条件要求高。对田地的要求很高，既要肥力适中、盐碱小，又要防风条件好、地势平坦，还要求整地质量好，坚持"七字"方针，即"齐、平、松、碎、净、直、墒"。除此之外，播前的田地还要做好一定的准备工作，如要打好起落线等。

气吸式膜上精量点播机

★百度图库，网址链接：https://image.baidu.com/search/detail

（编撰人：莫嘉嗣，漆海霞；审核人：闫国琦）

175. 蔬菜播种机如何应用？

蔬菜播种机适用于种植不需要移栽的蔬菜品种，适用范围非常广泛，从小白菜种子到黄豆、玉米种子都可播种。在播种时首先按要求调整好株行距，然后播种机就能将播种、覆土、压土这些步骤一次性完成。最大可同时播种13行，大大减少人工成本，提高了播种速度，并且机械播种能做到行距、株距、深度都基本一致，这时作物生长时的通风透光性强，成熟一致，商品性强，能够增加产量，提高作物质量与效益。一般蔬菜播种机的使用步骤如下。

（1）播种轮选配。选择的播种轮上的凹穴填满种子应恰好是一穴所需种子数。

（2）株距调节。机器配套多种传动齿轮，选择安装不同的齿轮能够实现播种株距的调整。

（3）行距调节。幅宽一般选择90cm，10行播种，也能够根据需要调整播种行数，以达到要求的播种行距。

（4）深度调节。拧松开沟器的固定螺栓可以调整开沟器的位置，从而改变开沟的深度，实现播种深度的调节。

蔬菜播种机

★百度图库，网址链接: https://image.baidu.com/search/detail

（编撰人：莫嘉嗣，漆海霞；审核人：闫国琦）

176. 蔬菜播种机存在哪些问题？

（1）播种机的通用性差。要实现机械化的播种作业，不仅要解决不同种子的大小不同和外形不同对播种装置的限制，还要做到能够实现一机多种类型的播种。但播种机仍未达到这种程度，只能播种一类或者几类种子。对此，应在设计时多考虑播种部件的可调或者可换，使播种装置能够通过简单的更换零件便能实现播种更多类型的种子，提高通用性。

（2）播种机的播种质量不好。我国的精密度播种技术还不够成熟，其结构未完善，播种的精度并没有达到预期的效果，尤其当种子形状不一致、重量较轻时，容易出现重播和漏播的现象。因此，中国应该加大对播种机的研究力度，提高其科技水平，制造出能够适应不同种子特点的精密度播种器。

（3）播种机的播种效率低。我国的播种机技术还不成熟，其结构较为复杂且笨重，导致工作效率并未能达到预期目标，甚至还不如人工的播种，这就大大增加了我国蔬菜规模化生产的难度，拖慢了蔬菜产业规模化的进程。如今在播种机上许多现代高新技术并没有应用，导致播种技术遇到了瓶颈。因此必须从播种机的结构入手，结合现有的高新技术，简化和优化播种机的结构，使播种机轻便功能多样，提高播种质量的同时提高播种效率。

蔬菜播种机

★百度图库，网址链接：https://image.baidu.com/search/detail

（编撰人：莫嘉嗣，漆海霞；审核人：闫国琦）

177. 蔬菜播种装置如何分类?

蔬菜播种机核心部件是播种装置，也叫排种器，如今常用的播种装置叫做穴盘排种器，这种排种器按照播种方式可分为3种。

（1）机械式排种器。机械式排种器的种类多样，与穴盘配合使用的是抽板式排种器。这种排种器对种子外形、重量的要求都比较严格，对于较小的蔬菜种子必须经过处理才能使用机械式的播种机播种，并且对种子造成伤害，种子损失率高，消耗大。

（2）磁吸式排种器。磁吸式排种器是在播种前会对种子进行磁化处理，播种时，运转到种子箱的吸种端通电，会吸住磁化的种子，然后带动种子转动到达排种端位置时断电，此时种子自然掉落入播种穴盘。这种排种器属于非接触式的，对种子的损伤很小，就是必须在播种前对种子进行磁化处理。

（3）气力式排种器。气力式排种器是利用气流压力来进行播种作业的，这种播种方式对种子的伤害可以忽略不计，并且对种子的形状大小、轻重都没有什么要求，具有很高的通用性能。正是这些优点，这种排种器已经成为播种装置主要的研究和发展方向。对于小而轻的蔬菜种子，这种排种器非常合适。但这种排种装置也有缺点，就是作业时需要大量的气体，对密封装置的要求高。现有的气力式播种器的形式有针式、滚筒式和板式的。

机械式排种器

★百度图库，网址链接：https://image.baidu.com/search/detail

（编撰人：莫嘉嗣，漆海霞；审核人：闫国琦）

178. 提高气吸式播种机排种精确性的措施有哪些?

气吸式精量播种机是一种能完成一系列开沟、播种、覆土、镇压等工序,且具有高效节能的多用途精量播种机,与目前使用的条播机相比一般节种50%。其工作原理主要是高速旋转的风机产生负压时,地轮带动排种盘转动。当排种盘上的排种孔转到种子室充种区时,种子室与大气相通,此时种子被吸附在排种孔上。当排种盘转到投种区时,负压消失,种子在重力作用下落入开沟器开好的沟内。在气吸排种器上更换不同排种盘,可精播玉米、甜菜、蓖麻、黄豆、高粱等多种农作物。

造成排种量不稳定原因主要有以下几点:①吸气管路出现问题。②胶管质量出现问题。③风机两侧轴承出现问题。④风机转速出现问题。

为了提高排种器精确性,可采取如下措施:①选择适当的排种吸附孔。②选择适宜的作业速度。③适宜的气吸室真空度。④使用刮种装置。⑤排种器腔体设计要合理。

气吸式播种机

★百度图库,网址链接:https://image.baidu.com/search/detail

(编撰人:莫嘉嗣,漆海霞;审核人:闫国琦)

179. 穴盘播种设备的特点是什么?

穴盘育苗技术是国际上兴起时间比较早的一种育苗技术,相对传统人工点播,穴盘育苗技术具有出苗快、成苗率高及提高播种效率等优点,并朝着精准化、自动化和智能化方向发展。如今对穴盘育苗技术要求需做到每穴单粒播种,漏播和多粒种子的穴数尽可能少,同时要保证出苗整齐一致,群体结构合理,技术的关键在于幼苗播种阶段。穴盘播种设备就操作方式和各自主要特点可分为如下几种。

(1)手动、半自动方式。手动和半自动操作设备通常仅用于种粒播施环节,作业效率不高；但购置使用成本低，适用于小规模育苗农户。

（2）全自动方式。其主要应用于播种生产线，具备基质装填、压实、播种、覆土及淋水等作业功能，生产效率高，适用于大型工厂化育苗公司，采购价格相对较高。

半自动蔬菜穴盘育苗

★百度图库，网址链接：https://image.baidu.com/search/detail

（编撰人：莫嘉嗣，漆海霞；审核人：闫国琦）

180. 自动蔬菜穴盘育苗精量播种机如何工作？

穴盘播种作为穴盘育苗的关键环节之一，传统的穴盘播种以人工点播为主，存在劳动强度大、播种效率低、播种周期长及播种成本高等问题并且难以保证播种性能，严重制约蔬菜的规模化生产和时令性要求。穴盘育苗播种机可以减轻人工点播的劳动强度、提高播种效率、降低人力资源成本、节省大量种子，且可为蔬菜的移栽生产及提高产品质量打下良好的基础。

蔬菜穴盘育苗自动精量播种机主要由穴盘进给装置、铺土装置、打穴装置、精量播种装置、覆土装置及传动装置等组成。采用伺服电机输送穴盘移动，高速平稳地工作，可全工序自动化作业，一次性完成穴盘进给、铺土、平整、打穴、播种和覆土等作业工序。在工作过程中，自动蔬菜穴盘育苗精量播种机精量播种装置可通过更换不同孔径的吸嘴和调节不同负压来适应不同粒径的蔬菜种子，如番茄、黄瓜、辣椒、南瓜等粒径在1~20mm的蔬菜种子的穴盘育苗精量播种。

自动蔬菜穴盘育苗精量播种机

★百度图库，网址链接：https://image.baidu.com/search/detail

（编撰人：莫嘉嗣，漆海霞；审核人：闫国琦）

181. 大棚蔬菜滴灌系统的灌溉形式与技术措施是什么？

大棚蔬菜滴灌系统是设施农业中常用的系统，其滴灌形式与技术措施和使用方法如下。

（1）滴灌形式。

①膜下滴灌。将滴灌管（带）铺在地表面，再将膜覆于其上。

②地埋式滴灌。将滴灌管埋于距地表面30～35cm处，滴灌水从毛管的滴头流出再渗入土壤中，最后通过毛细管作用流到作物根部使其吸收。

（2）技术措施。

①滴灌技术。一种根据作物需水量和土壤条件制定灌溉技术方案，包括额定的灌水量、一次的灌水时间、灌水周期、灌水次数等。

②施肥技术。一种根据作物需求的营养物质和土壤条件不同而确定施肥技术制度，如加肥的间隔时间、数量的多少、营养物质的比例、加肥次数和加肥的总量。

③水肥耦合。一种根据作物生长条件和产量确定目标产量灌水制度配置用肥量。主要是以作物营养的理论数据拟定施肥配方，再依据土壤条件调节配方，最后以肥料吸施比计算施肥量和选配肥料与灌水制度配置用肥量。

④技术集成。配套运用保护地地膜覆盖保水、保水剂应用等农艺保水技术及应用生物肥、有机肥培肥地力等保肥技术。

（3）使用方法。

①起垄栽培每垄种植两行作物。

②铺设滴灌管在高垄中间铺设滴灌管（带），埋在地下或覆于膜下。

③施肥时，将尿素等可溶性化肥溶于施肥罐中，随水施入作物根部。施肥后，再用不含肥料的水滴灌30min。

④滴灌灌溉时，打开主管道堵头，冲洗3min，再将堵头装好。

⑤清洗灌溉一段时间后，过滤器要打开清洗。

大棚蔬菜滴灌系统

★百度图库，网址链接：https://image.baidu.com/search/detail

（编撰人：莫嘉嗣，漆海霞；审核人：闫国琦）

182. 滴灌系统使用注意事项有哪些?

为了更好、更安全的使用滴灌系统，应遵循使用如下注意事项。

（1）为保证灌溉系统各个部分的安全，在滴灌开始前要先打开支管阀门后才能打开上游阀门。

（2）严格控制滴灌的工作水头，避免水头出现过压或者压力不足现象，不然将影响灌溉质量。在灌溉时也要按照计划轮灌区进行，要做到先开下一轮灌区的再关上一轮灌区的。

（3）压差式文丘里施肥器。在作物需施肥时，将肥料装罐后需调整专用阀门，使其管道内产生一定的水压差，再开启施肥阀门进行施肥。

（4）文丘里施肥器是由阀门、文丘里、三通、弯头连接而成。在施肥时只需适当关小球阀，让水部分从施肥器中流过，施肥器开始施肥。

（5）要对过滤器进行定期排沙冲洗和检测，若滤网破烂还需及时更换，而且收放时不可用力拉扯扭曲，不然会影响其使用寿命。

（6）在关闭系统时要做到缓慢开关阀门，严禁快速开关操作。关闭时还需先关闭动力系统再逐级关闭其他各级阀门。

（7）在非灌溉系统时期，要排清管道内的所有存水，以防止冬季结冰膨胀使管道冻裂，影响翌年的正常使用。

滴灌或滴灌给水系统部件

★视觉中国，网址链接：https://www.vcg.com/creative/805007353

（编撰人：莫嘉嗣，漆海霞；审核人：闫国琦）

183. 定喷式喷灌机的使用特点有哪些?

定喷式喷灌机主要由机架、水泵和动力机组成，水泵和动力机安装在机架上。轻型的喷灌机重量较轻，两个人即可通过机架上的手柄将喷灌机抬起移动，而小型及以上的则需要安装在小车上，作业时通过推动小车移动。

定喷式喷灌机作业时需要配套的渠道网配合。在作业时，一般放置在渠旁或渠道上，并将吸水管放入渠水中。操作时，为了避免喷出的水洒到动力机损坏动力机，必须根据风向选择正确的喷洒方向，喷头要设定为扇形旋转方式。喷灌机每喷洒完一个区域都要移动喷灌机或改变喷头的方向。因此，使用时，人员劳动强度较大。特别是使用离心泵时，在底阀不严的时候每次启动都要对水泵进行注水操作。为了避免这种麻烦，采购喷灌机时水泵应选择自吸泵。

定喷式喷灌机

★慧聪360，网址链接：https://b2b.hc360.com/supplyself.html

（编撰人：莫嘉嗣，漆海霞；审核人：闫国琦）

184. 灌水器的种类与结构特点有哪些?

灌水器的作用是把末级管道的压力水流均匀而又稳定地灌到作物根区附近的土壤中，灌水器质量的好坏直接影响到灌水质量的高低和使用寿命的长短。灌水器的种类繁多，各有特点，适用条件也各有差异。按结构和出流形式不同灌水器主要有滴头、滴灌带、微喷头、微喷带、涌水器、渗灌管等。

（1）滴头是一种将毛管中的水流在压力作用下变成滴状或细流状的装置。

（2）滴灌带是一种将毛管和滴头连接制造为一体的，具有配水和滴水功能的带。

（3）微喷头是一种将水流压成以细小水滴再喷洒出去的灌水器。

（4）微喷带是一种采用塑料软管通过机械或激光加工出的具有出水小孔可进行微喷灌的设备，又称多孔管、喷水带。

微喷头

★百度图库，网址链接：https://image.baidu.com/search/detail

（5）小管灌水器是一种采用Φ4直径的小塑料管和接头插入到毛管壁而制造成的设备，具有水头低、孔口大、不容易被堵塞等特点。

（6）渗灌管是一种将废旧橡胶和PE塑料采用一定比例混合制造成的一种管道，使用时需将其埋入地下进行灌溉。

（编撰人：莫嘉嗣，漆海霞；审核人：闫国琦）

185. 行喷式喷灌机有哪些？

行喷式喷灌机可分为以下3种。

（1）卷盘式喷灌机。卷盘式喷灌机，又称为绞盘式或卷筒式喷灌机，输水管道为软管，在作业时利用水压驱动卷盘旋转，软管缠绕卷盘上又与远射程喷头相连，如此在作业时喷头便被软管牵引自行移动喷洒路径周围的区域。

卷盘式喷灌机在许多国家得到广泛的应用，有各种各样的品种规格，但可归纳为两类，一类是卷盘缠绕软管的软管卷盘式自动喷灌机，另一类是卷盘缠绕钢索带动喷头车自走的钢索牵引卷盘式喷灌机。它们在结构上都差不多，只是前者采用管道本身牵引喷头，后者采用钢索。

（2）电力驱动中心支轴式全自动喷灌机。电力驱动中心支轴式全自动喷灌机，又称时针式或圆形喷灌机。其输水管道是由一节一节的薄壁金属连接成的，并在管道上安装了大量的喷头。输水管道架设在多个搭车上，一端连接在灌溉区域中央安装的中心支轴座，支轴处设有水泵和控制装置，给管道供水和控制管道运动，架设好后能按预先设定的速度缓慢旋转喷灌管道所覆盖的区域。

（3）平移式喷灌机，又称连续直线自走式喷灌机，其喷洒管道安装在塔车上，作业时塔车沿供水渠道取水自走，与行走路线互相垂直的喷洒管道灌溉路线一侧的区域。它是由中心支轴式喷灌机发展而来的，在结构上和中心支轴式喷灌机很相似，不同的是其灌溉的面积是矩形的。

卷盘式喷灌机

★百度图库，网址链接：https://image.baidu.com/search/detail

（编撰人：莫嘉嗣，漆海霞；审核人：闫国琦）

186.节水灌溉施肥技术有哪些?

在过去我国的蔬菜生产中主要采用传统明水沟灌和漫灌方式,这样不仅造成了水资源的大量浪费,还因湿度过大增加了病虫害发生的几率。为了实现节约用水,实现节本增效,构建节水型农业,推广先进高效的蔬菜节水灌溉模式。

节水灌溉施肥技术是采用灌溉装置以及施肥装置将肥与水混合成肥液精准地输送到作物根区附近的灌水施肥方式,以及在充分利用降水和土壤水的前提下高效利用灌溉用水,最大限度地满足作物需水,以获取农业生产的最佳经济效益、社会效益和生态环境效益,具有显著的节水增产效果。目前虽然我国在施肥总量还是单位面积施肥量上都居世界前列,但是肥料的平均利用效率大概30%,肥料利用率低。水肥一体化技术是一种为我国提高了肥料利用率的一种技术,具有节水、节肥、节地、防止环境污染等诸多优点。而节水灌溉施肥技术的关键是施肥装置,通常将该装置安装在灌溉系统的首部,其性能也是直接影响灌溉施肥系统的质量的关键。

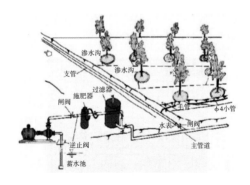

节水灌溉施肥系统

★百度图库,网址链接: https://image.baidu.com/search/detail

(编撰人: 莫嘉嗣,漆海霞; 审核人: 闫国琦)

187.农田灌溉机械的种类有哪些?

农田灌溉机械是农业机械化生产的重要组成部分,在抗御水旱灾害,保证农作物的高产、稳产中发挥了巨大作用。其中农田灌溉机械包括农田排灌机械和农田灌溉机械。

农田排灌机械中主要的是水泵。其作用是将水抽至高处,将动力机的机械能转变为所抽送的水的水力能。其中水泵机组主要包括水泵、动力机、输水管路及管路附件。管路包括进水管路（又称吸水管路）和出水管路（又称压水管路）。管路上的附件包括滤网、底阀、弯头、变径接管、真空表、压力表、逆止阀和闸阀等。农田灌溉机械主要有喷灌和微灌两种类型。

（1）喷灌。喷灌是一种新型的灌溉方法，将灌溉水通过由喷灌设备组成的喷灌系统或喷灌机具，形成具有一定压力的水，由喷头喷射到空中，形成水滴状态，洒落在土壤表面，为作物生长提供必要的水分。

（2）微灌。利用微灌设备组装成微灌系统，将有压水输送分配到田间，通过灌水器以微小的流量湿润作物根部附近土壤的一种局部灌水技术。

这两种灌溉的特点是地形适应性强，灌水均匀且不受微地形起伏的影响；灌水质量好，地表不会板结，不会造成水、土、肥的流失，且灌水工作机械化、自动化程度高，有利于科学用水、省水、省劳动力、增产；灌水设备还可以综合利用，如施肥、喷洒农药等，喷灌还有调节田间小气候的作用，用喷雾灌溉方式进行凉爽灌溉或防霜冻，以及利用城市生活污水进行排污灌溉等多种功能。但是，设备投资较大，运行时要消耗能量，特别是喷灌受风的影响大，二级风以上就降低了喷灌的均匀度。干热有风气候，喷灌时水的蒸发，漂移损失较大。在喷灌强度大，喷洒时间短的情况下，土壤湿润层较浅等。

农田喷灌

★视觉中国，网址链接：https://www.vcg.com/creative/806625716

（编撰人：莫嘉嗣，漆海霞；审核人：闫国琦）

188. 喷灌系统如何分类？

常用的蔬菜种植喷灌系统主要有以下几种。

（1）固定式喷灌系统。固定式喷灌系统除喷头外，其他组成部分都是固定不动的。其水泵和动力机安装在固定的泵房内；干管和支管埋在地下，竖管伸出地面，喷头固定或轮流安装在竖管上。由于每套设备都是固定的，因此需要耗费大量的管材，单位面积的投资较高。而且竖管对机耕及其他农艺操作有一定妨碍，但使用时操作方便，占地少，生产率高，与施肥、喷洒农药结合使用时比较方便。

（2）移动式喷灌系统。移动式喷灌系统在田间仅布置供水点，而整套喷灌设备可移动，可在不同地块轮流使用。和固定式喷灌系统相比，节省了投资，提高了设备利用率。目前我国生产的小型喷灌机，按其机组移动方式可分为手推车式和担架式；按其与动力机配套的型式，可分为与手扶拖拉机配套的喷灌机和与电动机配套的小型喷灌机。这些机型虽结构简单，但使用灵活，设备投资少。

（3）半固定式喷灌系统。半固定式喷灌系统的动力机、水泵和干管是固定的，而喷头和支管是可以移动的。这样可减少管道投资，但是在喷灌后的泥泞中移动支管时，不仅工作条件差，而且劳动强度大。此喷灌系统的特点是机械化、自动化程度高，喷灌控制面积大，可以大大减轻劳动强度和提高生产率。

移动式喷灌系统

★ 百度图库，网址链接：https://image.baidu.com/search/detail

（编撰人：莫嘉嗣，漆海霞；审核人：闫国琦）

189. 水肥一体化滴灌系统如何管理？

水肥一体化滴灌系统是用灌水器以点滴状或连续细小水流等形式出流浇灌作物并配合施肥的灌溉方法。滴灌管一般布置在地表面，沿作物种植行铺设，其使用管理步骤如下。

（1）管道冲洗和试运行。管道冲洗前应先打开首部总控制阀，对干管进行冲洗；冲洗时应先将过滤器拆开，取出滤芯，用清水将滤芯上的脏物清洗干净，安装好过滤器后继续冲洗管道，直到管末端出水清洁为止；若冲洗过程中发现管道有漏水处要及时维修。

（2）文丘里施肥器的使用。使用文丘里施肥器施肥、药时，必须要使用水溶性肥料、药物，切忌使用不能完全溶解及有强烈腐蚀性的肥料、药物；为了防止软管吸入污物堵塞施肥器，使用文丘里施肥器时软管末端必须加上小过滤网。

（3）叠片过滤器的使用。叠片过滤器需经常清洗，每次灌水时应先打开排污阀进行冲洗，当水源较脏、泥水或浮游生物较大时需随时注意过滤器前后压差，压差过大应立即关泵拆下过滤器叠片用清水刷洗干净；日常使用应每隔一段时间检查过滤器叠片及外壳是否完好，如有损坏应及时更换，切忌使用过滤器直接使用滴灌系统。

（4）管网的维护。滴灌系统在使用中应定期检查，查看管网是否有破损处，如有需及时修理或更换；为了冲尽管道内的肥药，避免管网被腐蚀，每次施完肥药后还应冲灌溉水一段时间。灌溉季节过后，应打开滴灌管末端进行冲洗，冲洗干净后可将管网拆卸，将滴灌管及首部收起，并且捆扎放好，置于阴凉干燥处，同时避免鼠害等，以提高滴灌设备的使用年限。

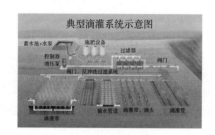

水肥一体化滴灌系统

★百度图库，网址链接：https://image.baidu.com/search/detail

（编撰人：莫嘉嗣，漆海霞；审核人：闫国琦）

190. 什么是微灌技术？

微灌技术即是按照作物生长所需的水分和养分，利用专门设备将自然水头加压，再通过低压管道系统末级毛管上的孔口或灌水器，将有压水流变成细小的水流或水滴，直接送到作物根区附近，均匀、适量地施于作物根层所在部分土壤的灌水方法。微灌包括滴灌、微喷灌、涌泉灌等。

微灌主要用于花卉、保护地蔬菜、果树和其他经济作物的灌溉。我国的微灌设备是在引进、吸收国外先进技术的基础上，结合本国的国情研究、发展起来的。近年来，国产微灌设备的质量有了明显提高。而随着节水型农业的发展，我国的微灌技术将得到更快的发展。

微灌是利用微灌设备组装成微灌系统，将有压水输送并且分配到田间，通过灌水器以微小的流量湿润作物根部附近土壤的一种灌水技术。微灌按灌水器及出流形式的不同，主要有滴灌、微喷灌、小管出流、渗灌等形式。

微灌技术

★百度图库，网址链接：https://image.baidu.com/search/detail

（编撰人：莫嘉嗣，漆海霞；审核人：闫国琦）

191. 微灌技术的优缺点有哪些？

微灌可以非常方便地将水灌到每一株植物附近的土壤中，经常维持较低的水压力满足作物生长需要。微灌具有以下优点。

（1）省水、省工、节能。微灌是根据作物需水要求仅对作物根区附近的土壤适时适量地灌水，因而显著减少了水的损失。

（2）灌水均匀。微灌系统能够做到有效地控制每个灌水器的出水流量，因此灌水均匀度高，一般可达80%～90%。

（3）增产。微灌能适时适量地向作物根区供水供肥，为作物根系活动层土壤创造了很好的水、热、气、养分等条件，因而可实现稳产，提高产品质量。

（4）对土壤和地形的适应性强。微灌的灌水强度可根据土壤的入渗特性选用相应的灌水器，对灌水器进行调节便可防止产生地表径流以及深层渗漏。微灌是采用压力管道将水输送到每棵作物的根部附近，可以在任何复杂的地形条件下有效工作，甚至在某些很陡的土地或在乱石滩上种的树也可以采用微灌。

虽然微灌技术有众多优点，但也存在一些缺点，例如：微灌系统投资一般要高于地面灌；微灌灌水器出口很小，易被水中的矿物质或有机物堵塞，从而减少系统水量分布均匀度，严重时会使整个系统无法正常工作，甚至报废；微灌毛管一般铺设在地面，使用中会影响田间管理，有时会被拉断、割破，发生漏水，增加了后期维护费用。

微灌技术

★百度图库，网址链接：https://image.baidu.com/search/detail

（编撰人：莫嘉嗣，漆海霞；审核人：闫国琦）

192. 微灌系统如何分类？

由于组成微灌系统的灌水器不同，相应的分为滴灌系统、微喷灌系统、小管出流系统以及渗灌系统等。根据配水管道在灌水季节中是否移动，每一类微灌系统又可分为固定式、半固定式和移动式。

（1）固定式微灌系统的各个组成部分在整个灌水季节都是固定不动的，干管、支管一般埋在地下，根据需要，毛管有的埋在地下，有的放在地表或悬挂在离地面一定高度的支架上。固定式微灌系统常用于经济价值较高的经济作物。

（2）半固定式微灌系统的首部枢纽及干、支管是固定的，而毛管连同其上的灌水器是可以移动的。根据设计要求，一条毛管可以在多个位置工作。

（3）移动式微灌系统各组成部分都可移动，在灌溉周期内按计划移动安装在灌区内不同的位置进行灌溉。移动式微灌系统降低了单位面积微灌的投资，提高了微灌设备的利用率，但操作管理比较麻烦，仅适合在经济条件较差的地区使用。

移动式微灌系统

★百度图库，网址链接：https://image.baidu.com/search/detail

（编撰人：莫嘉嗣，漆海霞；审核人：闫国琦）

193. 微灌系统如何组成?

微灌系统可由以下4部分组成。

（1）水源。水源包括地面水源（山塘水库、蓄水池）、地下水源，主要是深井。对灌溉水源的基本要求：有蓄水能力、极端干旱时节的水量能满足灌溉需水量、水质达到农用灌溉水质要求、有一定的地下水补给能力、离灌区较近。水源的供水方式有直接式供水方式、自流式供水方式、水塔供水、高位水池供水4种。

（2）首部枢纽。首部枢纽一般包括底阀、水泵、过滤器、止回阀、排气阀、压力表、水表等，而滴灌一般还包括施肥器。微灌所用水泵一般是管道离心泵或潜水泵，当灌区面积不大，所需水量小时也可选用家用自吸泵。过滤器包括网式过滤器（金属或塑料）、离心过滤器、叠片过滤器、沙石过滤器等，常用的是网式过滤器（金属或塑料）、叠片过滤器。

（3）输配管网。输配管网一般包括干管、支管、毛管等，常用的管材有PVC管，PE灌溉管等。一般PVC管耐压高于PE管，寿命比PE管长，正常使用可达30年。PE管的寿命一般只有10～15年。

（4）灌水器。滴灌灌水器主要有滴头、滴灌带管、滴箭等，微喷灌水器即为微喷头。一般山地作物灌溉不适宜用喷灌，原因在于喷灌打击强度大，一般喷灌强度在每小时10mm自然降水量以上，水珠颗粒大（一般在180μm以上）。容易造成无效地表径流，坡度较大地区容易造成水土流失，此外山区水源可用水量有限，喷灌需水量较大。

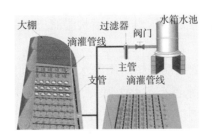

灌溉系统组成

★百度图库，网址链接：https://image.baidu.com/search/detail

（编撰人：莫嘉嗣，漆海霞；审核人：闫国琦）

194. 微灌系统的首部枢纽是什么?

　　微灌系统的首部枢纽一般由取水阀、止回阀、进排气阀、计量装置、施肥器、过滤器等部分组成，其功能叙述如下。

　　（1）取水阀。一般起打开取水或关闭断水的作用，常用的取水阀类型有闸阀、蝶阀、球阀等，材质有铸铁、钢质、塑料等。

　　（2）止回阀。也叫逆止阀或单向阀，水流只能沿一个方向流动。当切断水流时，用于防止含有肥料的水倒流进水源，还可防止水流倒流引起水泵叶轮倒转，进而保护水泵。

　　（3）进排气阀。也叫空气阀，一般安装在微灌系统的最高处，用于放出管网中积累的空气，防止管道发生震动破坏，或在系统需要泄水时，起到进气作用。

　　（4）量测装置。水表：微灌工程中常用水表来计量管道输水流量大小和计算灌溉用水量的多少；压力表：微灌系统中常使用弹簧管压力表测量管路中的水压力。

　　（5）过滤器。微灌技术要求灌溉水中不含造成灌水器堵塞的污物和杂质，因此需要对水进行过滤。微灌系统中常用的过滤设备有：沙石过滤器、离心过滤器、筛网过滤器、叠片式过滤器等。

（编撰人：莫嘉嗣，漆海霞；审核人：闫国琦）

195. 温室大棚蔬菜主要节水灌溉技术有哪些?

　　（1）温室滴灌。滴灌是将压力水以滴状湿润土壤的一种对作物根部的灌水技术。

　　（2）温室微喷灌。微喷灌是指所用灌水器以喷洒水流状浇灌作物的灌溉系统。常见微喷灌系统的灌水器有各种微喷头、多孔管、喷枪等。为了避免微喷灌系统对田间其他作业的影响，温室中采用微喷头的微喷灌系统是将微喷头倒挂在温室骨架上来实施灌溉的。

　　（3）温室自行走式喷灌机。温室自行走式喷灌机实质上也是一种微喷灌系统，但它是一种灌水均匀度很高、可移动使用的微喷灌系统。工作时，自行走式喷灌机运行在悬挂在温室骨架上的行走轨道上，通过安装在喷灌机两侧喷灌管上的微喷头实施灌溉作业。

（4）温室多孔管微灌系统。多孔管微灌系统是采用多孔管作为灌水器的灌溉系统。多孔管是一种直接在可压扁的薄壁塑料软管上加工出水小孔进行灌溉的灌水器，这种多孔管的特点是既可用作滴灌，也可用作微喷灌。

（5）温室喷雾系统。温室喷雾系统是指工作时能产生雾滴平均直径在20μm以下微雾的灌溉系统，这些微雾能很快在空气中蒸发。实际上，温室中使用喷雾系统的目的不是灌溉，而是用于高温季节的温室降温，通常将温室喷雾系统与通风机配合共同使用，可快速降低温室内的空气温度。

温室喷雾系统

★慧聪360网，网址链接：https://b2b.hc360.com/supplyself/328416210.html

（编撰人：莫嘉嗣，漆海霞；审核人：闫国琦）

196. 什么是可变间隙辊轴式果蔬分级机？

可变间隙辊轴式果蔬分级机是一种新型果蔬尺寸分级设备。主要用于对杏、核桃、红枣、柑橘、番茄等椭球形或类球形果蔬按最短横径由小到大分为用户所需的尺寸和级数。分级机采用辊轴横向并列布置，纵向水平滚动推进变隙设计，由机架、外罩、圆柱辊轴、进料斗、空心滚子链辊轴输送系统、变节距螺旋轨道轴、二级减速机传动系统、平面带式输送器、可调分级隔板等部分组成。

分级机的工作过程如下：为达到物料果实在分级辊轴间稳定滚转定向并按最短横径准确分级的要求，由机具两侧一对纵向轴上的变节距螺旋轨道旋转推动不锈钢辊轴在水平轨道上平稳滚动纵向推进，并精确地控制辊轴分级间隙的连续平稳变化，果实在两侧辊轴的滚动带动下反向稳定滚转，实现定向，并在最短横径与辊轴间隙匹配时，下落至相应分级隔板间的平面输送带上自动输出。

可变间隙辊轴式果蔬分级机

★百度图库，网址链接：https://image.baidu.com/search/detail

（编撰人：莫嘉嗣，漆海霞；审核人：闫国琦）

197. 果蔬嫁接后如何管理？

嫁接后由于幼苗根系损伤，接口还未愈合，幼苗的吸收功能与输导功能尚未健全，故要对幼苗采取一些特殊的管理措施，创造有利于幼苗根系恢复，接口愈合的良好环境条件，其管理要注意以下几点。

（1）温度。维持较高的苗床温度，一般以20～25℃为宜，在此温度下幼苗新根发生快，接口更容易愈合。

（2）湿度。在幼苗吸收与输导功能尚未健全的情况下，要尽量降低蒸腾强度，保持适合的湿度以防止嫁接幼苗失水过度而引起萎蔫，这是影响嫁接成活的关键之一。

（3）光照。嫁接幼苗在3～5d不接受光照，不会造成大的影响，但在阳光照射下，接穗很容易因蒸腾失水而凋萎，因此必须采取遮阳措施，防止失水过多。

（4）解线或去夹。嫁接苗接口愈合稳后，要及时解线或去夹，一般5～6d后解线为宜。解线过早，嫁接苗接口愈合未稳，嫁接苗容易受伤害而出现问题；解线过迟，则会影响接合部位的长大，容易出现凹陷或畸形的问题，为防止因用力过猛而损坏幼苗，解线或去夹均应小心翼翼地进行。

手动果蔬嫁接机

★百度图库，网址链接：https://image.baidu.com/search/detail

（5）抹异芽。砧木的顶芽虽已切除，但其叶部的腋芽经一段时间仍能萌发，从砧木上萌发的腋芽不仅会跟接穗争空间、夺取水分和养分，而且也不是栽培所需要，故称异芽，应抹掉，抹异芽一般集中进行2~3次。

（6）肥培管理。当接穗破心时，要加强肥培管理，具体做法是先用小锄或竹竿松动表土层，再加上20%~30%的肥料，进行提苗。

（编撰人：莫嘉嗣，漆海霞；审核人：闫国琦）

198. 什么是嫁接机?

（1）贴接法嫁接机。贴接法采用了人工单株上苗的上苗方式，而砧木和接穗的上苗方式则采用缝隙托架上苗，其运动部件的动力为气动方式。

（2）套管法嫁接机。套管法首先需要将排成单列的砧木苗和穗木苗放置在指定位置；接着，嫁接机将自动切削完成的砧木苗和穗木苗接合在一起；最后，使用专用的弹性套管将其固定。

（3）半自动瓜科自动嫁接机。该机具有体积较小、操作方便，采用平接套管法，只需一个人操作的特点。操作人员只需以"并株"的形式将砧木苗和穗木苗送到嫁接机的托苗架上；随后，嫁接机自动完成砧木和接穗的切削、对接和安装固定套管作业。

手动嫁接机

★百度图库，网址链接：https://image.baidu.com/search/detail

（编撰人：莫嘉嗣，漆海霞；审核人：闫国琦）

199. 蔬菜秧苗嫁接机的类型有哪些?

传统人工嫁接可根据嫁接苗的实际情况灵活搭配，嫁接利用率比较高；但手工嫁接育苗存在嫁接苗成活率低、作业质量不高等问题，严重降低了蔬菜育苗嫁接的工作效率。

嫁接机是工厂化嫁接育苗生产的关键设备，其大量应用不仅可以提高嫁接苗成活率和嫁接作业工作效率，而且可以提高生产水平、降低嫁接过程难度、保证嫁接苗均匀生长，有效地提升了嫁接作业的生产和管理水平。

嫁接机是一种集机械、自动控制与园艺技术于一体的机器。它根据不同嫁接方法，在极短的时间内将接穗和砧木接合为一体，因此嫁接速度比人工嫁接快很多；同时，由于接穗与砧木接合迅速、操作规范，避免了嫁接苗内液体的流失和切口长时间暴露氧化的弊端，抑制了病菌的传播，可以显著提高嫁接成活率。

半自动嫁接机作业流程主要包括人工上苗、秧苗切削、对接及输送固定夹进行夹持，根据自动嫁接作业方式可分为贴接式和插接式两类。贴接式嫁接机可满足对瓜、茄两类大宗蔬菜苗的自动嫁接作业，嫁接速度快，接口愈合好且成长较快，嫁接成活率较高，更容易被用户接受；缺点在于需要选择合适的育种时机进行砧木和接穗的嫁接，同时贴接固定夹需要在愈合之后人工去除。插接式嫁接机通常只应用于瓜类秧苗嫁接，插接法工序简便，不需要嫁接夹，可以有效地降低病害的侵害；但由于此方法在砧木生长点切除、打孔及插接等工序对机械定位精度要求较高，操作相对严格，不容易被掌握，相对贴接法实施的可靠性较差。

当前半自动嫁接机需要操作者逐一从穴盘取出秧苗，并在愈合后去除固定夹，在嫁接效率和节省人力方面进一步提升空间有限，通过开发自动上苗机构和采用橡胶套管取代传统嫁接夹，有望实现蔬菜秧苗全自动嫁接。

自动嫁接机

★百度图库，网址链接：https://image.baidu.com/search/detail

（编撰人：莫嘉嗣，漆海霞；审核人：闫国琦）

200. 什么是蔬菜嫁接技术？

（1）嫁接的定义。嫁接是植物的人工营养繁殖方法之一，即将一种植物的枝或芽嫁接到另一种植物的茎或根上，使接在一起的两部分长成一个完整的植株。接上去的枝或芽，叫做接穗，被接的植物体，叫做砧木或台木。接穗一般选用具2～4个芽的幼苗，嫁接后成为植物体的上部或顶部；砧木嫁接后成为植物体的根系部分。

（2）嫁接的作用。

①增强植株抗病能力。如用黑籽南瓜作砧木嫁接的黄瓜，可有效地防治黄瓜枯萎病等土传病害，同时还可推迟霜霉病的发生期；用CRP（即刺茄）、番茄作砧木嫁接茄子，可以有效控制黄萎病等土传病害的发生。

②提高植株耐低温能力。选用耐低温的砧木能提高嫁接苗的耐低温能力。同时，嫁接植株根系一般都较发达，抗逆性强。如用黑籽南瓜嫁接的黄瓜在低温下根的伸长性好，在地温12～15℃、气温6～10℃时，根系仍能正常生长。

（3）有利于克服连作障碍。如黄瓜根系脆弱，日光温室栽培极易受到土壤积盐和有害物质的伤害。但用黑籽南瓜嫁接以后，土壤积盐和有害物质对嫁接植株的危害大大减轻了，克服了黄瓜连作时出现的障碍。

（4）可扩大根系吸收范围和能力。嫁接植株根系与自根苗根系相比，会出现成倍增长的现象。在相同面积上，嫁接植株可比自根苗多吸收氮钾30％左右、磷80％，且能利用土壤深层中的磷。

（5）有利于提高产量。嫁接植株茎粗叶大，可使产量增加4成以上。如番茄用晚熟品种作砧木，早熟品种作接穗，则嫁接植株不仅保留了早熟性，而且可以大大延长结果期，提高总产量。

蔬菜嫁接

★百度图库，网址链接：https://image.baidu.com/search/detail

（编撰人：莫嘉嗣，漆海霞；审核人：闫国琦）

201. 蔬菜主要嫁接方法有哪些？

蔬菜嫁接方法主要有以下4种。

（1）靠接法。它是将接穗与砧木的苗茎靠在一起，两株苗通过苗茎上的切口互相咬合而靠在一起，因此被称为靠接法。靠接法的优点是能暂时保留接穗自根系，成活后切断，其操作简便，成活率高。但靠接法费工而且效率低，嫁接苗容易在接口处发生折断现象；由于接穗苗的嫁接位置偏低，留茬处容易发生偏长，因此易发生病害。目前，该方法主要用于土壤病害不严重的黄瓜、甜瓜、番茄等在冬季种植的蔬菜中，其目的是提高蔬菜的抗寒能力。

（2）插接法。插接法用竹签去掉砧木苗顶端的生长点和真叶，并在生长点处向下插入0.5～0.7cm，拔出竹签把削好的接穗苗插入插孔内组成一株嫁接苗。插接法的优点是操作简便，占苗床面积小，但插接法对嫁接技术水平要求较高，嫁接新手在使用此方法嫁接时成功率较低。目前，该方法主要用于西瓜、甜瓜、黄瓜等以防病为目的的蔬菜栽培中。

（3）劈接法。在砧木上开楔形槽，将接穗切削成相应的楔形插入砧木的槽中，用嫁接夹固定，这便是劈接法。劈接法的优点是操作简便，成活率高，但劈接法工效较低，且接口处容易发生劈裂情况。目前，该方法主要用于茄子、番茄等茄科蔬菜。

（4）套管嫁接法。套管嫁接法采用专用的嫁接套管将砧木与接穗连接、固定在一起。专用嫁接套管材料为有一定弹性的透明塑料，有不同粗细的规格，可根据苗茎的大小适当选择。套管嫁接法的优点是操作简便，速度快，效率高。但套管嫁接法对于接穗苗茎的粗细要求非常严格，同时由于国内生产的专业嫁接套管的质量参差不齐，会出现因为胶管弹力不够而造成苗茎损伤的情况。目前，该方法主要用于番茄、辣椒等蔬菜。

蔬菜嫁接

★百度图库，网址链接：https://image.baidu.com/search/detail

（编撰人：莫嘉嗣，漆海霞；审核人：闫国琦）

202. 什么是反转双旋耕轮开沟机?

（1）样机结构。反转双旋耕轮开沟机主要由导向与限深装置、挡土导流装置、双旋耕轮、操纵控制机构、传动装置等组成。其中导向与限深装置由导向轮、调节装置以及支撑架等组成；挡土导流装置由挡土导流板及其角度调节装置组成；操纵控制机构由操纵架、挡位调节装置等组成。

（2）工作原理。动力通过皮带轮经离合器分2路传动，一路通过变速箱带动旋耕轮，另外一路通过减速装置使驱动轮带动机器前进。当机组前进方向和下图相同时，旋耕轮刀片采用顺时针旋转切土，土块随刀片旋转与挡土板碰撞并撒向沟的两侧。开沟深度由导向轮控制，挡土板角度与开度可通过机架上调节装置调节，以保证土块被抛向沟的两侧，而不至于被带回沟内。转向时，通过离合器将旋耕轮动力脱离，下压操纵架，借助倒挡与驱动轮转向、调头。安装在变速箱下的小清沟犁，可以将沟中因变速箱厚度造成的漏耕带犁碎，再由旋耕轮刀片抛出，从而减少沟中碎土残留。开沟机驱动轮与旋耕轮等幅宽，能在所开沟中行走，根据沟深不同要求，开沟机能够在沟中来回作业满足沟深需要。

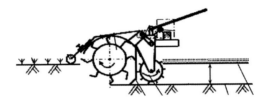

反转双旋耕轮开沟机

（编撰人：莫嘉嗣，漆海霞；审核人：闫国琦）

203. 反转双旋耕轮开沟机的驱动轮和开沟部件的作用是什么?

（1）驱动轮。驱动轮由轮毂、筋条、加强板、轮圈、板齿等组成。驱动轮的转速和工作外径决定了整机的工作效率和旋耕刀切土节距，且随着驱动轮转速或工作外径的增大而增大。因此在允许的条件下，驱动轮的外径或转速越大，工作效率越高，旋耕刀切土节距越大，则功耗也越大。

（2）双旋耕轮开沟部件。开沟部件主要由双旋耕轮和小清沟犁组成。潜土逆耕具有深耕碎土作用质量好、作业稳定、入土性好、功耗低等特点。开沟部件主要由自制弯刀、自制宽翼刀、轮毂、筋条、刀座、轮圈组成左右2个旋耕轮，其采用了反转的方式进行开沟工作。左旋耕轮全部安装自制左弯刀和自制左宽翼刀，右旋耕轮全部安装自制右弯刀和自制右宽翼刀，为了保证旋耕轮刀切土均匀且能以消耗更少的功率将切下的土块抛落到沟面，刀轮回转半径设计为300mm，安装后的双旋耕轮距离为250mm，即开沟宽度为250mm左右，每组旋耕轮安装16把刀，两两密排均匀分布在轮毂上。

驱动轮开沟部件

（编撰人：莫嘉嗣，漆海霞；审核人：闫国琦）

204. 开沟机有哪些分类与功能？

（1）铧式犁开沟机。其具有结构简单、速度快、效率高、工作可靠等优点。但是由于存在结构笨重、牵引阻力大、沟边留下的垡条大且不能自动分散，开好的沟渠还需人工修理等缺点，它的使用范围被大大限制了。

（2）铣刀盘开沟机。其具有牵引阻力小、适应性强、作业质量好等优点，所以使用广泛。此类型开沟机是由一个或者两个高速旋转的圆盘为主要工作部件构成的，其圆盘两侧对称安装不同数量规格的铣刀和削壁刀。这种开沟机的开沟断面呈上口宽、沟底窄的倒梯形，沟深由圆盘直径决定，沟宽可通过更换不同铣刀调节。

（3）螺旋式开沟机。立式螺旋开沟机集立铣、轴向提升、螺旋叶片惯性抛撒等原理于一体，使开沟过程中的切削、提升、抛撒一次完成。

（4）圆盘式开沟机。圆盘式开沟机技术相对成熟，尤其以正转旋耕圆盘式开沟机为主。该种类型开沟机的开沟部件是圆盘式结构，利用动力输出轴带动刀盘旋转切削土壤，该种类型的开沟机具有碎土能力强，沟壁平整的工作特点，而且能抢农时、省农力，因此广泛应用于果园、菜地、稻田水耕及旱地播前整地。

（5）链刀式开沟机。链刀式开沟机的开沟部件为带刀片的链条，刀齿切割土壤并随着链条的传动将其带至地面，再用螺旋输送器将土运至沟的一侧或两侧。链式开沟机整机结构简单、组装方便，所开沟具有沟壁整齐，沟底不留回土，沟深和沟宽易于调节的特点。

开沟机

（编撰人：莫嘉嗣，漆海霞；审核人：闫国琦）

205. 什么是蔬菜大棚开沟筑埂装置?

　　筑埂机为在灌溉地区用于修筑地面畦埂的机具，其主要由机架、刮土板、镇压装置组成。筑埂机的主要部件为刮土板和镇压装置。

　　（1）刮土板。两刮土板夹角的大小影响机组的阻力，当角度增加时，机组的阻力增加。刮土板可加长，调节方便。刮土板曲面制成犁体曲面，在工作过程中起刮土、推土、翻转、输送作用。

　　（2）镇压装置。镇压装置即为镇压轮，镇压轮都是根据要求的埂形设计。滚动的镇压轮使埂一次性压实成型，其对埂的压力由镇压轮自身重力和弹簧压力共同组成，这大大减轻了镇压轮重量，同时压力还可以调节。镇压轮配置在筑埂机的最后面，可加强机组的稳定性。

　　筑埂是一项费工、费时、劳动强度大、作业质量要求较高的一道工序。该工序的好坏，直接影响作物生长的土壤环境，并影响种植、施肥和田间管理。而筑埂质量的好坏与埂的大小均匀性、埂的笔直度和坚实度直接相关。

开沟机

（编撰人：莫嘉嗣，漆海霞；审核人：闫国琦）

206. 旋转圆盘式开沟机如何改进？

（1）改造前结构。原有开沟机上左右各3把刀，共有6把弯刀片，刀片周长为150mm，侧切面与正切面约呈50°，圆盘回转外径700mm。实际操作表明，此结构形式下开沟深度180～250mm，宽度150～200mm，且开沟沟壁显得比较毛糙，沟底起伏大，稳定性差，抛土略有不畅，无法适应开沟作业要求。

（2）改造后结构。加大沟宽沟深，更多的土壤在切土、碎土和抛土运动过程中会增加功耗，将开沟刀盘最大回转外径增加到850mm，以降低行驶速度。同时为加强弯刀片的切土动作，采用螺栓连接8把弯刀和圆盘固定刀座连在一起，圆盘上装4把左弯刀、4把右弯刀，分4个切削面，左右切削面宽度均等，大于刀片宽度，刀片周长增加到200mm，以增加开沟深度，左右弯刀各置于刀盘两侧，保证每隔45°角有一刀片入土，且保证左右交替入土，以有利于刀盘的受力稳定均衡。将弯刀片侧切面与正切面交角加大到60°，以增加开沟宽度。弯刀片在刀盘相隔180°角处采用螺栓连接安装2个切壁刀，保证开沟沟壁平整度和沟宽均匀度，增加稳定性。旋转轴上设计独立离合装置，更有利于操作。

（3）工作原理。利用开沟机的动力轴，通过皮带轮传动带动旋转轴，从而带动开沟机旋转刀盘旋转，刀盘上的旋转弯刀切削土壤将其前抛并一次破碎，当被切削土壤落到开沟盘上时，会再次碰到尾随而至的旋转弯刀。在土壤自身重力、离心惯性力、支持力等作用下朝沟两边的前方和横向上抛送，抛送的过程中一部分土壤颗粒碰撞到刀盘正上方的挡泥板，产生3次碎土，最后落到沟的两边，完成开沟切土、抛土、碎土等一系列工作过程。

旋转圆盘式开沟机

★百度图库，网址链接：https://image.baidu.com/search/detail

（编撰人：莫嘉嗣，漆海霞；审核人：闫国琦）

207. 大垄双行膜下滴灌铺膜机如何使用？

（1）总体设计。铺膜机主要组成部件由机架焊合、开沟器装配、夹膜辊装配、压膜轮装配、覆土器装配、滴灌带支架、滴灌带张紧等构成。拖拉机本身的特性决定了铺膜机与拖拉机的连接方式，利用拖拉机的三点悬挂装置，能够满足该机的动力输入，同时限制了该机工作过程中的下沉和上浮。

（2）部件参数的确定。

①机架焊合。机架焊合采用钢管50mm×50mm×4mm框架，由后梁、横梁等焊合而成。

②单向开沟器焊合。单向开沟器焊合分为左、右两组，由单向梨体曲面板、直面板、开沟器柄等组成。根据不同土质的特性，改变其与前进方向的夹角，来改变向垄侧面翻土量的大小，以满足铺膜覆土要求。

③夹膜辊装配。由两组挂膜架焊合、顶尖、螺栓、弹簧组成。铺设地膜的过程中，对地膜要求有一定的预紧力，通过改变挂膜杆的位置，靠弹簧的张紧力来满足要求。

④压膜轮装配。压膜轮装配由两个调节杆及螺栓连接到轮上，通过调整压膜杆高度来调整压膜轮压紧力，达到压膜最佳效果。

⑤滴灌带支架。安装滴灌带支架的过程，首先把滴灌带轴从滴灌带支架一侧放入，同时安装两个锁紧螺母和一个定位环，然后安装滴灌带盘，接着定位环、锁紧螺母，最后从另一侧滴灌支架穿出。调整好滴管带位置后，用锁紧螺母固定好定位环，并固定滴灌轴和支架的相对位置。

⑥滴灌张紧轮。滴灌带张紧轮的作用，一个是张紧，另一个是定位滴灌带的铺设位置和滴灌带孔的方向。

⑦圆盘覆土器。铺膜机使用了圆盘式覆土器，其优点是扩大了覆土圆盘内侧空间，作业时不拖土、不挂草和秸秆，具有功能全、调整方便、作业质量好、效率高、故障少的优点。

大垄双行膜下滴灌铺膜机

★百度图库，网址链接：https://image.baidu.com/search/detail

（编撰人：莫嘉嗣，漆海霞；审核人：闫国琦）

208. 地膜覆盖机如何正确使用？

（1）正确操作。

①铺膜机组进地后，应与待铺垄（畦）的中心线对正，将地膜用手向后拉出0.5～1m，并压牢端头与两侧，再将压膜轮压在地面两边，即可进行正式作业。

②机组作业中要匀速、直线行驶。用畜力牵引的铺膜机，为保证铺膜质量，要由专人牵好牲畜。

③作业中，辅助人员要经常检查开沟、起垄、喷药、铺膜、压膜、覆土、打孔、播种等作业质量，一旦发现问题，立即停机检查。

④机组在地头转弯时，留足地头的地膜用量，剪断后，再人工补种、补铺，然后压牢。

⑤铺后，在膜上每间隔1～2m压上少量土壤，以防大风刮膜。

（2）常见故障及排除。

①横向皱纹。这是由于地膜纵向拉力小于横向拉力，前进速度不均匀等原因所致。解决办法：减小左右两压膜轮的压力；增加膜卷的卡紧力；机组前进速度要均匀一致。

②纵向皱纹。这是由于地膜的纵向拉力大于横向拉力等原因所致。解决办法：增加左右两压膜轮的压力；减小膜卷的卡紧力；适当降低机组前进速度。

③斜向皱纹。原因是牵引时机组未能直线行驶，或是左右压膜轮压力大小不一致。解决办法：提高操作技术水平，使机组直线行进；调整两压膜轮，使其压力均匀一致。

④地膜偏斜。因机组未能直线行驶，或膜卷安装不正、膜卷本身卷绕不齐所致。解决办法：将膜卷重新对正畦面，并与机组前进方向垂直；机组要匀速、直线行驶；检查膜卷，必要时更换。

⑤压膜轮压不住地膜。这是由于机组行驶不正、地膜宽度与畦面不配套和地膜本身卷绕质量不佳等原因造成的，应根据具体情况解决。

地膜覆膜机

★百度图库，网址链接：https://image.baidu.com/search/detail

（编撰人：莫嘉嗣，漆海霞；审核人：闫国琦）

209. 地膜覆盖机如何故障排除?

在做好整地、做畦、选膜、试铺等铺膜准备后,使用地膜覆盖机还要特别注意使用中出现的地膜皱纹、偏斜等故障。

地膜纵向拉力小于横向拉力,前进速度不均匀等原因可导致横向皱纹的出现。可以通过减小左右两压膜轮的压力、增加膜卷的卡紧力、保持机组匀速前进等方法来解决。

地膜的纵向拉力大于横向拉力等原因可导致纵向皱纹的出现,可采取增加左右两压膜轮的压力、减小膜卷的卡紧力或适当降低机组前进速度的方法,来排除纵向皱纹的出现。

牵引时机组未能直线行驶,或是左右压膜轮压力大小不一致时,则会出现斜向皱纹。解决办法:提高操作技术水平,使机组直线行进;或者调整两压膜轮,使其压力均匀一致。

机组未能直线行驶,或膜卷安装不正、膜卷本身卷绕不齐都可能导致地膜偏斜。在铺膜中,应将膜卷重新对正畦面,并与机组前进方向垂直;机组要匀速、直线行驶;检查膜卷,必要时更换。

机组行驶不正、地膜宽度与畦面不配套和地膜本身卷绕质量不佳等原因,都会导致压膜轮压不住地膜的现象的出现。可根据具体情况、采取相应措施解决。

铺膜后卷边、两侧破碎。对出现卷边的,应增大压膜轮的压力,减小覆土铲的偏角,调整覆土铲与地膜之间的距离。出现破膜现象的,应减小两压膜轮的压力,检查整地质量。

地膜覆膜机

★百度图库,网址链接: https://image.baidu.com/search/detail

(编撰人:莫嘉嗣,漆海霞;审核人:闫国琦)

210. 什么是沟畦覆盖法?

沟畦覆盖法，是在细致整地、施足底肥、具有充足底墒的情况下做畦，但它与高畦地膜覆盖相反，要做成低矮的沟畦，于沟畦内播种或栽苗，在其上部覆盖地膜，呈现沟棚式的保护栽培方式。这种方式可同时具有提高地温与气温的作用，兼具近地面覆盖与地膜覆盖的双重效应，还具有抗御风、雨、冰雹、霜冻危害，易于培土护根防倒伏等优点。它可在晚霜结束前大幅度提前播种或定植，和一般地膜覆盖栽培相比，其早熟增产效果更稳定，适用于瓜类、茄果类、叶菜类、豆类等多种蔬菜。

沟畦覆盖栽培法，可较一般地膜覆盖栽培早定植、早播种15～20d，因而育苗期和播种期以及整地施肥做畦时间也应相应提前。一般应深耕20～25cm，充分碎土，结合深耕每亩施入有机肥5 000kg，还可增施磷酸二铵、复合肥、过磷酸钙，以提高土壤肥力。

沟畦覆盖的管理特点如下。

（1）为了保证较高的出芽率，播种用的种子要精选及晒干。要相应提早育苗期，培育耐寒的健壮秧苗，要求带小花蕾定植，因大花蕾定植后会在膜下开花，一旦遇高温高湿或低温，开花坐果就会不良，又难以实施蘸花保果措施，所以带小花蕾定植较为适宜。定植后可能遇严重霜冻而死苗，应多准备一些苗，数量可增加1倍，以保证全苗。

（2）整地、施肥、灌水做沟畦，应较一般地膜覆盖提前15～20d。开沟做畦会使肥沃表土培于高垄处，作物生长处多为生土，故应在畦沟内施入优质有机肥1 000kg，加入适量的磷酸二铵、复合肥及过磷酸钙等肥料，掺粪并使土与肥料充分混合。同时整修好畦壁及畦面，准备定植。

（3）整地做畦时要考虑地膜的幅宽，以每边都能压盖严实为原则，特别是顺畦向覆盖时更应注意幅宽，防止风吹揭开地膜或雨后压沉地膜损坏幼苗。

沟畦覆盖法

★百度图库，网址链接: https://image.baidu.com/search/detail

（4）要进行通风炼苗，沟畦内留有一定的空间，湿度较大，在气温高达30～40℃时不会损伤幼苗，但在暴晴天气温急剧升高或于晚霜后，要防止沟畦内温度过高，可在畦面薄膜上每隔40～50cm戳洞放风；晚霜后要使幼苗露出膜外，在薄膜上开孔放苗，并下压地膜用土封严苗孔，由"盖天"变为"铺地"。此后可追肥、灌水、蘸生长素保果，促进作物加速生长，为早熟、高产提供良好条件。

（编撰人：莫嘉嗣，漆海霞；审核人：闫国琦）

211. 什么是平畦覆盖法？

此种覆盖方法是将地膜直接覆盖在平畦的表面，可增温保墒，促进种子萌发出土，主要用于小白菜、油菜、茴香、茼蒿、小萝卜等快熟菜或较耐寒的蔬菜播种后的短期覆盖，以及用于育苗在播种后为增温保水而进行的短期覆盖。平畦覆盖一般在出苗后即应放风炼苗，逐步撤去地膜。在干旱缺水、蒸发量大的地区及水源缺乏地区，采用此法会较一般露地栽培有良好的节水、保苗、提早生育期的效果。这种覆盖方法操作简单，省力省工，但在畦内灌水时易使畦面积水积土，从而地膜的透光性变差，而且易使土壤板结。

具体方法：在整地施足底肥的基础上，做一般常规平畦，播种后顺畦向或与畦向垂直覆盖地膜，地膜直接贴盖于畦表，待幼苗出齐后及时揭除地膜，防止膜下幼苗受高温灼伤；如定植时，可于覆膜后在膜上打孔栽苗，栽苗后封严定植孔，按一般田间管理灌水、追肥、喷药防治病虫害等。

平畦覆盖法

★百度图库，网址链接：https://image.baidu.com/search/detail

（编撰人：莫嘉嗣，漆海霞；审核人：闫国琦）

212. 什么是平畦近地覆盖法？

（1）覆盖方式。平畦近地面覆盖栽培是一种简单而有效的地膜覆盖栽培方式，应用较为广泛，按有无支撑物可分为两种。

①无支撑物平畦近地面覆盖栽培法。在细致施足底肥的基础上，按要求的行距（一般90～100cm）开沟分土做15～20cm的畦埂，将埂两侧踏实镇压，开沟处为作业道沟，两畦埂间形成40～45cm的平畦，在畦中再施入精细有机肥及部分化肥，掺匀并搂平畦面。

②有支撑物平畦近地面覆盖法。按上述方法做40～45cm宽的平畦，在畦内播种或定植两行蔬菜。为了有效地支撑地膜，抗御风雨的危害，在两侧畦埂上横向距离30cm左右插设细竹竿、荆条等支撑物，呈小矮拱架，每小拱间有纵向拉杆连接并固定。小矮拱架的宽度及高度依拱架材料及所用地膜的幅宽而定，一般高30～40cm。覆盖地膜后，四周要压严，呈小矮拱棚近地面覆盖形式。

（2）注意事项。

①采用无支撑物平畦近地面覆盖法，畦埂应结实，畦面不宜过宽，否则地膜难于固定。此外，在大风或降雨时膜面易积水和积土，要及时清除，否则地膜容易下沉压伤幼苗。

②采用有支撑物近地面覆盖法，为节省成本，矮拱棚高度不宜超过40cm，以覆盖棚中蔬菜不接触薄膜为宜。

③近地面覆盖栽培应与风障保护措施相结合，以有利于防止大风损伤薄膜，创造适宜的小气候，促进作物提早成熟。

④撤除覆盖地膜前，无支撑物覆盖的地膜应打孔，有支撑物覆盖的应在南侧扒缝放风，以便降温炼苗；其时间应从定植缓苗后及播种出苗子叶展开时开始；通过炼苗使其适应外界条件，切忌陡然撤膜，损伤幼苗。撤膜时间因作物而异，但均应在晚霜后进行。

平畦近地覆盖法

★百度图库，网址链接：https://image.baidu.com/search/detail

（编撰人：莫嘉嗣，漆海霞；审核人：闫国琦）

213. 蔬菜地膜覆盖有哪几种方法？

（1）适合栽培黄瓜、青椒、番茄、茄子等蔬菜的覆盖形式。将幅宽90～100cm、厚0.01～0.008mm的地膜平铺在高畦畦面上，地膜的两侧埋压在畦顶向下的2/3～3/4处。高畦的规格是，畦底宽100～110cm，畦面宽80～85cm，畦高10～15cm，畦沟宽30～40cm。做畦时，畦心应略高，以利于铺膜严密。

（2）适合栽培圆葱、甘蓝等蔬菜的覆盖形式。平畦宽100～110cm，畦长可根据地块自定。定植前可将地膜平铺在畦面，四周用土压实。这种形式比高畦省工，但灌水时容易污染畦面，提高地温不明显。

（3）适合栽培青椒、甘蓝等蔬菜的覆盖形式。采用大垄，其垄底宽73cm，垄面宽40cm，垄高17cm。地膜覆盖在垄面上，每垄定植双行或3行。

（4）适合栽培大架芸豆的覆盖形式。采用小垄，其垄底长53cm，垄面宽33cm，垄高16cm。地膜覆盖在垄面上。

（5）适合早春小白菜、水萝卜、宿根菜的覆盖形式。在早春小白菜、水萝卜播种后，或老根菠菜、韭菜等宿根菜返青前，将地膜短期覆盖在畦面上，可促其生长，使其早熟。

（6）适合栽培青椒、黄瓜、甘蓝、番茄、芸豆等蔬菜的覆盖形式。在高畦畦面上做成宽40～50cm，深15～20cm的沟，将菜苗定植（或直接种）在沟内，然后覆盖地膜。缓苗（出苗）后把植株顶部的地膜扎眼或割口放风，晚霜过后将苗引出膜外，采用这种形式应在晚霜前提早定植。

（7）适合栽培马铃薯的覆盖形式。在高畦畦面或大垄垄面上，用打眼器按株行距打15cm深的定植孔，将种子或菜苗定种在孔内，然后覆盖地膜，出苗或缓苗后扎眼放风。

（8）适合栽培青椒、黄瓜、茄子等蔬菜的覆盖形式。将大垄破成双垄，将种子或者菜苗播种或定植在双垄的内帮上，然后覆盖地膜。使菜苗或种子在两垄之间的空间中生长一段时间，晚霜过后将苗引出膜外。

蔬菜地膜覆盖

★百度图库，网址链接：https://image.baidu.com/search/detail

（编撰人：莫嘉嗣，漆海霞；审核人：闫国琦）

214.蔬菜地膜覆盖栽培中应注意哪些问题？

（1）肥力不足。土壤有机质含量减少，是作物生长早衰的原因之一，影响早熟增产。地膜覆盖能使多种作物增产30%～50%，同时也需要更多的肥料。因此地膜覆盖要增施有机肥，秸秆还田，并要求施入迟效性肥料及磷、钾肥（作基肥一次性施入），保持肥力，提高地力，才能使地膜覆盖获得长期稳定的增产增收效果。基肥、有机肥都不足时，再加上没有强调适当深施环节，土壤肥力下降，地膜覆盖的增产作用也就难以正常发挥。

（2）整地粗放，底墒不足。种子发芽出土及植株根系生长需要充足的水分，如整地不细，做畦粗糙，坷垃多，毛细管作用差，土壤含水量不足，即使地温增高，土壤疏松，种子也难以萌发出土，严重时会推迟出苗期或缺苗断垄。

（3）铺地膜技术。铺地膜时，不能与地面贴得过紧，否则就会失去增温、保水、保肥的作用，而且容易被大风吹起毁膜伤苗。正确的做法是，膜与畦的配比要适当。蔬菜地铺膜时，把幅宽80～90cm的膜紧贴在地膜畦宽60～70cm的地表上，顺着畦边缓坡用细土压严，两端用土埋实，并于畦的长度中间隔2m处压一小土堆，防止风吹揭膜；同时要检查膜面有无漏洞，如有可用细土封闭。保护地栽培时，由于无风揭膜，故可不必将膜边压土。

（4）播种与定植期选择。地膜覆盖提高地温明显，对气温影响很小，大幅度地提早播种期和定植期，会使秧苗遭受晚霜的危害。所以播种期与定植期以晚霜过后越早越好（耐寒性蔬菜除外）。改良式地膜覆盖与地膜加小拱棚覆盖栽培的，可提前至晚霜前。

（6）防治病虫草害。地膜下滋生的杂草，既消耗土壤肥力，影响蔬菜生长，又容易传播病虫害。地膜覆盖改变了田间生态环境，加快了蔬菜作物整个生育进程，病虫害的消长规律也相应发生了变化。有些病虫害受到抑制，而有些则提早发生和蔓延，所以要做好准备及时进行防治。

（编撰人：莫嘉嗣，漆海霞；审核人：闫国琦）

215.蔬菜膜上灌节水栽培技术如何应用？

（1）膜上灌的优点。膜上灌可以将田面水通过放苗孔或专用渗水孔，只灌蔬菜，类似滴灌，属局部灌溉，减少了沟灌的田面蒸发和局部深层渗漏。同时膜上灌与沟灌相比均匀度有很大的提高，为蔬菜生长提供较适宜的水分条件，有利于蔬菜吸收且土壤不板结。据测算，膜上灌比沟灌能增产15%～20%。膜上灌是在原覆盖蔬菜的地膜上流水，一膜多用，是一项值得推广的、经济的农田节水技术。

（2）膜上灌的适用范围。膜上灌是利用蔬菜栽培覆盖的地膜作为防渗材料，因而凡是实行地膜覆盖的作物，都可以推广使用，特别是干旱、高寒、早春缺水、气温低、蒸发量大、土壤板结、坡度大、保水保肥性差的地方，更适宜推广膜上灌技术。

（3）膜上灌常用形式。

①膜孔沟灌。此形式是将土地整成沟垄相间的地块，在沟底和沟坡甚至一部分垄背上铺塑料膜，蔬菜种在沟坡或垄背上。沟的规格依作物而异，一般沟深30～40cm，沟距80～120cm。水流通过沟中地膜上打的专门渗水孔或用沟坡上的蔬菜放苗孔渗入土中，再通过毛细作用浸润蔬菜根部。渗水孔的多少和大小根据土壤和蔬菜灌水量而定，沙性土壤孔径大、孔距密，黏性土则相反。

②膜缝沟灌。此形式是将地膜铺在沟坡上，沟底两膜相会处留有2～4cm的缝隙，水流通过缝隙渗入土中。

③细流膜上灌。此形式是在第一次灌水前追肥时，用专门机械将蔬菜行间的地膜划开一条膜缝，再压成一个"U"形小沟。灌水时，将水放入"U"形小沟内进行灌溉，类似膜缝沟灌，但进沟流量很少，该法适合于大坡度地区应用。

蔬菜膜

★百度图库，网址链接：https://image.baidu.com/search/detail

（编撰人：莫嘉嗣，漆海霞；审核人：闫国琦）

216. 什么是机械式精量铺膜播种机？

（1）结构组成与工作原理。它与拖拉机采用三点悬挂装置挂接，主要由主机架、膜床整形机构、压膜机构、展膜机构、覆土机构、播种机构等部分组成。工作前，先将机具提离地面200mm左右，将地膜横头从膜卷上拉出，经导膜杆、展膜辊、压膜轮、穴播器、覆土滚筒、镇压轮拉到机具后面，用土埋住地膜的横头，然后放下机具。随着机组的前进，机具前部的镇压辊将土壤表面压实，开沟圆盘将膜沟开出，压膜轮将地膜两侧压入沟中，膜边覆土圆盘将土覆在膜边上压住地膜。机械式精量穴播器将选定的种子送进鸭嘴打好的种穴中，完成精准定量播种。膜上覆土圆盘将土翻入覆土滚筒内，覆土滚筒在膜上滚动时，覆土滚筒内的导土板将土输送到种行上，膜上镇压轮对种行进行镇压。

（2）机具特点。①主要工作部件采用有较好适应性的浮动结构。②采用二次覆土，调整方便，种子与膜孔无错位现象。③穴距、行距可调，可适应不同的农艺要求。④采用二级覆土装置，铺膜质量好。⑤同型号、同类别的零件、部件均能互换，易于更换和修复。⑥采用圆盘刀开沟，沟壁整齐，膜沟成形好，使膜边不易卷曲。⑦无论是开沟圆盘或覆土圆盘，它的角度可调，可适应不同的土质和作业要求。⑧采用上、下种子箱结构，使加种更省时，更方便。⑨采用橡胶压膜轮，使膜铺得更平展。⑩种孔带镇压轮采用零压胶圈，该结构不粘土，并能提高对种带的镇压效果。

机械式精量覆膜播种机

★百度图库，网址链接：https://image.baidu.com/search/detail

（编撰人：莫嘉嗣，漆海霞；审核人：闫国琦）

217. 什么是不锈钢切菜机?

（1）不锈钢切菜机适用于硬、软各种根、茎、叶类蔬菜和海带的加工，可切制成片、丁、丝、块、菱形、曲线形多种花样。

（2）参数。①离心切片厚度2~10mm可调。②传送带切片切丝厚度1~25mm可调。③菱形刀片切出厚度为16mm。④切丁刀片切丁宽度为19mm。

（3）安装。工作前先试切，观察所切蔬菜规格与要求规格是否一致，否则应调节切片厚度或切菜长度，符合要求后进行正常工作。先转动可调偏心轮，使架行至下死点后，再使架向上抬起0.5mm，使竖刀与输送带接触后，紧固螺母把竖刀紧固在刀架上。另外高架抬起高度可根据所切蔬菜选择适合的高度。

（4）切菜长度调整。转动可调偏心轮，松开连杆紧固螺钉，切细丝可移动支点，由外向里；切粗丝时可移动支点，由里向外，调好后紧固调整螺钉。

（5）切片厚度调整。根据切片机构的结构，选择合适的调整方法。

（6）速度调整。速度调整是通过调节三角带的张紧度来实现的。调整机器后方调整螺杆即可使三角带张紧，调整方法为旋转螺杆；切片机构张紧度可调整电机板螺母达到张紧的目的。

不锈钢切菜机

★慧聪360，网址链接：https://b2b.hc360.com/viewPics/supplyself_pics/.html

（编撰人：莫嘉嗣，漆海霞；审核人：闫国琦）

218. 蔬菜收割机的割茬高度如何调整?

割茬高度调整机构由直流电机、丝杆升降器及行走轮等组成。直流电机与丝杆升降器直接连接，由同步轴连接两个丝杆升降器，行走轮安装在丝杆升降器的丝杆下端。

割茬调整机构根据不同叶菜类蔬菜的种类与生长状况，确定出不同的割茬高度。控制装置给出不同的信号控制直流电机转动，带动丝杆升降机进行升降运动，从而实现不同的种类与不同生长状况的蔬菜具有不同的割茬高度。

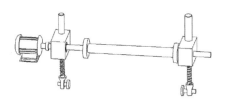

割茬调整机构

（编撰人：莫嘉嗣，漆海霞；审核人：闫国琦）

219. 蔬菜收割机的割幅如何调整?

割幅调整机构由主调整机构与微调整机构组成。主调整机构主要包括双向丝杠直流电机及割刀放置器；微调整机构包括小型双向丝杠、手轮及幅宽控制器。

整个调整机构安装在收割机支架的前端；联轴器与双向丝杠将直流电机进行连接，双向丝杠上的方形螺母与割刀放置器连接在一起。直流电机转动时，双向丝杠转动，带动方形螺母进行直线移动，从而实现了收割行距的调整。微调机构中的小型双向丝杠上的方形螺母直接固定幅宽控制器，通过摇动两侧的手轮对幅宽控制器的间距进行调整，进而实现对不同蔬菜的夹持输送宽度的调整。

割副调整机构

（编撰人：莫嘉嗣，漆海霞；审核人：闫国琦）

220. 什么是蔬菜自动收割机?

叶菜类蔬菜之间的生态学特性各异，而且生长周期短，因此收割难度大、收割即时性强。若采用人工收割的方式，此方式劳动强度大，收割质量难以控制，进而影响蔬菜品质，降低叶菜价值。而智能自动化叶菜类蔬菜收割机能有效提高生产效率，降低劳动强度。

叶菜类蔬菜收割机采用蓄电池做直流电源；在收割机的前端设置割茬高度调整机构，由直流电机与丝杆升降机组成，丝杆升降机由直流电机驱动进行上下移动；前端底部装有割幅调节装置，由电机进行驱动，也可由人工对割幅进行微调；收割机的中部设置了蔬菜输送机构，由两级输送机构组成，分别由两个直流电机进行动力输入；行走则由直流电机直接驱动行走轮进行移动；收割机尾部设有蔬菜收集箱对蔬菜进行收集。割茬调整机构、分禾器、割幅调整机构、输送机构、输送直流电机、前进扶手、控制箱、行走轮及收集箱全部装在机架上，由直流电机驱动的割刀布置在割幅调整机构上。

直流电机与丝杆升降器直接连接，二者安装在机架的前端；分禾器安装在机架的前端中部；割幅调整机构安装在机架的前端下部，割刀则布置在割幅调整机构上的割刀放置器上；输送机构前端安装在割幅调整机构的前端，中部布置在机架中部上，尾部则安装在机架的尾部；蓄电池放置在机架的中下部；驱动轮布置在蓄电池的下部与机架相连；控制箱安装在机架的中部右侧；蔬菜收集箱安装在机架的尾部，前进扶手与机架尾部的凸起处相连。

工作时，确定好收割蔬菜种类，由控制箱发出信号，幅宽调整机构与丝杆升降机进行运动，使割刀运动到合适的收割位置，两者动作停止。此时，割刀开始工作，行走轮在直流电机的驱动下开始进行行走；输送机构在输送电机的带动下进行动作，输送机构中先由一级输送装置将收割的蔬菜进行空间90°翻转并运送到二级输送装置上；二级输送装置将蔬菜输送到蔬菜收集箱中。

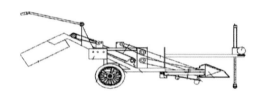

蔬菜收割机结构

（编撰人：莫嘉嗣，漆海霞；审核人：闫国琦）

221. 现代果蔬清洗机的特点是什么？

果蔬清洗机，是在洗菜机工作时，给臭氧发生器供电，臭氧发生器产生臭氧，由臭氧泵通过臭氧管输送到洗菜机的洗涤桶中，与洗涤桶中的水接触，溶解在水中形成臭氧水，臭氧水具有很强的杀菌、消毒、降解农药的作用。

洗菜机工作起来无需洗涤剂，对环境无污染、安全无毒、抗菌效果好、可清除残留农药90%左右，远远高于国家要求的50%的农药残留，更高于一般家庭清洗的效果（一般家庭清洗清除率只在10%～20%）。洗菜机对果蔬无损伤、使用方便，对双手保护也有特别好的作用，主要功能和原理如下。

（1）食物净化、消毒灭菌。由表及里的降解蔬菜、水果中残留农药等有毒物质，清除海鲜、肉类中的抗生素、化学添加剂、激素、重金属离子等有害物质。

（2）净化空气。可除去新装修、新家具等散发出来的甲醛、油漆味等有害物质。

（3）果蔬保鲜。清洗过的果蔬肉类等食物，可延长保鲜期7d；同时可去除冰箱中的异味。

（4）美容保健。解毒洗菜机处理过的水可活化皮肤细胞，促进血液循环，加速新陈代谢。

（5）养鱼、浇花。解毒洗菜机处理过的水养鱼，使鱼儿更加活跃，用来浇花可防止病虫害。

果蔬清洗机

★百度图库，网址链接：https://image.baidu.com/search/detail

（编撰人：莫嘉嗣，漆海霞；审核人：闫国琦）

222. 什么是巴氏杀菌流水线清洗机？

蔬菜初步清洗包装完成后，需要利用巴氏杀菌流水线清洗机对包装完成的产品进行进一步的水浴清洗杀菌，其加工过程为：杀菌—冷却—风干沥水。巴氏杀菌流水线是在吸收、消化国外样机的基础上设计而成，采用循环温水预热，循环热水杀菌，循环温水预冷，再用冷却水喷淋冷却4段处理形式。具有杀菌温度自动控制，杀菌时间无级调速等优点，能广泛应用于加工各种蔬菜的袋装及罐装产品。

巴氏杀菌流水线杀菌的原理是：在一定温度范围内，温度越低，细菌繁殖越慢；温度越高，繁殖越快，但温度太高，细菌就会死亡。不同的细菌有不同的最适生长温度和耐冷、耐热能力，巴氏消毒其实就是利用病原体不是很耐热的特点，用一定温度的水经过一段时间处理蔬菜，将病原体全部杀灭。但经巴氏消毒后，仍保留了小部分无害或有益、较耐热的细菌或细菌芽孢，不过这足以延长蔬菜产品保质期。

巴氏杀菌清洗流水线

★百度图库，网址链接：https://image.baidu.com/search/detail

（编撰人：莫嘉嗣，漆海霞；审核人：闫国琦）

223. 如何认识蔬菜清洗机?

清洗机包括两种类型,一种是传统清洗机,它的原理是利用机械性的物理摩擦力来除去蔬菜表层的异物,典型的传统清洗机有滚筒式的、毛刷式的、气浴式的和水梳式的。另一种清洗机是新型清洗机。

(1)传统蔬菜清洗设备。

①整菜清洗机。整菜清洗机的原理是利用滚筒和毛刷两种方式来进行清洗,并且大都加装喷水淋洗来提高清洁度。具体流程是分别用滚筒、毛刷、喷水来与蔬菜进行物理相互摩擦以除去杂质。多用于对萝卜、瓜果、马铃薯、莲藕等具有一定硬度的蔬果进行整菜清洗。

②鲜切蔬菜清洗设备。鲜切菜清洗设备的原理是利用气浴和淹没射流两种方式来清洗,主要是靠水流和气泡与蔬菜之间的耦合作用力来清洁蔬菜。这种设备清洗方式相对比较柔和,对蔬菜的损伤较小,使蔬菜能保存更久的时间,并且具有较高的效率,能够连续生产,因此比较适合叶类蔬菜、根茎类蔬菜和切制后的小尺寸蔬果丁块等的清洗。

(2)新型蔬菜清洗设备。由于传统蔬菜清洗设备是采用物理相互作用力来去除蔬菜表层杂质,没办法清楚农药残留和病菌,需要添加杀菌消毒液在清洗液中,但这样又很难控制消毒液浓度。新型蔬菜清洗设备解决了这个问题。这种设备利用超声波和臭氧的结合来清洗,主要是通过超声波空化原理和臭氧气泡来去除蔬果表层杂质,多用于叶类、根茎类和瓜果类等的清洗。这种设备可以去除蔬果褶皱和凹坑的杂物,效率高,并且有去除农药残留和杀菌灭毒的作用。

蔬菜清洗机实物图

★百度图库,网址链接: https://image.baidu.com/search/detail

(编撰人: 莫嘉嗣,漆海霞; 审核人: 闫国琦)

224. 蔬菜清洗设备如何分类?

蔬菜清洗除了包括对蔬菜表层的沙粒、虫卵等异物的清除,还要清除蔬菜表面的残余农药以及对蔬菜进行除菌消毒。目前大多蔬菜清洗机的清洗工作都需要消耗大量人力来实现，因此具有自动化程度低、耗费人力多、智能性差、清洗速度慢、消耗水量多等问题，距离实现蔬菜加工生产的高效化还有一定的差距。针对蔬菜清洗机的不同性质可以进行以下分类。

（1）按清洗的蔬菜品种分类。有叶菜清洗机、果菜清洗机和根菜清洗机。

（2）按采用的清洗技术分类。有巴氏杀菌流水线清洗机、超声波蔬菜清洗机和传统清洗机。其中传统清洗机又包含了振动清洗机、滚筒清洗机、螺旋清洗机、气泡清洗机、高压清洗机等。

（3）按清洗机功能分类。分单一功能清洗机和多功能清洗机。相比单一功能清洗机只能完成一道蔬菜清洗工作的局限性，多功能清洗机具有集成性能，可以将清洗、灭菌、消毒、冷却等多道工序整合在一起，在每一次的蔬菜清洗过程中依次完成。

蔬菜清洗设备

★百度图库，网址链接：https://image.baidu.com/search/detail

（编撰人：莫嘉嗣，漆海霞；审核人：闫国琦）

225. 什么是超声波臭氧清洗机？

超声波臭氧清洗设备主要由超声波发生器、臭氧发生器、清洗槽等组成。超声波清洗是利用超声波在液体中传播时产生的超声空化作用，实现对蔬菜的清洗。当超声波作用于液体时，液体中某些点会经历周期性的压缩、膨胀过程。处于膨胀相时，若此时声压的幅值小于该点所在温度的液体饱和蒸汽压与静水压，则出现负压，溶解于液体中的空气会在薄弱区域再以气核形式析出，形成空化核，空化核迅速增长，直径几微米至数十微米不等；在随后到来的压缩相中，这些气泡在压力作用下体积急剧减小，快速闭合直至崩溃。在空化泡闭合崩溃瞬间产生压力很大的冲击波，向固体表面喷射高速微射流，强大的剪切作用和冲击作用足以使蔬菜表面的杂质被击碎、脱落，从而达到清洗目的。

臭氧是一种强氧化剂，溶于水后发生还原反应，能够破坏蔬菜中残留的农药，能与乐果、敌敌畏等有机物分子结构中的烯炔、炔烃等碳链发生化学反应，且氧化氨基、甲氧基、硝基等基团，从而改变农药性质。臭氧气泡清洗杂质机理与普通气泡清洗机理相同。

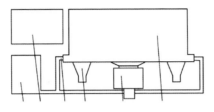

超声波臭氧清洗设备简图

（编撰人：莫嘉嗣，漆海霞；审核人：闫国琦）

226. 什么是超声波臭氧组合果蔬清洗机？

超声波臭氧组合清洗机主要由清洗槽、超声波系统、臭氧系统、进出水系统、控制系统、柜体等组成。柜体被防水板分成两个箱室。其中要求防水的电器元件（包括控制系统、臭氧发生器、超声波发生器）位于与清洗槽相隔开的同一箱室。10个超声波换能器固结在清洗槽底部，并通过电线与超声波发生器连接；4个臭氧分布器分别设置在清洗槽侧壁底部四角，通过臭氧气管与臭氧发生器连通；两个喷头相向错位设置在清洗槽侧壁上，分别由两个进水电磁阀控制喷水；排水口设置在清洗槽底部，由出水电磁阀控制排水；清洗槽侧壁上还设有溢流口，与出水口直接相通；高、低水位传感器设置在清洗槽侧壁不同高度处，用于监测水位高度，并给控制系统提供决策信号。

超声波臭氧组合果蔬清洗机

★百度图库，网址链接：https://image.baidu.com/search/detail

（编撰人：莫嘉嗣，漆海霞；审核人：闫国琦）

227. 什么是超声波清洗机？

超声波清洗机具有速度快、效果好、容易实现工业控制等特点，可清洗普通清洗方法难以清洗的根茎类、叶菜类等各种蔬菜和瓜果。超声波配合适当的清洗液使用，清洗效果更好。

研究结果表明，利用超声波气泡清洗设备清洗鲜切的西洋芹，超声波频率50kHz，温度25℃，处理10min，鲜切西洋芹除菌率达80%，酶的活性降低了50%，呼吸作用受到抑制，无机械损伤，感官品质优良，有利于鲜切菜保鲜。但该清洗方式只对清洗或半清洗以后的第二次清洗才有较大的效果，不适合对蔬菜的初次清洗。

超声波清洗机

★百度图库，网址链接：https://image.baidu.com/search/detail

（编撰人：莫嘉嗣，漆海霞；审核人：闫国琦）

228. 什么是滚筒式清洗机？

滚筒式清洗机主要由滚筒、注水装置、传动装置等组成。滚筒旋转带动物料翻转，通过滚筒与物料、物料与物料相互间的摩擦，将物料表面的杂质脱落，然后用水浸洗或喷淋冲走。滚筒为筛网式结构，且内部均匀布置毛刷，物料清洗完毕从出料口进入水池，能减少物料受损伤可能性；滚筒采用摩擦轮驱动，支撑导轮采用橡胶材料，运转平稳、噪声小；但耗水量比较大，缺少水过滤循环装置。

毛刷式清洗设备又称毛辊清洗机，主要由毛刷、清洗槽、喷水装置等组成，兼有去皮功能。物料置于多根毛刷上，毛刷旋转过程与物料表面作用产生较强摩擦力，将杂质刷洗脱落，然后被冲走。

清洗槽呈"U"形，其两侧均匀设有多个毛刷，毛刷穿过清洗槽并转动，对清洗槽内的物料进行刷洗、翻转，去除杂质和表皮。一般设备仅靠毛刷对物料进行清洗去皮，因此不易把物料表面凹陷处清洗干净，且清洗槽中间的物料清洗效果差。王保忠等研制的马铃薯连续磨皮清洗机，清洗槽为圆形，其内壁边缘设有多根纵向排列的毛刷，物料在绞龙的作用下向前推进，能实现连续清洗，工作效率高，但毛刷采用圆形方式布置，会导致中间物料清洗不到或清洗效果不佳。丁建军等研制的莲藕去皮去泥毛刷装置，多根毛刷组成"U"形清洗腔，且毛刷相间大小不等，组成凹凸连续波浪形，能有效清洗莲藕连接处，清洗效果好，但清洗作用力较小，工作效率低。

滚筒式清洗机

★百度图库，网址链接：https://image.baidu.com/search/detail

（编撰人：莫嘉嗣，漆海霞；审核人：闫国琦）

229. 什么是多功能清洗机？

多功能清洗机利用设备中气泡的气蚀作用对产品进行清洗，加入特制的农药洗脱剂浸泡并且对物料进行循环物理冲击，可有效去除农药残留，达到农产品洗涤高效、卫生、安全、批量及低成本的效果。主要部件如下。

（1）清洗水槽。其制作材料是不锈钢，底部为高压气泡管路，中间为冲孔板，物料在强烈气浴水流内进行强有力的清洗，同时在循环水泵作用下物料向前推动。

（2）水过滤循环装置。在水流循环作用下，大部分水通过过滤网流入循环水箱内，小部分从溢水口中溢出通过滤网袋流入溢水水箱内，并在小水泵作用下流入清洗水槽后侧作循环用水。水泵采用不锈钢水泵，符合食品卫生要求。

（3）去虫去杂装置。此装置独特的结构可以对物料中的碎片、虫子等杂物进行过滤去除，物料从该机构下方通过，杂物通过网带从溢水口中流出。去杂效果明显，解决了物料中碎片、虫子难以去除的难题。

（4）气泡发生结构。采用漩涡式充气增氧机，其具有风量大、压力高、气流缓冲设计、噪声更低、无油润滑的特点；设计时考虑物料的差异，气泡强度可调，产生不同强度的气流及水流。

（5）去毛发装置。共有4根毛发清洗机刷辊，在转动同时物料从下方通过，由于在气浴的作用下，毛发等轻质杂物漂浮在水流上方，粘缠在刷辊上，试验证明去发效果明显。刷辊便于清洗，便于装卸。

（6）物料输送装置。采用比去虫去杂装置紧密的网带来输送物料，出料口采用气泡支管对网带向下喷气，卸料方便、干净。

（7）清净水喷淋装置。物料在向上输送同时，可采用循环水或新净水进行第二次喷淋清洗，达到更清净的目的。

多功能清洗机

★中国食品机械网，网址链接：http://www.foodjx.com/.html

（编撰人：莫嘉嗣，漆海霞；审核人：闫国琦）

230. 什么是气泡蔬菜清洗机？

在含有许多气泡的液体中，当气泡在液体中溃灭和回弹再生时，会产生巨大的瞬时压强。当溃灭的气泡靠近过流的固体边界时，水流中不断溃灭的气泡所产生的高压强的反复作用，从而产生气蚀现象。气泡在蔬菜表面附近的破裂，近于球形的气泡随射流运动到刚性固体表面附近，于是射流在固体表面形成一层很薄的漫流，所以在气泡与蔬菜表面之间存在液流的横向流动，使气泡壁距蔬菜表面近的一端（称为近壁）较远的一端（称为远壁）的液体压力低，向心运动速度比其他部分慢。在气泡中心向蔬菜表面移动时，近壁与蔬菜表面的距离基本不变，这时，气泡必须做加速运动，远壁向内凹进，靠近近壁，近壁被穿透形成速度很高的微射流，这种微射流指向蔬菜表面，其破坏和冲蚀能力很强。

通过计算和实测得出，游移型气泡溃灭时，靠近固体壁面处的微射流速度产生的动压力可达70~180MPa。这么高的动压力可以完全清洗掉蔬菜表面的污染物，而且可以缩短一定的清洗时间。而且，这仅仅是一次微射流作用于蔬菜表面的压力；当水中气泡不断产生、增长、破灭时，则气泡溃灭的冲击压力连续不断作用到蔬菜表面，有效地清除蔬菜表面的污染物。

气泡蔬菜清洗机

★百度图库，网址链接：https://image.baidu.com/search/detail

（编撰人：莫嘉嗣，漆海霞；审核人：闫国琦）

231. 什么是气浴式清洗机？

气浴式清洗设备主要由清洗槽、风泵、喷气装置、机架等组成。风泵将压缩的空气从清洗槽底部排出时会出现不同压力和大小的气泡，气泡在清洗槽上升过程导致清洗液产生不同速度的流层，相邻两流层间存在着摩擦力和动量的交换，造成物料随着清洗液扰动、涡流、翻滚；气泡在物料表面溃灭时产生巨大的瞬时压强和高速的微射流，连续不断的气泡溃灭对物料表面产生很强的冲击力和气蚀作用，使蔬菜表面的杂质脱落。

影响设备清洗效果的因素有很多，主要有气体的流量和压力、清洗时间、水槽内水位以及喷气孔的分布、孔数量、孔直径、喷嘴方向等。

气浴式清洗机

★百度图库，网址链接：https://image.baidu.com/search/detail

（编撰人：莫嘉嗣，漆海霞；审核人：闫国琦）

232. 什么是淹没射流式清洗机？

淹没射流式清洗设备的结构包括了注水口、射流管、水泵和清洗槽等装置。按照被清洗蔬菜的密度，分为上射水式和下射水式。

该设备的清洗原理主要是利用水射流装置射出的强劲水流来冲洗通道处的蔬菜，由强水流喷射撞击生成的微水流又能够对蔬菜进行清洗，去除表面异物。由于蔬菜在水的冲击中会不断移动，与水流存在相互作用力，以及蔬菜之间也有相互摩擦，也能起到清除表面杂质的作用。这种设备在原理上与气浴式清洗机类似，蔬菜在槽中随着水流冲击做涡旋或移动螺旋，并且不停留，蔬菜清洗程度高。影响该设备的清洗程度的因素主要有：水射流的水流量和冲击力度、清洗时间、喷水孔的位置、分布、孔直径、孔数量、喷嘴方向等。

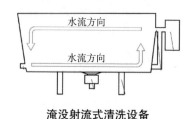

淹没射流式清洗设备

（编撰人：莫嘉嗣，漆海霞；审核人：闫国琦）

233. 固体化肥施用机械有哪些?

（1）撒肥机械。

①离心式撒肥机。离心式撒肥机这种撒肥机械在西方国家使用得最为广泛，它的使用原理是利用撒肥盘的旋转产生的离心力来撒出化肥，包括了单盘式和双盘式两种类型。盘上带有2~6个叶片，叶片有直的和曲线的两种形状，它们可以径向安装，也可以相对半径前倾或后倾来安装。前倾型叶片能够使流动性强的化肥更远的撒出，如果是吸湿后的化肥，为了化肥不粘连在撒肥盘上，则要采用后倾型叶片。

②全幅施肥机。全幅施肥机能使化肥在全幅宽内均匀施出。该机器包括两种类型：一种是由多个双叶片的转盘式排肥器横向排列组成；另一类是由装在沿横向移动的链条上的链指，沿整个机器幅宽施肥。

③气力式宽幅撒肥机。气力式宽幅撒肥机在国外得到大力发展，类型各式各样。主要的工作原理不尽相同，是由强力风机产生的高速气流，结合各种机械式施肥器和喷头，能高效实现最大范围的施肥以及撒出石灰等土壤改良剂。

（2）种肥施用机械。种肥施用机械是利用播种机在播种的时候，利用播种机上的施肥装置同步进行撒施种肥，由于种子与种肥分解的高浓度区会有部分区域相连，会造成种子有可能被"烧伤"，因此需要踩踏侧深施肥，在播种机安装独立的输肥管和施肥开沟器来将化肥撒施在种子的侧方5cm、下方3～5cm的地方。

（3）追肥机械。追肥机械是通过给中耕机安装排肥器与施肥开沟器，来实现将化肥施于农作物根部的侧深位置。

化肥施用机械

★百度图库，网址链接：https://image.baidu.com/search/detail

（编撰人：莫嘉嗣，漆海霞；审核人：闫国琦）

234. 灌溉施肥技术与传统灌溉施肥有什么不同？

（1）省水。一般传统的灌溉方式，对于水的利用率很低，只有45%，这意味浪费了半数以上的灌溉用水。如果采用喷灌方式，则有75%的水利用率，对于水利用率最高的灌溉方式是滴灌，利用率高达95%。与畦灌相比，采用滴灌方式能使每亩温室大棚在每一季度中节水80～120m³，相比节水50%以上。

（2）省肥。灌溉施肥包括了按比例施肥和定量施肥两种形式。相比人工施肥，灌溉施肥能够将化肥施到农作物根系中，提高了化肥的使用率，肥料成分能大部分利用于农作物中，有试验计算发现，喷灌施肥可以节省11%～29%的肥料，而滴灌则可以节省44%～57%的肥料。

（3）省工省力。通过在灌溉系统中增加自动控制设备，自动将肥料溶解于水中再通过灌溉方式进入到土壤之中，可以实现施肥的自动化。如果由两三名普通工人操作这种滴灌施肥系统，不需要很长时间就可以完成几十亩甚至几百亩地的施肥工作，耗费人力物力低，提高管理效益。

（4）增产增收。灌溉施肥对于农作物的使用种类范围十分广泛。将肥料溶解在水中，能够更快地渗入到土壤当中，被农作物的根部吸收，若施于农作物叶片上，也能使叶面更快地吸收养分。对于提高农作物产量和质量，以及节省成本上，都有很大的作用，从而提高农业经济效益。

（5）防止土壤板结。对灌溉施肥的用水量以及肥料浓度进行严格把控，能够防止肥料渗入到深部土壤而对土壤和地下水造成污染。对施肥量和时间的合理控制，能够防止过度施肥所带来的土壤板结问题的出现。

移动式灌溉设备

★百度图库，网址链接：https://image.baidu.com/search/detail

（编撰人：莫嘉嗣，漆海霞；审核人：闫国琦）

235. 化肥排肥器有哪几类？

（1）外槽轮式排肥器。外槽轮式排肥器和外槽轮排种器类似，在结构上的变化主要体现在槽轮直径略大，齿数减少，使间槽容积增大。具有结构简单和施肥均匀的特点，多用于松散化肥和复合粒肥等流动性强的肥料的施放。

（2）离心式撒肥器。离心式撒肥器的撒肥盘上安装有2~6个的叶片，叶片形状有直形的和曲线形的，叶片的形状和安装角度，会使化肥撒出的距离不同，以此来实现均匀施肥。

（3）星轮式排肥器。星轮式排肥器是我国研发设计的，结构简单，由铸铁星轮、排肥活门、排肥器支座和带活动箱底的肥箱等组成。其工作原理是利用旋转的排肥星轮来将肥箱内的肥料排入导肥管中，进行施肥，多用于晶粒状和干燥粉状肥料的施放。

（4）振动式排肥器。振动式排肥器的结构包括了肥箱、振动板、振动凸轮等几个装置。其工作原理是利用凸轮转动来使振动板不断振动，使化肥在肥箱内不断运动，使化肥不会架空，从而使化肥从振动板斜面下滑，从排肥口排出进行施肥。

（5）转盘式排肥器。转盘式排肥器在结构上的主要特点是其肥料箱底部带有一个圆盘，其工作原理是肥料从经由肥料筒的两个小孔进入到水平旋转的圆盘上，旋转的圆盘将肥料带向其边缘两个垂直旋转的小直径排肥盘中。

化肥排肥器

★百度图库，网址链接：https://image.baidu.com/search/detail

（编撰人：莫嘉嗣，漆海霞；审核人：闫国琦）

236. 化学液肥施用机如何使用？

液肥有两种类型，一种是化学液肥，这种液肥会对金属造成腐蚀，并且容易挥发；另一种是有机液肥，这种液肥是人、畜的粪尿和污水构成的，由于有机液肥大都含有悬浮物和杂质等，因此需要进行发酵，再加水稀释、过滤后才能使用。

（1）施液氨机与施氨水机。液氨施肥机的结构由液氨罐、排液分配器、液肥开沟器和操纵控制装置等多部分组成。当施肥的土壤过于黏重的时候，为了减少阻力，常在开沟器前端装上圆盘切刀。由于氨的挥发性强，为了减少其流失，需要用镇压轮来对施肥后的土壤进行压实。

施氨水机的结构由液肥箱、输液管和开沟覆土装置等几个部分组成。其工作原理是：将液肥箱中的氨水通过开关控制流量，经由输液管流到开沟器所开的沟中，再由覆土器进行覆盖。

（2）排液装置。

①自流式排液装置。该装置是利用液肥罐的压力作用来将液肥施出。使用方便，结构简单，但存在一定的问题，因为液肥罐的液面总是在不断改变中，因此施液量无法恒定控制。

②挤压泵式排液装置。该装置的特点是能够控制排液量处于恒定状态，其工作原理主要是通过地轮传动挤压泵进行液肥排出，使用方便。

③柱塞泵式排液装置。该装置对于排液量的控制更为精确，排液稳定，能排除工作速度变化的影响。

（3）施液肥开沟器。施液肥开沟器需实现以下性能要求：①液氨的施用过程会制冷，开沟器不能受冷冻影响而带有结冰或黏土。②液肥出口要通畅，液肥要经由靠近排液管下端的侧孔中流出。③施肥后的土壤要及时覆盖压实，因此开沟器不能挂草而使土壤不能够正常流动。

化学液肥施用机

★ 百度图库，网址链接：https://image.baidu.com/search/detail

（编撰人：莫嘉嗣，漆海霞；审核人：闫国琦）

237. 节水灌溉施肥装置由什么组成？

施肥装置是节水灌溉系统的基本设备，一般安装在灌溉系统前部，其施肥性能好坏将决定着灌溉与施肥的质量水平。主要包括以下类型。

（1）文丘里施肥器。文丘里施肥器的工作原理主要是利用水流在流过管收缩段的时候，由于过水断层变小、水流速度加快，在喉部产生的真空吸力能使肥料液均匀地流到灌溉系统进行施肥。

（2）注肥泵。注肥泵按工作原理包括了两种类型，一种是水力驱动施肥泵，是当前的主流注肥泵，主要是利用管道内部水作用力来驱动活塞或隔膜将肥料液注入到灌溉系统中进行施肥。还有一种是利用外加动力来将肥料液注入到灌溉系统中进行施肥，这种方式由于需要较为昂贵，因此应用较少。

（3）压差施肥罐。压差施肥罐的结构包括了肥液罐、进排液管和管间节制阀等装置。主要原理是利用节制阀的开关程度来使肥料罐存在一定压力，一定的水流量经过封闭的施肥罐将肥料液带到灌溉通道中进行施肥。目前我国生产的各类压差施肥罐已经大量应用于温室大棚和设施农业中。

（4）自压注入施肥。自压注入施肥一般需要结合自压灌溉使用，主要原理是利用肥料源和田间的高度差来实现灌溉施肥，使用方便、性价比高。但由于这种装置需要结合地形条件，所以主要应用于山区等有自然高度差的地方。这种装置应该推广使用于有条件的地域，实现节水灌溉施肥的广泛使用。

（5）施肥机等智能灌溉施肥设备。智能灌溉施肥设备能够采集农作物对于肥料量的需求信息来自动匹配肥料类型和浓度，再通过施肥程序自动灌溉施肥给农作物。这类设备意味着灌溉施肥技术朝着现代化、信息化、智能化和自动化的方向发展，具有很好的发展前景。

注肥泵压差施肥罐

★百度图库，网址链接：https://image.baidu.com/search/detail

（编撰人：莫嘉嗣，漆海霞；审核人：闫国琦）

238. 什么是厩肥撒播机？

厩肥具有改善土壤品质和提高农作物产量的作用。我国对于施厩肥大都用大车将腐熟好的厩肥运到田间分成小堆堆放，再用铁锹摊开，或者大车在运输过程中边走边撒。这种方式效率不高并且撒肥不均匀。需要采用厩肥撒播机来提高效率和质量。

（1）有机肥料的特点。有机肥由人畜粪尿、作物秸秆、落叶、杂草、干土及其他废弃物堆积沤制而成。其养分主要包括氮、磷、钾3种元素，由于养分含量少，因此需要施用大量肥料，并且有机肥料需要腐熟后其养分才能被农作物吸收。有机肥分解速度慢，肥效周期长，主要用作基肥。有机肥由于在水分多时容易粘连在一起，水分丢失后会结成硬块，需要用强力才能够将其分散进行施肥。

（2）撒厩肥机的种类和构造。

①螺旋式撒厩肥机。螺旋式撒厩肥机的工作原理是由装在车厢式肥料箱底部的输肥链将整车厩肥缓缓向后移动，肥料经由撒肥器件来进行施肥。撒肥部件包括撒肥滚筒、击肥轮和撒布螺旋。撒肥滚筒用于将结块的肥料击散，并将其传输到撒料螺旋上。

②牵引式装肥撒肥车。利用动力输出轴提供动力的撒厩肥机大量推广使用，有些撒肥器实现了撒肥和装肥结合。国外研发设计的一种牵引式自动装肥撒肥机，工作原理如下：装肥时，撒肥器位于下方，将肥料上抛，由挡板导入肥箱内，输肥链反转，将肥料运向撒肥机前部，使肥箱逐渐装满。当需要撒肥时，油缸将撒肥器切换到接近肥箱的位置，同时反转传动轴接头，调整转动方向，进行撒肥。

③甩链式厩肥撒布机。甩链式厩肥撒布机的工作原理是利用圆筒形肥料箱内的纵轴以200～300r/min的速度快速转动，带动轴上的若干根甩肥链一起旋转，来打散厩肥，然后将肥料甩出，这种撒布机还能用于粪尿液肥的施撒。

厩肥撒播机

★百度图库，网址链接：https://image.baidu.com/search/detail

（编撰人：莫嘉嗣，漆海霞；审核人：闫国琦）

239. 什么是厩液施肥机？

厩液主要是指人畜粪尿的混合物和沼气池的液肥等，是我国多数农村农业生产的主要有机肥料来源。传统的厩液传输和喷洒都是采用粪勺、木粪桶等手工施肥工具来进行，存在着很多问题，比如耗费人力多、工作效率低、卫生程度低和污染性大等问题。因此需要厩液施肥机来代替这种传统的厩液施肥方式。厩液施肥机分泵式和自吸式两种。

（1）泵式厩液施洒机。其工作原理是通过安装不同类型的泵将厩液由粪池中传输到厩液罐中，施肥机将厩液运到田间后再通过压力泵将厩液施出。

（2）自吸式厩液施洒机。其工作原理是通过利用拖拉机发动机排放的废气，经过引射通道将厩液由粪池中传输到厩液罐中，再进行施肥。该装置全程采用密封式传输，环保卫生，且操作方便，效率高，劳动强度低。

（3）厩液的管道输送与喷洒。由于厩液的施用量巨大，为了进一步提高生产效率，降低生产成本，目前厩液的传输和施洒开始发展管道输送形式，再通过固定的厩液喷洒装置来进行施肥。

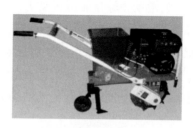

厩液施肥机

★百度图库，网址链接：https://image.baidu.com/search/detail

（编撰人：莫嘉嗣，漆海霞；审核人：闫国琦）

240. 施肥器施肥方法有哪些?

（1）泵吸肥法。泵吸肥法的应用范围主要是在有泵加压的灌溉系统且具有统一管理系统的种植区中。水泵需要同时进行吸水和吸肥，水泵的类型有两种，一种是潜心泵，一次只能施肥3～5亩地；另外一种是离心泵，能够大面积施肥，最大施肥面积可达20亩。其工作原理是通过打开滴灌阀门，利用泵内吸水管的负压将肥液吸到灌溉系统中与进水管道的水混合，再通过滴灌将肥料输送到农作物根系上。这种灌溉方式不需要外界动力支持，使用简便，最大的特点是不需要人力调整肥液浓度，劳动强度低。

（2）文丘里施肥法。文丘里施肥器的工作原理是与滴灌通道或入口处的进水控制阀门并联安装，使用过程中先关小阀门，使阀门前后有压力差，当水流流经文丘里施肥器的喉管时，会在喉管中产生真空吸力，能将肥液从肥液罐中均匀地进入到滴灌系统中进行施肥。喉管是文丘里施肥器最重要的组成部分，喉管中有两个锥形管口组成的一个流道导向部件，当水流流经喉管的时候，会因为管径的缩小而加快流速，使水流以最高速度流经进水口，并产生一个负压区，将肥液吸入，进行施肥。

（3）旁通式施肥罐。旁通施肥罐又名压差式施肥罐，其结构组成如下：两根细管与施肥罐的进、出口相连，再与主管道相连接，两条细管的接点之间设置一个截止阀以产生一个较小的压力差（1～2m水压），使一部分水流流入施肥罐，进水管直达罐底，当水将罐中肥料溶解成肥液时，肥料溶液通过出水口进入到主管道，进行施肥，将肥液施于农作物根系。

施肥器

★百度图库，网址链接：https://image.baidu.com/search/detail

（编撰人：莫嘉嗣，漆海霞；审核人：闫国琦）

241. 施肥器原理与技术是什么？

（1）施肥器原理。施肥器，主要用于输送液体或水溶液肥料。由于其不包含固体型施肥器，因此也叫液体施肥器。其主要作用是按照农作物在不同生长阶段对肥料的不同需求量，一次进行合理追肥，使农作物良好地生长。其施肥方式主要包括吸肥和注肥两部分。吸肥是指通过在灌溉系统的某个通道上添加负压，将肥液吸进管道中，与水进行混合形成肥料溶液，施到农作物根系上。注肥是指通过外界提供动力，将肥液吸进管道中，与水进行混合形成肥料溶液，施到农作物根系上。具体施肥方式需要结合实际情况来进行。

（2）灌溉施肥技术。灌溉施肥技术，主要是利用现代灌溉方式的各种优良性能，与施肥方式进行结合。该技术主要包含4个部分：供水系统、供肥系统、混合过滤系统、灌溉系统。灌溉施肥的方式主要有水渠施肥、喷灌施肥和滴灌施肥3种。水渠施肥使用方便，不需要太多考虑肥料浓度，但耗水量多，不符合节水目标。喷灌施肥应用较少，有一定的局限性。滴灌灌溉节水性能强，能够根据农作物对水量、肥料量的需求量来进行精确的灌溉和施肥，且不会受到外部环境的影响，应用最为广泛。

施肥器

★慧聪360网，网址链接：https://b2b.hc360.com/viewPics/supplyself.html

（编撰人：莫嘉嗣，漆海霞；审核人：闫国琦）

242. 什么是文丘里施肥器？

（1）文丘里施肥器原理。文丘里施肥器又名文丘里吸肥器，其主要工作原理如下：通过对控制阀门开关程度的调整，使阀门前后之间会产生一定的压力差，当水流流经文丘里施肥器的喉管时，会产生一定的真空吸力，能将肥液从肥液罐中均匀地进入到滴灌系统中进行施肥。该施肥器性价比高，结构简单，施肥浓度恒定，并且不需要外界提供动力。其存在的问题是压力流失快，大都只应用于灌溉区域较小的地方，因此微灌系统可以应用文丘里施肥器。

（2）文丘里施肥器构造。文丘里施肥器的结构组成包括了塑料管件、球阀、吸肥器等部件，施肥过程采用压差文丘里原理（水流流经一个由大变小，然后由小变大的通道中，文丘里管喉部水流经过狭小区域时流速加快，压力下降，当喉部管径小到一定程度时管内水流会形成负压，在喉管侧壁上的小口可以将肥料溶液从一敞口肥料管通过小管径细管吸上来）。构造简单，使用方便，效率高，施肥均匀，能够将肥料输送到农作物根系上，肥料利用率高。

（3）文丘里施肥器产品特性。文丘里施肥器，是一种通过文丘里压力差效应，将肥料和水均匀混合一起的高效施肥器。文丘里效应的原理如下：当气流经过阻碍物时，阻碍物的背风方向上方端口的气压略低，进而产生吸附作用导致空气流动。文丘里施肥器利用水流模仿气流流动，通过把水流变细来使水流加速，使施肥器的出口形成低压区，肥液受压力作用，便能够吸入施肥器中，与水混合，实现均匀施肥。

文丘里施肥器

★农机360网，网址链接：http://www.nongji360.com/company/product.shtml

（编撰人：莫嘉嗣，漆海霞；审核人：闫国琦）

243. 文丘里施肥器不吸肥的原因及对策有哪些？

现如今，施肥器已成为微灌系统最主要的组成部分，大都是安装在灌溉系统的前端进行施肥工作。最广泛使用的施肥器主要有3种，分别是压差式施肥罐、文丘里施肥器和水力驱动注肥泵。由于文丘里施肥器性价比较高，结构简单，施肥均匀程度较高，不需要外界动力支持等，在现代农业中的应用较为广泛。但由于硬件方面的缺陷和使用方式错误等原因，文丘里施肥器还是存在着一定的问题，比如施肥器出现不吸肥或水流倒进入肥液罐等情况，使用效果不好。

文丘里施肥器使用出现异常的原因主要包括几个方面：第一，文丘里施肥器安装不当。当出现不吸肥现象时，应该检查施肥器的安装方向和进出水口方向是否正确。第二，当出现肥液流量不足时，应该通过清洁过滤器和合理增加滴灌滴头数量来解决问题。第三，当出现压力不足的情况时，应该加设泵使进水压力增加到0.15MPa，进口和出口压力差达到1MPa，文丘里施肥器才能正常使用。

文丘里施肥器

★农机360网，网址链接：http://www.nongji360.com/company/product.shtml

（编撰人：莫嘉嗣，漆海霞；审核人：闫国琦）

244. 文丘里施肥器如何安装？

文丘里施肥器的安装有两种形式，一种是并联安装，即装设在旁通管上，这样只需部分流量经过射流段。并联安装能够使用小型的文丘里施肥器，方便移动。在不施肥的情况吸取，也能够正常运行。还有一种是串联安装，主要应用于小面积施肥和无需考虑压力损耗的情况下。

并联安装的文丘里施肥器，大都利用旁通调压阀来产生压力差。阀头能够合理分配压力。当肥液在流经主管过滤器后进入到主管时，抽入的肥液还需要进行单独过滤。单独过滤的过滤方式是在吸肥口包一块100～120目的尼龙网或不锈钢网，或在肥液输送管的末端安装一个耐腐蚀的过滤器，筛网规格为120目。

为了方便检查和清洗，输送管末端结构应方便拆卸。肥料箱要比射流管水平面低，这样肥液才不会因为自压而误流进施肥系统中。将文丘里施肥器装设在旁通管上能够保证出口区的压力稳定，使水流流速恒定，如果进口端压力过高，可以在入口处装设一个调压阀。

文丘里施肥器

★农机360网，网址链接：http://www.nongji360.com/company/product.shtml

文丘里施肥器主要是依靠压力来进行施肥工作，因此对压力依赖很大，因此需要在首部系统装设多个压力表来进行压力检测。

（编撰人：莫嘉嗣，漆海霞；审核人：闫国琦）

245. 什么是制粒肥机?

（1）颗粒肥料的特点。颗粒肥料是由多种化肥或者化肥与厩肥碎粒按合理比例混合而成的，作用是能够使农作物充分吸收肥料中的养分，增强肥效。颗粒肥料包括球肥和粒肥两种。球肥用于水田深施；粒肥体积小，大都与种子和种肥混合施放。颗粒肥料松散性较好，能呈粉状与农作物大面积接触，且抗潮性好，强度大，使用普通的排肥机都能做到均匀施肥，所以，颗粒肥料越来越被广泛使用。

（2）制粒肥机的种类及构造。制粒肥机按工作原理可分为挤压式和非挤压式两种。按机具结构特点可分为转盘式、滚筒式、螺旋推运器式、刮板式、滚柱式和模压式等。

①转盘式制粒肥机。该机的结构由倾斜圆盘、供水装置、传动装置和圆盘组成。其工作原理是倾斜圆盘由传动装置带动旋转，将混合完的肥料放上圆盘，并均匀地洒上水雾，水雾应合理控制好，不能使肥料过湿，也不能过干，避免影响肥料质量，肥料随圆盘转动到一定高度时，圆盘会急停下落，肥料就会靠自重降落，然后再随圆盘升降。

②螺旋推运器式制粒肥机。该机的主要结构由螺旋推运器、切刀和带有大量均匀分布的圆孔的出肥孔盘组成。孔的直径与粒肥差不多，大概为4mm。其工作原理是肥料先过筛和加水，然后加入到肥料斗上，螺旋推运器由传动装置带动旋转，将肥料推到出肥孔盘上，肥料受力便会被挤出肥孔，在由出肥孔盘下的切刀不断切割，将挤出的肥料条切割成圆柱形颗粒。

制粒肥机

★百度图库，网址链接：https://image.baidu.com/search/detail

③球肥制作机。球肥制作机的主要工作部件有加料斗、滚筒、滚筒间隙调节装置、拨叉等。其工作原理是肥料通过肥料斗掉入到滚筒的窝眼内，两个滚筒进行相对旋转运动，将肥料挤压制作成球状粒肥。

（编撰人：莫嘉嗣，漆海霞；审核人：闫国琦）

246. 什么是薯类收获机？

（1）薯类收获机。薯类收获机是一种用于收获马铃薯、番薯等薯类根茎类农作物的机器，也可以用于收获萝卜、花生、大蒜等块茎农作物，能够一次性完成挖掘、升运、清理、分离、放铺等一系列工作，包括手扶马铃薯收获机和四轮车带马铃薯收获机两种类型。

（2）收获机工作原理。收获机靠与小四轮拖拉机传动轴连接来获得动力，通过主传动轴上偏心块、连杆来带动挖掘铲做前后来回运动，通过传动轴左端齿轮带动过桥轴上的变速齿轮，并改变传动方向，再经链条带动分离排链主传动轴，并由主传动轴两端偏心块带动振动筛上下抖动。在小四轮拖拉机的动力牵引下，将挖掘铲挖掘出来的薯类作物平铺在分离排链上，分离排链的旋转将土块甩下，薯类作物和部分土块落到振动筛上，继续将土块筛出后将薯类作物铺放在收获机后的地面上。

（3）用途和特点。该机与25～35马力拖拉机配套作业，主要是对马铃薯、番薯、花生等根块茎作物进行收获和堆放等工作，收净率高达99%以上，破皮率不高于1%。

（4）技术保养与保管。①每次工作结束后必须清除收获机具各部位的泥土。②工作前必须检查各部位的紧固件是否有松动情况，并及时紧固。③检查各转动部位是否转动灵活，如不正常，应及时调整和排除。④长期不用时机具应注意防止雨淋，避免与酸性物质接触，以免腐蚀。刀片应涂油处理。

手扶马铃薯收获机

★百度图库，网址链接：https://image.baidu.com/search/detail

（编撰人：莫嘉嗣，漆海霞；审核人：闫国琦）

247. 马铃薯联合收获机的特点是什么?

马铃薯联合收获机需要跟手扶拖拉机进行配套使用,配套动力为8～15马力,工作宽度为600mm。马铃薯联合收获机工作时是通过手扶拖拉机的动力带动,利用挖掘铲将薯类农作物并着泥土一起挖出,再经过振动筛将薯类作物和泥土进行分离,能够对马铃薯、番薯、萝卜、花生等地下根块茎农作物进行收获。且收获速度快,破皮率极低,收净率高,机器不会被杂草或泥土堵塞到,构造简单,使用期限长,因此得到广泛使用。

马铃薯联合收获机主要参数:配用动力:8～15马力柴油机。马铃薯联合收获机外形尺寸(mm)长/宽/高为900×800×700。挖掘深度:20～25cm。工作宽度:600mm。机具重量:80kg。生产率:2～3亩/h。

马铃薯联合收获机

★百度图库,网址链接: https://image.baidu.com/search/detail

(编撰人:莫嘉嗣,漆海霞;审核人:闫国琦)

248. 什么是雾培蔬菜收获机?

(1)收获结构设计。雾培蔬菜收获机构是温室雾培蔬菜收获机的核心机构,其主要结构包括了两部分,第一部分是蔬菜夹取机构,用于对蔬菜进行合拢夹紧,第二部分是蔬菜切根机构,用于后续对蔬菜的迅速和稳定切根。

(2)技术要求。

①夹取手爪聚拢夹紧蔬菜,保证夹紧力F大小约为4N。这个过程必须要控制好夹紧的力度,力度不够不能够保证蔬菜切根的稳定,力度太大又可能会将蔬菜损坏。

②对于蔬菜切根,最重要的因素就是要速度快和稳定性强,主要是将蔬菜的饱满根部和根上的海绵组织进行切除。需要人力的工作步骤主要有3步:运输定植板、收获蔬菜、运输蔬菜。收获蔬菜是3个步骤中最重要的,也是需要耗费人

力最多的步骤。

③由于工作范围受到尺寸限制，切根机构的工作尺寸不宜过大。工作过程中切削力不宜过大，每把刀具使用寿命至少达到120h。

（3）蔬菜夹取机构设计。蔬菜夹取手爪需要保证的是对蔬菜的夹紧力度，最重要的是保证蔬菜切根过程中稳定性良好，稳定固定好，使刀具在切割过程中能够精确稳定。切割位置会对蔬菜的切割效果有很大的影响，比如若切割位置过上，将导致蔬菜切散；若切割位置过下，将不能完整将蔬菜根系及海绵块切断，同时会造成重复切割的现象，降低切根的效率。

对于蔬菜夹取机构，基于其快速和稳定的动作要求，主要是利用两个手爪从两边一起夹取，手爪上是带有海绵块的聚拢板，为了使工作空间足够，手爪应设计得比较小，聚拢板则根据实际蔬菜的大概尺寸进行选择设计，海绵块能保证对蔬菜的损伤降到最小。蔬菜是按等距离线性种植在定植板上的，因此可以设计蔬菜夹取机构按规律多带几套不会互相干扰到的手爪，使蔬菜夹取机构同时夹取几棵蔬菜，提高工作效率。

雾培蔬菜

★百度图库，网址链接：https://image.baidu.com/search/detail

（编撰人：莫嘉嗣，漆海霞；审核人：闫国琦）

249. 什么是叶类蔬菜通用收获机？

（1）叶类蔬菜收获机的结构。叶类蔬菜收获机主要用于收获茎叶类蔬菜，工作流程分3个步骤，分别是蔬菜收割、蔬菜收集和行走控制。其结构由操作手把杆、蔬菜收集箱、后固定轮、发动机、变速齿轮箱、鼓风系统、切割齿轮箱、割刀、机架、前浮动轮10个部件组成。

（2）蔬菜收获机的工作原理。蔬菜收获机需要动力支持的部件有割刀和鼓风机两部分，是由发动机通过调速齿轮箱调整转速来输出动力。割刀工作时靠发动机曲轴和凸轮的转动来实现来回切割，以此进行蔬菜的收获工作。当蔬菜切割后，鼓风机会将蔬菜吹到收割台上进行收集，以此完成蔬菜收获。

（3）机具的结构设计。

①割刀的结构设计主要集中于高度和角度的设计，使切割效率达到最高，并实现在各种田地里都能够将茎叶类蔬菜根部进行地毯式切割。本收获机的割刀可以进行高度上和角度上的调节。具体高度与角度要按照种植地的实际坡度来进行调整，调整到最佳的切割方向。发动机通过调速齿轮箱调整转速来输出合理动力，使割刀力度和切割频率都调整到最佳状态，使切割出来的蔬菜整齐如一，方便收集。

②收获机的收获方式必须是一垄一收，所以收获机必须按直线行走。因此需要对收获机的行走机构进行设计，主要是对行走轮间距进行调整。本收获机设计为前轮浮动可调，能够按照田地的实际平坦程度进行上下调整，来使蔬菜的切割能够齐整，割刀的使用寿命也能达到最长。前轮是导向轮，可以按照地形来调整前进方向，使收获机呈直线行走，且轮心距可调，可以针对不同农作物种类来进行灵活调整。

蔬菜收获机

★农机360网，网址链接：http://www.nongji360.com/company/shop2/.shtml

（编撰人：莫嘉嗣，漆海霞；审核人：闫国琦）

250. 什么是轻便型叶菜类收获机？

（1）传动部分设计。对于一个机器来说，动力是重要的一部分，无论是从使用寿命的长短还是工作效率的高低来说，都是由动力源的是否合理决定的。轻便型叶类蔬菜收获机采用139F汽油机作为动力系统，该汽油机技术成熟，性价比高，工作性能好，非常适合收获机的实际工作效率，因此被广泛应用。

机器的传动大多以啮合和摩擦两种方式进行传递。主要工作原理是通过钢丝软轴的轴心一端输入动力，再经由轴套传递动力，在轴心的另一端输出动力源。

所以本机器的动力传输过程是经由摩擦离合器传输给减速器，再经由钢丝软轴传递给往复式割刀的驱动曲柄。

（2）往复机构的设计。蔬菜成熟时大概有100cm高，所以不能采用滚筒式刀片来进行切割，这样会对蔬菜造成很大的破坏，因为这种切割方式是用旋转转动来对蔬菜进行收集再切割。考虑到蔬菜的成熟高度，因此采用三角刀片来作为蔬菜收获机的切割部分来对蔬菜进行根茎切割，选用刀片可以不用破坏蔬菜的整体，只对根部切割可以方便快速的切断蔬菜。

往复式切割机构是双层切割刀片结构，适合不同种类蔬菜的收割。收获机的刀片在材料上的选择要使用优质的钢材，蔬菜的根茎可能会带有一些硬石块，可能会损伤刀片，因此需要硬度较大的刀片，使用寿命才会长一些。

往复式切割机在工作时，往复式割刀运动的形成主要是依靠曲柄连杆组成的往复式运动机构，机器工作时由汽油机产生动力通过中间传递轴传输到运动装换器上经过曲柄滑块机构将回转运动转换成直线往复运动。刀杆的来回运动会带动刀片运动，以此对夹在静割片和动割片之间的蔬菜进行切割。

蔬菜收获机

★农机360网，网址链接：http://www.nongji360.com/company/shop2/.shtml

（编撰人：莫嘉嗣，漆海霞；审核人：闫国琦）

251. 什么是新型叶茎类蔬菜收获机？

我国的叶茎类蔬菜收获机主要包括两种，分别是风送型的和捡拾型的，这两种收获机都是利用割刀对蔬菜进行切割，然后再通过风吹和捡拾装备将蔬菜传送到收集箱内。风送型收获机由于风力有限，只能用于小叶类蔬菜的收获。捡拾型收获机则由于带有钉齿，会损伤蔬菜以及将部分泥土带到蔬菜中。这两种收获机不能进行土下切割，并且不能用于收获带根蔬菜，无法实现一种机型就能完成对叶类蔬菜有序和无序收获的功能，因此无法满足国内消费习惯。

（1）机具整体结构设计。该机具主要用于收获茎叶型蔬菜。主要结构由剪切刀组件、振动筛机构、蔬菜输送机构、蔬菜收集装置和行走机构、控制部件等组成。具体部件为：操作手把杆、蔬菜收集箱、行走轮、仿形轮、电动机、网板、传动链、链轮、传动带、切割刀、偏心轮、安全杆等零部件。

（2）工作原理。收获机带有两种收割装置，分别针对带根和不带根的蔬菜。当使用带根收获装置进行带根收获时，单动切刀在电动机作用力下来回运动。当使用不带根收获装置进行不带根收获时，上下两切刀在电动机驱动下来回运动。收获机边前进边收割蔬菜，收割下的蔬菜受到前方蔬菜的推挤，沿网孔过渡板推送到两根振动杆上，经过网孔时能将蔬菜上的泥土振落，并将蔬菜传送到移动的环带上，连续的切割，蔬菜只会受到推挤并不会倒下，能够有序地传送到机器后面，不断传送收集。

叶茎类蔬菜收获机

★农机360网，网址链接：http://www.nongji360.com/company/shop2/.shtml

（编撰人：莫嘉嗣，漆海霞；审核人：闫国琦）

252. 热泵干燥存在哪些问题？

（1）干燥中后期，干燥速度慢，干燥时间长。热泵除湿干燥在原理上可以说是对流干燥，干燥过程会受到物料内部的传热与传质的控制和影响。物料的含水量会随着时间的加长不断地降低，到了中后期的时候，干燥的速度会逐渐变慢。因此单位时间除湿量较多集中在干燥的初始阶段，随着时间加长呈曲线急剧降低。物料的含水率在干燥的初始阶段下降迅速，经干燥一定时间后趋于平缓。之所以出现这种情况主要是由于物料的水分含量在干燥初始阶段最多，水分蒸发速度最快，随着时间推移，物料含水量降低，蒸发速度逐渐变慢。总的来说，就是在热泵干燥初期，除湿率大，在干燥后期，除湿率变小。

（2）间歇工作，干燥规模小。热泵干燥机因为是闭式结构，且压缩机功率小，所以箱体体积较小，能放置的蔬菜量也因为容量限制而相对有限，因此干燥规模一般。同样因为热泵干燥机的闭式结构，所以只能运用间歇式工作形式，蔬菜在完成干燥后需要取出，再继续放入新的蔬菜进行工作，无法连续作业，工作效率不高，产量也有限。

（3）变温运行较为困难。热泵可以实现一定范围内的温度变换运行，但因为热泵的性能系数取决于热泵的蒸发温度和冷凝温度，热泵的冷凝温度将直接决定热泵的干燥温度，这一定程度上影响到热泵的性能系数值，会造成供热量降低，影响热泵的节能特性。

热泵干燥机

★农机360网，网址链接：http://www.nongji360.com/company/shop2/.shtml

（编撰人：莫嘉嗣，漆海霞；审核人：闫国琦）

253. 热泵干燥技术有哪些优势?

（1）高效节能。现如今能源紧缺问题一直带来很大的困扰，高效节能的需要一直刻不容缓。热泵干燥装置中的热量是靠回收干燥室排出的低温湿空气中所含的显热和潜热来进行干燥工作的，整个热泵干燥机器所需要消耗的能源仅仅只有热泵压缩机的功耗，只需消耗少量能量便能够获取大量热能，将1份电能转化为3~4份热能。相较于普通的干燥机器，热泵干燥技术具有强大的节能性能，高达30%以上，并且具有高效率。

（2）温度可调，自动化程度高。热泵干燥能够调节温度，且调温范围较大，能够用于对不同种类的农作物进行不同程度的干燥。热泵干燥可以采用较先进的控制元件与装置，通过调节蒸发器的蒸发温度、冷凝器的冷凝温度和空气的循环量，实现干燥温度的适时控制。整个过程智能化程度高。

（3）产品色泽好、品质高。热泵干燥相对普通的干燥设备比较柔和，能够按照不同种类的蔬菜的不同特性，来对空气温湿度以及循环流量进行合理调节，使蔬菜外部的蒸发速度与内部水分向外的移动速度一致，实现类似于自然干燥的效果，保证了被干燥蔬菜的光泽和质量。

（4）内环境卫生，外环境环保。热泵干燥机器采用制冷剂是环保的，不会对大气臭氧层造成破坏。热泵干燥机器在干燥过程中，其干燥介质是在机器内部进行封闭循环，不会有粉尘、异味或污染物随着废气排出而对环境造成污染，还能够将废气中的余热继续收集起来循环利用，环保性能很好。

热泵干燥机

★慧聪360网，网址链接：https://b2b.hc360.com/supplyself/.html

（编撰人：莫嘉嗣，漆海霞；审核人：闫国琦）

254. 蔬菜的脱水处理技术如何应用？

（1）常压热风技术。常压热风干燥机与普通常规物料干燥机的干燥原理没有什么区别，都是使蔬菜的内部水分经由毛细管来到蔬菜表面，再蒸发脱水。这种技术最特别的是它是采用合理温度和风量的热风来促进蔬菜内部水分的扩散。国内常用的热风干燥机器主要有隧道式干燥机、筛式干燥机、流化床干燥机，这项常压热风技术也趋向于成熟水平。

（2）真空冷冻技术。当前干燥技术最流行的要属于真空冷冻技术。真空冷冻机器是利用水分结冰后再使环境处于接近真空的状态下，使水的沸点与冰点重合，也就是将压力下降到水的三相点压力，然后升温，使冰升华转变成水蒸气来进行脱水。

（3）微波技术。微波技术的工作原理是利用物料内部水分对微波的吸收特性，在蔬菜吸收了微波之后将微波能转变为热能使水分受热蒸发进行脱水。微波具有高频波段的电磁波的反射、透射、干涉和衍射特性，使用微波技术能使蔬菜的受热均匀，不会出现像一般加热干燥设备所带来的内外加热不均的问题，因此微波技术能使蔬菜保持优良的品质，营养成分丢失极小，并且干燥速度快、工作效率高、环保无污染，值得推广应用。

（4）真空远红外技术。真空远红外技术是基于很多物质对波长在3～15μm

范围的红外辐射有很强的吸收带的原理。真空远红外技术的干燥原理是利用远红外线使蔬菜内部水分剧烈运动升温而蒸发，蔬菜的内压变大，在压差和湿度梯度作用下加速了外扩散，使蔬菜不断脱水，降低含水量。该项技术无论是干燥效率还是蔬菜质量，都比其他干燥技术有了很大的提高。

脱水蔬菜

★农机360网，网址链接：http://www.nongji360.com/company/shop2/.shtml

（编撰人：莫嘉嗣，漆海霞；审核人：闫国琦）

255. 蔬菜脱水后有哪些理化特性？

（1）蔬菜脱水后的物理特性。经过脱水后的蔬菜含水量会降低到4%～13%，水分子活度也会降到0.7左右。经过脱水处理的蔬菜本身的微生物和酶都处于不运动状态。经过真空密封包装后保质期能长达2～3年。脱水蔬菜的质量跟新鲜蔬菜相比会减小到1/10甚至1/20，食用前只需要3～10min就可以恢复新鲜状态。复水比为1∶35，复鲜度大于90%。脱水蔬菜能够防止微生物和病菌的衍生繁殖，实现防腐和保鲜。

（2）蔬菜脱水后的化学特性。脱水蔬菜在细胞组织失去水分后，会改变蛋白质的特性，进而改变细胞的内部结构和功能，细胞膜的透性会增强，一些贮藏物质和部分结构物质，如淀粉、糖、蛋白质、果酸以及少量的脂肪物质，在酶的作用下分解成简单物质，其中淀粉分解成葡萄糖，双糖转化成单糖，蛋白质和多肽分解成氨基酸，原果酸分解成果胶酸。虽然蔬菜的细胞结构发生了很大变化，但却没什么负面影响，相反，还会使蔬菜更加鲜甜，主要的矿物质、不溶性成分不会因为分解而损失。

总的来说，脱水蔬菜拥有很多优点，比如轻质量、方便携带、保质期长、营养成分高，是多数蔬菜加工产品中最具有优势和前景的。

脱水蔬菜

★百度图库，网址链接：https://image.baidu.com/search/detail

（编撰人：莫嘉嗣，漆海霞；审核人：闫国琦）

256. 脱水蔬菜有哪些风味成分和品质变化？

（1）风味物质。风味物质是影响脱水蔬菜味道的重要物质，是由不同种类蔬菜内在的香气物质和脱水加工过程中产生的新风味决定的，若能使蔬菜保持原来蔬菜的营养风味，甚至产生新风味物质，则可以证明该蔬菜的加工工艺优良。风味物质的产生过程主要有以下几种。

①蔬菜在脱水过程中蛋白质结构发生变化，进而改变细胞的内部结构和功能，使部分贮藏物质和部分结构物质如淀粉、糖、蛋白质在酶的作用下分解成简单物质，如葡萄糖和氨基酸等。

②氨基酸脱羧和氧化脱氨转化成相应醛类，或与糖类产生美拉德反应，生成呋喃、吡咯、吡嗪等香气物质。

③脂类和类胡萝卜素的氧化、降解生成的醇、酮、醛类香气化合物。

（2）营养物质。新鲜蔬菜进行干燥过程制作成脱水蔬菜，其间或多或少会造成部分营养成分的丢失，常见的有蛋白、糖类、纤维素和维生素等。

（3）色泽。色泽是体现脱水蔬菜质量的一大因素，大多数蔬菜在脱水过程中都会出现变色的现象，主要原因是酶促褐变、非酶褐变、色素物质的变化以及与金属离子的接触，这会使脱水蔬菜品质有一定程度的降低。

（4）质地。质地也是体现脱水蔬菜质量的一大重要因素，脱水蔬菜的质地取决于细胞组织结构和化学成分，在脱水过程中各种物理反应和化学分解都会影响脱水蔬菜的质地。

（5）复水性。复水性决定了脱水蔬菜在吸收水分后能否恢复足够的新鲜味道，也是体现脱水蔬菜质量的一大重要因素。在复水期间，脱水蔬菜的可溶性物质随着水分的渗入而流出，这会影响到脱水蔬菜的营养成分和食用体验，会使咀嚼性、硬度、黏着性等品质参数下降。

脱水蔬菜

★百度图库，网址链接：https://image.baidu.com/search/detail

（编撰人：莫嘉嗣，漆海霞；审核人：闫国琦）

257. 脱水蔬菜生产设备类型有哪些？

脱水蔬菜的生产主要需要以下几种设备：电子秤、清洗机、去皮机、切分机、漂烫池、甩干机、干燥机、包装机等。常用的干燥机类型有两种：一种是托盘式干燥机，主要用于叶类蔬菜的脱水加工，工作流程包括人工装盘、摊平、卸料与清理等流程。另一种是带式干燥机，主要用于胡萝卜、马铃薯等根茎类蔬菜的加工，该干燥机需要将脱水蔬菜切制成丝状或丁状。

（1）托盘式干燥机。托盘式干燥机是一种小型半自动干燥机，其主要的工作原理是由油或者可燃性气体作为燃料驱动电动机提供动力，使装有蔬菜的托盘能够上下移动，对蔬菜进行处理的是由上下两部分构成的干燥室，两个部分都带有五层结构，中间则有一个加热器。具体工作流程如下：将盛有蔬菜的托盘放到提升器上，然后托盘被提升器送到干燥室的最上层，被推入干燥室中。然后提升器移动至干燥室上部分的最下面一层，打开门，取出一个托盘。然后提升器再次移动到干燥室下部分的最上层，将托盘推入干燥室。之后提升器降落至最低层，打开门，将脱水完成的蔬菜取出。除了上下两部分之间的加热器，干燥机还有一个可以对上下两部分进行温度调节的主加热器。

烘干设备

脱水蔬菜

★百度图库，网址链接：https://image.baidu.com/search/detail

（2）输送带式干燥机。现如今各个国家应用最为广泛的干燥机是输送带式干燥机。该干燥设备有翅片式热交换器、高压蒸气、煤气、电力加热等众多加热方式，干燥室中还分布着许多对气流分布进行调节的小型轴流式风扇。输送带式干燥机最大的特点是具有一个可以控制干燥过程的调速传输带，蔬菜在脱水过程中还可以通过振动、翻动等方式来除去水分，能有效提高脱水蔬菜质量和生产效率。

（编撰人：莫嘉嗣，漆海霞；审核人：闫国琦）

258. 脱水蔬菜组合干燥技术有哪些种类？

（1）脱水蔬菜热泵组合干燥。热泵干燥技术的优点是干燥过程相对温和，基本相当于物料在自然情况下的失水干燥，其特点是蔬菜表面的水分蒸发基本与内部水分的向外迁移速度同步，这也使经过热泵干燥后的蔬菜能保持良好的色泽和质感，保证了脱水蔬菜的质量。但热泵干燥也有一定的不足之处，当干燥进行到中后期的时候，由于空气与干燥物料之间的传质系数变小，脱水速度会急剧下降，相比前期去除等量的水分却需要消耗更多的能量。并且由于干燥室进出口空气状态变化很小，蒸发器吸收水分的显热和潜热有限，热泵系统运行工况变差。如果利用组合干燥技术就可以解决这一问题，使中后期的干燥过程不会过于漫长以及浪费太多能量。

（2）脱水蔬菜热风—冷冻组合干燥。真空冷冻干燥技术具有能够保证蔬菜脱水后仍具有优良色泽、质感、香质的优点，能使脱水蔬菜的营养成分不流失，因此可以采用脱水蔬菜热风—冷冻组合干燥技术来保证脱水蔬菜的质量。

（3）脱水蔬菜微波—热风组合干燥。微波干燥技术的特点是传统蔬菜对整个体积进行干燥，同时因为传统效果所带来的不同区域的温度梯度差能加速蔬菜的热量传递，提高脱水速度，因此采用脱水蔬菜微波—热风组合干燥技术可以很大程度地提高蔬菜脱水效率。

干燥机

★百度图库，网址链接：https://image.baidu.com/search/detail

（4）脱水蔬菜微波—真空组合干燥。多种干燥技术中，以微波技术和真空冷冻技术的总体脱水效果最为优良，将这两种技术组合起来，利用真空中水的沸点降到最低，水分子移动速率最快，提高蔬菜脱水效率，同时又能保证脱水蔬菜的优良品质，达到最好的经济效益。

（编撰人：莫嘉嗣，漆海霞；审核人：闫国琦）

259. 脱水蔬菜组合干燥技术如何应用?

（1）脱水蔬菜组合干燥技术分类。脱水蔬菜组合干燥技术是利用两种或两种以上的干燥方式进行分段脱水，或者利用多种加热方式结合在一起使用的混合干燥技术。常用的干燥技术包括微波—冻干串联组合干燥、热风—真空微波串联干燥、微波—对流联合干燥、喷雾—流化床—振动流化床组合干燥、微波—过热蒸气组合干燥、热泵—热风对流组合干燥、热泵—红外线组合干燥、热泵—太阳能组合干燥等。这种技术可以将各种干燥技术的优点结合起来，并消除了这些干燥方式独自使用的缺点。无论是在效率上还是在蔬菜脱水后的质量上，组合干燥技术具有明显的优势。

（2）脱水蔬菜组合干燥的理论依据。由于蔬菜含水量极高，几乎所有的蔬菜含水率都不低于80%，有些蔬菜的含水率甚至还超过了90%。比如白萝卜的含水率就高达91.7%，番茄高达95.9%，黄瓜甚至高达96.9%。干燥机在脱水过程中只能够将蔬菜的游离水和胶体结合水除掉，还有一种化学结合水，由于水分子与蔬菜的分子结合在一起，物理方法无法将之除去，因此化学结合水不作为干燥脱水的对象。所以总的来说脱水蔬菜组合干燥技术主要是结合各干燥脱水技术的优势来针对不同蔬菜或同种蔬菜的不同干燥阶段进行相对应的干燥方式脱水，以脱去蔬菜中的游离水和胶体结合水。

干燥机

★百度图库，网址链接：https://image.baidu.com/search/detail

（编撰人：莫嘉嗣，漆海霞；审核人：闫国琦）

260. 原料预处理对脱水蔬菜品质有哪些影响?

为了保护脱水蔬菜的色泽不会过分丢失和改善脱水蔬菜的品质,常常需要运用预处理手段来提前对新鲜蔬菜进行处理,包括物理和化学两种预处理方式。

(1)化学预处理。利用给蔬菜添加化学物质来实现护色和提高复水性的目标,常用的化学预处理包括以下几种方式。

①硫化处理。主要是利用亚硫酸盐溶液或二氧化硫对蔬菜细胞和组织中的酶促褐变和非酶褐变进行抑制,可以防止害虫和微生物的危害。

②金属离子处理。这种方式是利用金属离子产生的金属络化物来保护蔬菜色泽,通常采用铜离子和锌离子来对蔬菜进行护绿。

③抗氧化剂的应用。利用谷胱甘肽、抗坏血酸、植酸、柠檬酸和EDTA等抗氧化剂对脱水红辣椒和冬瓜的变色和褪色进行抑制。

④食盐、碱溶液处理。这种方式是用盐水或者碱溶液对蔬菜进行浸泡处理,能对蔬菜细胞组织的酶促褐变起一定的抑制作用,以及减小蔬菜溶氧量,还能提高脱水蔬菜的复水性。

(2)物理预处理。通过物理方式来改善复水后蔬菜的组织形态,以及实现护色目的,常用的物理预处理有以下几种方式。

①热烫处理。热烫处理是最常用的物理预处理方式,通过热烫处理后,蔬菜细胞组织的酶活性会大大降低,抑制褐变,再将蔬菜放进添加有护色剂和保脆剂的冷水中进行冷却,实现护绿的目的。

②蒸气处理。利用高温蒸气来降低蔬菜细胞组织的酶活性,抑制蔬菜褐变,实现护绿的目标。

③其他处理。微波、超声波或气体射流冲击技术等新型物理预处理方式也渐渐地被推广和应用,这些处理能很大程度地提高蔬菜脱水后的色泽和质量。

脱水蔬菜

★百度图库,网址链接:https://image.baidu.com/search/detail

(编撰人:莫嘉嗣,漆海霞;审核人:闫国琦)

261. 真空干燥设备有哪几种类型?

（1）箱式真空干燥机。箱式真空干燥机工作时，是将物料均匀地放于搁板上的托盘中。利用搁板将加热介质产生的热量传递给物料，使物料中的水分能够受热蒸发，再通过真空室的抽气作用将蒸汽经由气阀排除，完成物料的干燥工作。

（2）盘式真空连续干燥机。盘式真空连续干燥机由室体、进料装置、刮板装置、加热管路、加热圆盘、转盘、驱动机构、出料装置、真空管路及机架等组成。

盘式真空连续干燥机相比普通的真空干燥机，有更多的优点，相同容积的盘式真空连续干燥机的生产时间能比箱式真空干燥机少80%，产量能达到双锥真空干燥机的6～10倍，并且还具有调整方便、干燥性能强、适用范围广等优点。

盘式真空干燥机系统包括了主机、捕集系统、冷凝系统、加热系统、抽气系统以及辅助系统等。其主机的结构包括壳体、耙齿、转轴、封头、动密封、支架等。

（3）真空带式低温固体连续干燥机。真空带式低温固体连续干燥机的工作过程如下：物料通过干燥机内的四层传输带分别交替传输，实现连续送料，传送带将物料传送到干燥带上，一边进行加热来蒸发物料水分，一边将物料进行连续翻动来加快干燥速度，并使物料能够均匀干燥，保证干燥后物料的质量。干燥的温度在20～150℃可调，物料从进入干燥机到干燥后出料20～80min可调。

真空干燥机

★百度图库，网址链接：https://image.baidu.com/search/detail

（编撰人：莫嘉嗣，漆海霞；审核人：闫国琦）

262. 真空干燥设备如何选择?

（1）根据物料性质选择。

①按照物料的物理与化学特性，可以从物料的允许温度、热影响、比热容、密度等因素来进行选择。

②按照物料状态，可以根据物料的体积、形状、黏度、流动性与含水量等特性进行选择。

③按照物料干燥特性，可以从物料干燥速度、干燥温湿度、气体压力、含水分的性质（游离水、胶体结合水、化学结合水）和目标含水率等方面进行选择。一般来说箱式、耙式真空干燥机主要用于干燥黏性强或者呈膏状的物料，而双锥回转式与盘式真空连续干燥机则用于干燥流动性强或者呈颗粒状的物料。

（2）根据产量选择。真空干燥设备的选择，通常还会考虑物料的生产量来进行选择，由于真空干燥设备都会标明容积指标，所以可以根据物料的产量需求来选择合适的真空干燥设备，此时还需要考察真空干燥设备的装料系数能够达到标准，装料系数标准通常为60%～75%。

（3）根据设备性能选择。

①连续式真空干燥设备通常用于同一种类的物料的连续干燥工艺，产量大，并且对物料干燥效果均匀。

②真空干燥设备通常用于多种不同种类的物料的干燥，且干燥过程具有间歇性，无法连续，因此产量也少。

真空干燥机

★百度图库，网址链接：https://image.baidu.com/search/detail

（编撰人：莫嘉嗣，漆海霞；审核人：闫国琦）

263. 什么是蔬菜移栽机？

（1）整机结构。蔬菜移栽机主要由动力系统、开沟起垄机构、排肥机构、铺膜机构、栽植机构、注水机构、滴灌带铺设机构、秧苗盘放置架、投苗装置、培土铲、水箱、肥箱和动力传动等机构组成。

（2）工作原理。蔬菜移栽机的工作原理主要如下：当蔬菜移栽机需要行走在田地时，是利用控制液压手柄抬起蔬菜移栽机来实现的。当需要转弯时，先将变速杆置于空挡位置，拉起手刹实现制动，再进行机组转弯。当需要停下工作时，便控制蔬菜移栽机降落，根据地面环境将行距、株距、深度等条件调节好。先由开沟起垄机根据深度要求进行开沟，铺膜机构随后将薄膜铺设好，排肥机构根据事先设置好的排肥量对距离秧苗根系5～6cm的位置进行施肥，动力传动机构通过地轮带动主轴链轮，为栽植机构提供动力，进行定穴移栽，再由注水机构按设定好的时间和水量进行注水，最后由培土铲为注水后的秧苗进行培土，整个蔬菜移栽流程就完成了。

（3）创新点。

①将蔬菜秧苗移栽过程中的开沟起垄、铺膜、施肥、膜上打孔移栽、施肥、注水、培土等工序都集合到一起，一次性完成，并且不会出现苗膜错位、撕膜、漏栽等常见问题，具有秧苗成活率高、工作效率高、性价比高等优点。

②主机和作业机具连接方式采用活动铰链硬连接，既实现了整机仿形功能，又增强了田间的通过性。

③蔬菜移栽机的转弯是采用折腰式转向，缩短了机身长度，能够适用于小块田地和温室大棚的移栽工作，适用范围广。

④不同于其他普通设备，该蔬菜移栽机的注水机构是机械杠杆结构，性能稳定，性价比高。

蔬菜移栽机

★农机360网，网址链接：http://www.nongji360.com

（编撰人：莫嘉嗣，漆海霞；审核人：闫国琦）

264. 什么是吊杯式蔬菜移栽机？

（1）整体设计。吊杯式蔬菜移栽机主要由机架、三点悬挂装置、地轮、传动系统、座椅、穴盘苗架、移栽单体及覆土镇压轮等组成。工作时，由29.4kW的拖拉机牵引给移栽机提供动力，吊杯式蔬菜移栽机上有4个交错排列的移栽机构，都包含有独立的投苗杯安装架、投苗杯、箱体和栽植装置，可以同时进行4

行田地的蔬菜移栽，移栽后相邻的蔬菜秧苗之间都有一定的间隔，以保证生长空间足够。

（2）工作过程。工作时，拖拉机通过连接移栽机的三点悬挂装置，经过地轮带动链条为主轴传递动力，以此带动移栽机的4个移栽机构的栽植装置进行旋转，栽植装置主轴通过链轮链条带动移栽机构上面的两个锥齿轮旋转，再带动投苗杯转动，以此进行蔬菜秧苗的移栽。

移栽机工作前，还要先对土壤进行起垄做畦，使土壤变得松软、整齐和疏水性强，种植层面变厚，方便蔬菜秧苗进行移栽。移栽机工作时，先将秧苗放在穴盘上，再放到左右穴盘架上，手动从穴盘架上取苗并投苗到转动的投苗杯里。苗杯旋转至正前方时，投苗杯底座打开；此时栽植器承接杯运行至投苗杯正下方，穴盘苗恰好落入承接杯中，待承接杯运行至最下方时鸭嘴打开，穴盘苗在重力作用下落到穴坑内，紧接着覆土镇压轮将土壤盖覆并压实，整个蔬菜移栽工作就算完成了。

吊环式蔬菜移栽机

★百度图库，网址链接：https://image.baidu.com/search/detail

（编撰人：莫嘉嗣，漆海霞；审核人：闫国琦）

265. 吊杯式蔬菜移栽机的部件如何工作？

（1）传动系统设计。吊杯式蔬菜移栽机的作业动力来源于拖拉机的牵引，通过连接移栽机的三点悬挂装置，经过各种链轮轮齿与链条链节的啮合来进行动力的传送。这种链轮链条的动力传输系统稳定性强、精确性高、结构简单、工作效率高、性价比高，适用于各种环境条件复杂和恶劣的农田。

（2）栽植机构设计。移栽机的中心结构是栽植机构，用于承接蔬菜秧苗、打穴和蔬菜秧苗移栽，其主要结构组成包括轮轴承安装盘、控制盘、滚轮轴承、安装盘支撑、安装盘、栽植装置主轴、栽植器支撑板、滚子、复位弹簧、鸭嘴、承接杯、套筒及安装盘等。

正常情况下，栽植器靠两侧的栽植器支撑板安装在安装盘上，再将安装盘套装在主轴上，整个栽植机构是由带座轴承连接安装在移栽单体机架上的。进行蔬菜移栽工作时，由栽植器承接杯向上承接穴盘苗，鸭嘴垂直向下进行打穴栽植，确保移栽后秧苗能够直立。通过连杆连接栽植盘和控制盘，通过滚轮轴承连接控制盘和安装盘，构成四连杆机构，保证了栽植器能够稳定作业，不会翻转。栽植器安装盘上方凸起的部分组成凸轮机构，与栽植器上面的滚子构成滚子凸轮机构，能够操作鸭嘴打开，当需要关闭鸭嘴时则通过操作复位弹簧来完成。

吊环式蔬菜移栽机

★百度图库，网址链接：https://image.baidu.com/search/detail

（编撰人：莫嘉嗣，漆海霞；审核人：闫国琦）

266. 什么是蔬菜移栽机？

（1）总体结构和工作原理。蔬菜移栽机总体结构包括蔬菜移栽机单体、地轮组装、"V"形卡子、横梁等。当进行移栽工作时，先手工分配秧苗，将秧苗放入喂入筒内，接着喂入筒进行转动直至到达导苗管上方，此时打开喂入筒下方活门，秧苗降落至倾斜的导苗管中，再掉落至开沟器开出的苗沟内，由栅条式扶苗器将秧苗扶至直立状态，最后覆土镇压轮再对苗沟进行土壤盖覆并压实，整个蔬菜移栽工作就算完成了。

（2）主要部件的设计。决定一台蔬菜移栽机性能是否优良的因素主要有插苗可靠性、秧苗栽植均匀性和秧苗直立度等方面。经过试验发现，秧苗栽植均匀性最佳的情况是喂入杯的直径和放秧苗的钵体的大小接近。秧苗从喂入器进入到导苗管后，一边随机体做牵引运动，一边沿导苗管做相对运动，当导苗管倾斜角度在65°~80°的可调范围时，能够实现零速投苗的最佳效果。当由栅条式扶苗器进行扶苗时，如果将左右栅条设计成对称的"Y"字形，可以实现最好的扶苗效果。

总体上来看，喂入器是采用旋转杯式，工作过程中秧苗能够有序地降落，在喂入杯关闭时，同样可以进行喂苗，可以有足够的手动喂苗时间，增大栽植频率。秧苗在导苗管的降落是自然降落，一般不会受到损伤。栅条式扶苗器能保证秧苗处于直立状态，使移栽后的蔬菜秧苗保持优质水平。

（编撰人：莫嘉嗣，漆海霞；审核人：闫国琦）

267. 蔬菜移栽机的常见故障如何排除？

（1）秧苗沿移栽机方向倾倒或者保持倾斜状态的原因。①栅条、导苗管或开沟器没有一一正确对应。需要在移栽机停止工作时，查看栅条的距离是否合理，可以使栅条之间靠近一些，稍微向前移动一下导苗管端部，或稍微向前移动开沟器来排除故障。②栅条皮带轮的拉杆位置不正确。检查一下栅条皮带轮的拉杆是否在上孔位置，如果在下孔位置则必须更正。③镇压轮打滑。④开沟深度不够。

（2）秧苗没有下落到沟底，停留在开沟器内的原因。①栅条间的距离过小会导致该情况。应该检查一下并合理调节栅条间的距离。②导苗管的端部位置不正确也会导致该情况。应进行检查，将导苗管的端部适当地前移调整，确保秧苗能够准确落入沟内。③还有一种情况是开沟器的宽度过小。应进行检查，将开沟器的宽度调整到合理大小，避免秧苗下落时被开沟器卡住。

（3）移栽机工作不稳定或发生滑移的原因。①链轮和双排链轮转动不灵活。应该及时清洗链轮和双排链轮。②传动装置间隙不对。将传动装置的间隙调节到合理距离。

（4）秧苗在栅条皮带之间向上运动的原因。①栅条皮带距离太近。②栅条压板没有与栅条皮带呈平行状态。③钵体重量不够或湿度不够。应该检查钵体重量是否足够，当湿度不够时进行喷水。

（5）秧苗覆土不好的原因。①栽植深度不够。②土壤的耕作深度不够。③两个镇压轮距离过远。

蔬菜移栽机

★百度图库，网址链接：https://image.baidu.com/search/detail

（编撰人：莫嘉嗣，漆海霞；审核人：闫国琦）

268. 什么是传送带式蔬菜移栽机?

（1）基本机构。传送带式蔬菜移栽机的整体结构，包括底盘、苗架、传送带、传送带支架、落苗轨道、开沟器、覆土轮、传动链轮、滚筒及悬挂装置等部件。

（2）工作原理。工作时拖拉机通过三点悬挂机构来提供动力带动传送带式大田蔬菜移栽机工作。当拖拉机前进时，会带动移栽机滚筒转动，同时带动通过链轮与滚筒连接的主动轴旋转，进而为传送带提供动力。需要注意的是，在蔬菜移栽工作进行前，需要对土壤进行起垄做畦，使土壤变得松软、整齐和疏水性强，以及种植层面变厚，方便蔬菜秧苗进行移栽，同时也不会损伤到滚筒。

移栽过程中，先将秧苗放在穴盘上，再放到左右穴盘架上，手动从穴盘架上取苗，再用取苗夹板夹出一排穴盘秧苗，放到倾斜的传送带上，由于秧苗与传送带之间存在有较大的摩擦力，因此秧苗随着传送带运动向下传送，不会和传送带做相对运动。随着移栽机的前进，开沟器会开出一道道苗沟，当秧苗传送到传送带最底部时会进入水平的落苗轨道，经过减速后落到苗沟中，最后由覆土镇压轮将土壤盖覆并压实，整个蔬菜移栽工作就算完成了。

传送带式蔬菜移栽机

★百度图库，网址链接: https://image.baidu.com/search/detail

（编撰人：莫嘉嗣，漆海霞；审核人：闫国琦）

269. 传送带式蔬菜移栽机的部件如何工作?

（1）滚筒的设计。移栽机滚筒的功能有两方面，一方面能够对移栽机起支撑作用，另一方面能够传送动力带动传送带运动，安装部位是在移栽机底盘的上方。滚筒的外部会有一层包胶进行保护，是为了能够保护金属材质的滚筒不受到磨损，以及减少滚筒与土壤之间的摩擦力，减少滚筒表面土壤颗粒粘结对滚筒的伤害，以此提高移栽机传输系统的运行性能。由于蔬菜秧苗的株距是由滚筒的直径决定的，因此滚筒的尺寸大小要通过不同蔬菜种类种植所要求的株距以及移栽机底盘的宽度来进行选择。

（2）传送带系统的设计。传送带式蔬菜移栽机的核心机构是其传送带系统，包括了传送带、传送带支架及落苗轨道3个部件。传送带支架安装在底盘上，落苗轨道通过固定架与传送带支架固定在底盘上，传送带靠连接主动轴与从动轴从滚筒的旋转运动中获得动力。正常工作时，先手动从穴盘架上取出方体苗块，放到倾斜的传送带上，秧苗随着传送带运动向下传送。当秧苗传送到传送带最底部时会进入水平的落苗轨道，经过减速后落到苗沟中。传送带采用带有高出带体的粒状花纹的粒状花纹传送带，以此增加方体苗块与传送带的摩擦力，实现无滑动输送。

（3）传动系统组成。移栽机在拖拉机带动下驱动滚筒旋转，主动链轮与滚筒轴通过键连接，通过链传动带动从动链轮运动，最终带动安装在从动轴上的传送带运动。

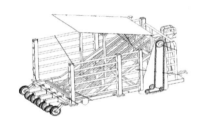

蔬菜移栽机部件

（编撰人：莫嘉嗣，漆海霞；审核人：闫国琦）

270. 什么是牵引式小型钵体蔬菜移栽机？

牵引式小型钵体蔬菜移栽机的主要结构包括牵引架总成、地轮总成、移栽器总成、放苗架总成及覆土镇压轮总成等，因此是一种组合型机器。

牵引架总成包括悬挂横梁、悬挂与拖拉机连接机构、地轮总成与悬梁连接机构、移栽器总成和悬梁连接机构组成，牵引架的所有零件都是通过"U"形螺栓固定在悬挂横梁上的。

地轮总成由地轮、地轮轴和地轮机架组成。通过调整地轮上的链轮齿数，可以调整地轮与移栽器的传动比，以此得到想要的株距。通过旋转地轮机架上方的丝杠，能够调整悬挂横梁与地面的相对高度，以此调节移栽器与地面的相对高度。

移栽器总成由牵引臂、移栽器挡板、移栽圆盘、偏心圆盘、曲柄连杆机构、凸轮、鸭嘴和弹簧等组成。移栽器通过牵引臂的牵引作用，得到拖拉机驱动提供的动力，向前运动。移栽器的动力传动过程主要如下：拖拉机带动地轮转动，地轮通过与主传动轴连接传递动力，主传动轴再带动移栽轴的链轮旋转，以此将动力传送给移栽器。

放苗架与牵引臂通过螺栓固定在移栽器后上方，放苗架上下都有铁皮板跟脚架焊接在一起，进行取苗工作时人可以坐在座位上。可以通过调整连接放苗盘和支架之间的螺钉来调节行距。

覆土镇压轮总成在牵引臂末端，由覆土连杆、连杆套管、橡胶轮连杆、橡胶轮组成。当需要调节橡胶轮连杆的上下位置及角度时，只需要拧紧覆土连杆套管上的螺钉即可。

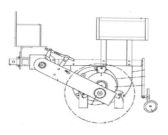

移栽机构示意图

（编撰人：莫嘉嗣，漆海霞；审核人：闫国琦）

271. 牵引式小型钵体蔬菜移栽机的原理是什么？

（1）设计原理。小型钵体蔬菜移栽机的动力来源，是由拖拉机牵引，连接带动地轮转动，与地轮连接的第一个链轮组同步转动，将动力传送到主传动轴上，主传动轴的另一端与另一个链轮组相连并带动其进行运动，将动力传递到了移栽器上，整个动力传输过程是一个二级传动系统。通过改变第一个链轮组上的齿数，可以调整地轮与移栽器的传动比，以此得到想要的株距。

（2）移栽器工作原理。机架通过牵引臂的牵引作用，得到拖拉机驱动提供的动力，沿直线前进，移栽器圆盘与链轮连接同步得到动力，开始做圆周运动。移栽器圆盘有两部分，分别是动圆盘与偏心圆盘，两圆盘旋转时角速度相同。曲柄机构与圆盘连接，同样进行旋转，曲柄上铰接有一个吊篮，吊篮运动时能够一直垂直于地面。当吊篮运动到上方，就手动将秧苗放入吊篮中，当吊篮运动到下方时，连接在吊篮上的鸭嘴会在两侧凸轮作用下开启，当鸭嘴开到最大时，秧苗就会掉落进穴中。苗体完全脱离鸭嘴后，在两侧凸轮及鸭嘴上的弹簧作用下，鸭嘴会缓慢闭合，在吊篮与牵引臂平行处完全闭合，完成一个周期，然后吊篮上升，继续进行下一次投苗。

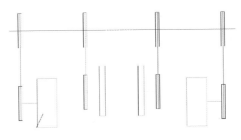

移栽机传动简图

（编撰人：莫嘉嗣，漆海霞；审核人：闫国琦）

272. 什么是亚美柯蔬菜移栽机?

（1）产品特点。①主要移栽对象是卷心菜、西兰花、红紫苏等蔬菜。②整个移栽机体积较小，回转容易，且工作效率高，1亩地的蔬菜移栽只需要20～27min就可以完成。③自动化程度高，耗费人力少，在人工放好秧盘后，接下来从顶出苗到移栽都能够全自动完成。④单人即可以操作机器来进行移栽工作，在秧盘内无苗后自动停止。⑤能实现深度移栽，且移栽后的秧苗能够保持直立。

（2）主要技术参数。整机尺寸：2 195mm×940mm×1 150mm。发动机：风冷四冲程汽油机。马力：2.0（最大2.8）。种植行数：2。种植行距：55cm。种植株距：5.8～52（20段）cm。作业效率：20～27min/亩。

蔬菜移栽机

★百度图库，网址链接：https://image.baidu.com/search/detail

（编撰人：莫嘉嗣，漆海霞；审核人：闫国琦）

273. 洋马蔬菜移植机的特点是什么？

（1）操作简单。洋马蔬菜移植机使用方便，按一下按钮就能启动发动机，只需操作单手柄就能进行株距调节、速度调节和移植深度调节。

（2）小巧、易操作。①该机机型小巧，转弯方便，还能根据地形需要通过六角管滑动方式来改变轮距，因此适用于各种类型的田地。②移植机上安装有镇压自动下降装置。当转弯结束后，镇压轮和机体的下降连动，能使移植机自动下降，方便再次移植。

（3）移植漂亮。①由于该移植机是平行连接结构，整个机体会随着地形的起伏而平行起伏，移植过程比较稳定，姿势也比较可观。②该移植机安装有自动液压感应装备，利用轮式感应器来测出畦的高度，再自动进行液压控制做出相应调整，就算地形倾斜，也能够使栽植深度保持稳定，实现智能化和高精度的移植工作。③移植器的开孔器是采用开口结构，可以防止在开孔器上升过程中误将较长的秧苗夹起。

移栽机

★百度图库，网址链接：https://image.baidu.com/search/detail

（编撰人：莫嘉嗣，漆海霞；审核人：闫国琦）

274. 蔬菜移栽机有哪些优点？

（1）生产效率高、性价比高。每一趟前进能够移植两行秧苗，作业效率为 $3\,600 \sim 6\,000$株/h（$1\,333.34 \sim 2\,000.01 m^2/h$），大概是人工移栽效率的7~8倍。提供动力的发动机性能高，耗油量少，油耗仅为7.5L/hm²，且可以长时间工作，节省了大量的成本。且对于田地的利用率高。

（2）使用灵活。能够根据需要灵活调节行距和株距，适合不同种类的蔬菜的移栽，同时能够满足绝大多数移栽工作的栽培要求。

（3）机型小巧，操作简单。该移栽机体积较小，适合绝大多数露天田地和温室大棚的移栽作业。正常工作时，只需要坐在机器上进行苗杯补苗即可，到垄后会有报警器自动鸣响提醒，操作简便，人力劳动强度不大。

（4）适用范围广。大多数农作物主要是需要在育苗播种机上播种和在垄地上种植的，如茄子、黄瓜、番茄、甘蓝和辣椒，甚至是花卉、烟草，都可以使用该移栽机进行移植。

蔬菜移栽机

★慧聪360网，网址链接：http://www.nongji360.com/.shtml

（编撰人：莫嘉嗣，漆海霞；审核人：闫国琦）

275. 蔬菜移栽机械发展存在哪些问题？

（1）由于我国地域间环境差异较大，各个地区的蔬菜移栽的品种、育苗方式、苗龄、行距、株距、种植密度及深度都有不小的差距，要研发出一种通用于各种环境的蔬菜移栽机有一定的难度。

（2）没有与栽植机械相对应的育苗技术，大多数蔬菜育苗都是用育苗床和营养土来培植，这些秧苗都不太适合用移栽机械来进行移栽，并且大多数移栽机因为规格问题都无法与秧苗配套使用。

（3）随着温室农业的大力发展，越来越多的蔬菜都采取温室大棚种植方式。露天的种植地越来越少了，而用于露天种植地的蔬菜移栽机械当然也得不到什么发展。

（4）现如今绝大多数的蔬菜移栽机都是需要耗费大量人力进行喂苗，自动化程度低，生产效率取决于人工喂苗速度，大多数栽植频率难以超过每分钟40株，在产量和效率上都很不乐观。

（编撰人：莫嘉嗣，漆海霞；审核人：闫国琦）

276.蔬菜育苗播种机有哪些优点？

（1）播种准确、出苗率高。由于该播种机的播种器是采用针式气动型播种机，能准确进行播种，且出苗失败率不到5%，浪费种子少，减少成本。

（2）生产效率高、性价比高。蔬菜育苗过程包括床土填充、打孔、播种、覆土、浇水等多道复杂工序仅仅需要40s就可以完成。1h可以育苗播种150～220盘，其工作效率比人工播种高出了10～15倍，人力劳动强度大大减少，作业成本是人工播种的1/5。

（3）操作简单、适用范围广泛。需要人力工作的环节仅仅是育苗和覆土环节，只需要2～3人及时搬运育苗盘并填充漏斗中的床土与覆土即可。大多数农作物主要是需要在育苗播种机上播种和在垄地上种植的，如茄子、黄瓜、番茄、甘蓝和辣椒，甚至是花卉、烟草，都可以使用该移栽机进行移植。

蔬菜育苗播种机

★百度图库，网址链接：https://image.baidu.com/search/detail

（编撰人：莫嘉嗣，漆海霞；审核人：闫国琦）

277. 荔枝保鲜环境参数?

（1）温度是进行果蔬保鲜的首要要素，适宜的温度有利于抑制果蔬呼吸作用，延长果蔬保鲜周期。温度处于1～5℃时，荔枝的呼吸作用强度和褐变程度都比较低，好果率较高，适合荔枝的保存运输。

（2）调节空气气体成分，适当降低O_2浓度和提高CO_2浓度有利于抑制果蔬呼吸作用，提高果实的硬度和含酸度，延长果蔬的保鲜周期。对大部分荔枝品种而言，荔枝贮藏的气体成分比较合适的参数应该为O_2浓度为3%～5%、CO_2浓度为3%～5%。

（3）适宜的相对湿度有利于减缓荔枝表皮失水和褐变程度。荔枝贮藏中保持高湿度可以减少水分缺失和褐变程度，荔枝贮藏较适宜的相对湿度为90%～95%。

气调冷库

★百度图片，网址链接：https://image.baidu.com/search/detail

（编撰人：莫嘉嗣，漆海霞；审核人：闫国琦）

278. 荔枝为什么要保鲜?

荔枝是特色的亚热带水果，我国产量居世界第一。荔枝收获期集中于温度高、湿度高的夏季，采后易褐变、腐烂，不耐贮藏，贮藏环境中的温度、相对湿度和气体成分等对荔枝的贮藏期和品质有较大影响。

荔枝品质变化表现在果皮和果肉品质上，果皮指标包括褐变指数、色差值、失水率、水分百分含量、pH值等，而果肉指标包括可溶性固形物、可滴定酸、维生素含量等。荔枝果皮褐变会影响外观，严重降低其商品价值。荔枝果实采后不进行任何处理，常温下经24h就会产生明显褐变。不同保鲜模式对荔枝果实贮藏品质影响较大，使用合理的保鲜模式，可以有效保障荔枝果实贮运品质、降低物流成本。

（编撰人：莫嘉嗣，漆海霞；审核人：闫国琦）

279. 荔枝保鲜指标有哪些？

气调、控温控湿和仅控温3种保鲜模式下荔枝品质的变化指标是褐变指数、失重率、色差、果皮水分百分含量。

（1）褐变指数。贮藏前5d，不同保鲜模式的荔枝果皮褐变指数间的差异不显著，还没开始褐变或褐变不明显；贮藏5d后，气调保鲜模式的荔枝果实果皮褐变指数明显低于控温控湿和仅控温，说明气调保鲜模式相对控温控湿和仅控温模式更有效遏制荔枝褐变；贮藏20d后，3种保鲜模式的褐变指数快速增加，但控温控湿和仅控温果实果皮褐变指数明显高于气调，气调和控温控湿保鲜褐变指数快速增加则是由于果实自身的衰老引起的，仅控温褐变指数快速增加可能是由于荔枝果实的失水引起的。

（2）失重率。缺乏对相对湿度的调节的控温模式，荔枝果实水分蒸发较快，导致失重率迅速升高；贮藏30d后，气调与控温控湿模式失重率变化缓慢，仅控温模式失重率达到了11.52%。说明了荔枝果实失重率受保鲜环境相对湿度影响较大。

（3）色差。贮藏前10d，不同保鲜模式的荔枝果实果皮间的色泽差异不明显；贮藏前10d后，气调保鲜模式的荔枝果实果皮的色差值均比控温控湿和仅控温保鲜模式的荔枝大，说明气调贮藏对荔枝果实果皮护色、保色有重要作用。

（4）果皮水分百分含量。贮藏期前5d，不同保鲜模式荔枝果皮的水分百分含量比较接近；而经过贮藏10d后，仅控温保鲜模式荔枝果实果皮水分百分含量迅速下降，在湿度调节的情况下，气调与控温控湿保鲜模式荔枝果皮的水分百分含量变化缓慢。说明低温、湿度调节保鲜模式有利于保持荔枝果皮水分百分含量。

气调冷库

★新浪博客，网址链接：http://blog.sina）com.cn/s/blog.html

（编撰人：莫嘉嗣，漆海霞；审核人：闫国琦）

280. 荔枝如何保鲜运输？

国内现在荔枝运输方式主要有两种：泡沫箱加冰运输和冷藏运输。泡沫箱加冰运输，就是将荔枝果实采用聚乙烯袋包装后放置于加冰的泡沫箱中进行运输，使用冰块进行热传递从而降温，起到一定的保鲜效果。冷藏运输，即采用具有制冷设备的运输车辆对荔枝果实进行运输，通过制冷设备降低运输环境温度达到保鲜的目的。

气调保鲜运输是先进的保鲜运输方式之一，通过调节运输环境的温度、湿度、气体成分达到保鲜的目的。现阶段，对于荔枝的气调保鲜的工作主要集中在研究气调保鲜贮藏品质的变化、优化气调贮藏环境参数、研制新型气调保鲜包装。

保鲜箱

★新浪博客，网址链接：http://blog.sina.com.cn/s/blog.html

（编撰人：莫嘉嗣，漆海霞；审核人：闫国琦）

281. 荔枝采后保鲜处理方法有哪些?

（1）热处理保鲜技术主要包括热水、热蒸汽、干热空气、远红外辐射和微波辐射等，实际应用中主要采用热水和热蒸汽。现阶段世界上最先进的荔枝保鲜处理设备，通过结合热烫和臭氧的作用，实现对荔枝进行杀虫、保鲜等功能。热烫和臭氧两者共同作用，差压蒸热杀灭病原生物，臭氧冷却防止果皮褐变。

（2）低温保鲜处理技术可降低各种生理生化反应速度，延缓衰老和抑制褐变，抑制了微生物活动，可以长时间保持果实的风味和色泽。荔枝采后及时预冷可降低果实腐烂程度，最大限度地保持果实新鲜度及品质。

（3）化学药剂保鲜处理技术是目前应用最广泛的保鲜技术之一。现行的化学保鲜技术中，熏硫和亚硫酸盐处理是目前比较成熟的保鲜处理方法，在南非、泰国、以色列等国出口荔枝大部分采用以上方法进行保鲜。这种处理除抑制PPO活性外，SO_2与花色素苷形成SO_3^{2-}（亚硫酸根）稳定的复合物，显著提高了花色素苷的稳定性。

（4）涂膜保鲜处理技术，是在果皮表面涂上一层薄膜，在水果表面形成一个具有选择透过性的微观气调环境，再加上抗菌剂和酶抑制剂作用，从而抑制荔枝的呼吸作用和减少乙烯的产生，减少荔枝脱水，抑制有害微生物生长，减缓和防止果实腐败。

（5）生物保鲜技术在果蔬保鲜中的应用主要包括微生物菌体及其代谢产物、生物天然提取物及控制遗传基因三大方面。

气调冷库

新浪博客，网址链接：http://blog.sina.com.cn/s/blog.html

（编撰人：莫嘉嗣，漆海霞；审核人：闫国琦）

282. 荔枝如何气调保鲜?

（1）气调保鲜是指在一定封闭低温贮藏的环境内，根据需要保存食物品种的不同，通过多种调节方式改变环境体系中的气体组成成分，甚至去除有害气体，以此来抑制食品本身引起食品腐败变质的生理生化过程或抑制食品微生物的生长繁殖，为食品保鲜提供一个比较适宜的贮藏环境，从而达到延长食品贮藏期和货架期的目的。现有的气调保鲜方式主要有3种：自发气调、控制气调、气调复合。

（2）荔枝自发气调保鲜即用塑料薄膜包裹荔枝，借助荔枝自身新陈代谢作用，如呼吸作用及包装材料调节包装内部氧气与二氧化碳的比例。由于气调包装技术具有成本低、操作简便等优势，是目前果蔬保鲜技术中应用较广泛的技术。不同包装材料如聚乙烯（PE）、聚氯乙烯（PVC）、聚丙烯（PP）等对荔枝采后品质有一定的影响。

（3）控制气调是指利用机械设备，人为地控制气调冷库贮藏环境中的气体，实现水果保鲜，控制气调保鲜冷库要求对不同水果所需的气体环境进行精确调控，如气体成分浓度、温度和湿度。与其他保鲜方式相比，控制气调来保鲜荔枝能显著地提高荔枝好果率，延长保鲜期。此保鲜方式在实际应用中最为广泛。

（4）气调复合保鲜是指利用气调保鲜技术和其他技术相结合对荔枝等水果进行保鲜。当前，主要是气调保鲜与涂膜保鲜协同，其中多糖类涂膜较多，如壳聚糖涂膜与气调保鲜，海藻寡糖与气调保鲜等，而用其他物质涂膜的复合保鲜研究有待深入研究。

（编撰人：莫嘉嗣，漆海霞；审核人：闫国琦）

283. 荔枝速冻方法有哪些？

（1）空气冻结法。利用冷空气与物料之间的热传递进行降温冷冻称为空气冻结法。荔枝常用的速冻设备是流化床速冻设备，较好的空气冻结法为二段式流态化单体速冻工艺：荔枝单层均匀排列于网带上，厚度为30~40mm，荔枝冻结预冷终温小于8℃，冷空气温度为-42~-40℃；第一冻结区的冷空气流速为6~7m/s，第二冻结区的冷空气流速为5~6m/s，速冻时间为13~20min。荔枝在此工艺速冻中呈现流态化或滚动状态，保证能在较短时间内使荔枝的几何中心温度降到-18℃以下，并且荔枝单体不粘连。

（2）冷冻剂冻结法。利用低温或超低温介质与物料直接接触而进行热传递降温冷冻的方式称为冷冻剂冻结法。分为物料直接浸渍于冷冻剂和喷淋冷冻介质至物料两种形式。液体是热的良好传导介质，在浸渍或喷淋中，冷冻介质与产品直接接触，接触面积大，热交换效率高，冷冻速度快。

（3）液浸速冻技术。利用经预处理并包装好的荔枝直接放入液浸式速冻机进行快速冻结的技术称为液浸速冻技术。该技术能使荔枝快速通过最大冰晶区与冻藏相结合，以尽可能地保持新鲜荔枝原有的色、香、味、质地、营养等天然风味，保鲜期尽可能地得到延长，是目前快速冷冻技术中比较具有产业化前景的技术。其主要工艺为将预处理好的荔枝连续放入液浸速冻机，冻结温度为-35℃，液浸速冻冻结8～15min，荔枝中心温度降至-18℃即冻结完成。

（编撰人：莫嘉嗣，漆海霞；审核人：闫国琦）

284. 荔枝如何速冻预处理？

（1）速冻是一种连续多流程的加工技术，为了保证速冻产品品质，在速冻之前，需要进行一系列的预处理操作。速冻荔枝常用的预处理方法有热烫、酸浸渍、盐浸渍等。

（2）荔枝速冻加工过程中第一步预处理的操作是使用冰袋运输和冰水清洗，目的在于清洗干净荔枝果皮的灰尘杂质并且使采收后的田间热散去，达到预冷的作用，同时缓解速冻前果皮的褐变。预处理中更为重要的热烫处理和浸酸处理起到关键性作用。热烫方式主要有蒸汽烫或沸水烫，而浸酸常用柠檬酸加食盐，也有使用亚硫酸钠或焦亚硫酸钠代替食盐可减轻荔枝褐变。

（3）热烫可软化果皮，破坏果皮细胞结构，有助于柠檬酸等浸酸物质渗入果皮细胞，提高果皮细胞酸度，从而维持果皮花色素苷的稳定，保持荔枝色泽，热烫也起到了降低酶的活性，使与酶相关引起的变色程度减弱，以减少氧化变色和营养物质的损失，有利于维持速冻荔枝在冻藏期内的品质，保鲜期尽可能地得到延长。但热烫处理不可破坏果肉结构，浸酸则应促使热烫后荔枝的冷却并渗入果皮即可，以免速冻荔枝解冻后品质下降更快。因此，热烫应为短时高温，浸酸则短时低温。

（编撰人：莫嘉嗣，漆海霞；审核人：闫国琦）

285. 荔枝如何速冻与低温贮藏？

（1）荔枝出口的主要产品之一是速冻荔枝，具有明显的经济效益。选用适合的荔枝品种是速冻荔枝加工的关键步骤之一。不同品种的荔枝品质，果实的成熟度、营养成分含量和品质及果皮结构均有不同，导致其采后品质、贮藏特性、防褐抗菌能力差异较大。

（2）果实含酸低、含糖高则利于霉菌生长繁殖；果皮表面积小，水分的蒸发作用也相对应的减少。比较耐贮性的品种有早中熟的妃子笑、淮枝、桂味、白蜡子，晚熟的尚书怀、乌叶荔枝等。荔枝果肉硬度是影响速冻荔枝品质的因素之一。荔枝在30℃下贮藏30d，果肉硬度明显下降，白腊荔枝的果实硬度显著高于淮枝和黑叶荔枝；荔枝的采收时期也是影响冻藏荔枝品质的重要因素。

（3）低温贮藏，应在荔枝成熟时采收，果皮越鲜艳，其保鲜效果越好，但不宜过熟。荔枝成熟度为8.5～9成熟时采摘再速冻较为适宜。成熟度低，易引起荔枝产品浸酸风味欠佳；而成熟度过高，色泽不易保持和热烫后果皮过软；实现贮藏品质的一个重要前提是荔枝无病虫害。采前潜伏的病虫害，采后一旦发作病斑处会迅速褐变，品质迅速下降，如蛀蒂虫幼虫在荔枝幼果期从果蒂入侵，导致落果；而在果实接近成熟时入侵则仅在果柄处蛀食。

（编撰人：莫嘉嗣，漆海霞；审核人：闫国琦）

286. 荔枝新型保鲜技术是什么？

我国荔枝贮运保鲜技术的总体水平相对国外处于劣势，出口荔枝的保鲜技术主要模仿国外的熏硫返色技术，内销暂无特效的无毒无污染的荔枝贮运技术。我国荔枝产业持续高速发展受到缺乏效率高的、简单易行的、没有毒害的荔枝保鲜技术的影响。

当前广东省外销的大部分荔枝都是经简单的冰水浸泡降温，再用泡沫箱加上冰袋或冰罐包装，当天运往北方等其他市场销售。利用这一种无毒包装方法，为广东荔枝外销找到出路，在一定程度上解决了广东荔枝无法外销的难题。但该方法处理的荔枝运销时间一般不超过5d，且出箱后，果皮在3～5h迅速褐变，果质品质也迅速降低，货架期一般不超8h。

我国新研发了一种无毒、无害、无污染的荔枝保鲜技术。该技术操作简单，不添加任何防腐剂和杀菌剂，冷鲜期可达15～22d，解冷后果色不变，好果率达98%，常温货架期超40h，可随时食用，可操作性强。

保鲜流程。①挑选7～9成熟，无病果、坏果的荔枝果实。②荔枝采摘后直接装泡沫箱，2h内送入冷库或冷柜冷藏；或先用冰水浸泡荔枝5～15min，沥水3～10min后，再装泡沫箱或塑料箱，装箱后4～6h内送入冷库或冷柜冷藏。③装箱前后，箱子底部和箱子表面都要放置一定量的湿度调节剂，实现双向调节功能，该湿度调节剂不与荔枝发生直接接触，绝对没有毒害性。④根据荔枝品种不同选择不同的冷藏保鲜温度。一般情况下，普通冷藏保鲜温度为±1.5℃。⑤上述四步可保证荔枝保鲜15~22d，如果需更长时间保鲜，则需在箱底和箱面放入适量气调剂。

（编撰人：莫嘉嗣，漆海霞；审核人：闫国琦）

287. 气调运输包装方式对荔枝保鲜品质有怎样的影响?

（1）在气调保鲜运输中，密封包装方式和孔袋包装方式对比于不包装可以显著减少荔枝品质下降和褐变，抑制可溶性固形物和可滴定酸的分解，以及抑制荔枝果皮颜色的转变。此外，密封包装方式在运输7d以后可以引起可滴定酸含量的上升。

（2）在气调保鲜运输中，相比于孔袋包装方式，密封包装抑制荔枝褐变的程度明显不足，孔袋包装可以维持荔枝较高的好果率水平，运输至第7d时仍可以维持90%以上的好果率。密封包装方式和孔袋包装方式在抑制质量损失、抑制可溶性固形物和可滴定酸的分解方面，差异不明显。

（3）荔枝气调保鲜运输中，1.2%开孔率的孔袋包装方式可以进一步提高气调的保鲜效果，有效抑制荔枝保鲜品质的下降。

（编撰人：莫嘉嗣，漆海霞；审核人：闫国琦）

288. 保鲜运输对荔枝果品的影响有哪些?

（1）荔枝在1d内的运输，泡沫箱加冰运输、冷藏运输和气调运输3种运输方式对荔枝果实品质的影响无明显差异，荔枝果实品质无明显的变化。运输1d后，泡沫箱加冰运输的荔枝果实品质下降速度增加，品质显著低于冷藏运输和气调运输。可以说明，运输后期，气调运输可显著减小荔枝质量损失、保持相对较高的好果率。

（2）运输至4d时，冷藏运输和气调运输可以有效延缓荔枝果实品质的下降，冷藏运输和气调运输的荔枝果实品质没有明显的不同，均能保证95%以上的好果率，以及较好的色泽外观、风味和硬度等。运输4d后，冷藏运输的荔枝果实品质明显低于气调运输。

（3）气调运输相比于泡沫箱加冰运输和冷藏运输可以有效抑制运输中荔枝果实品质的下降，在运输4d后气调运输对抑制果肉硬度、可溶性固形物含量、果皮相对电导率、货架期品质等指标下降的效果更为显著。

（4）根据荔枝运输中果实品质的变化，可以根据运输时间总结出以下几种荔枝保鲜运输方式的选择。1d内的荔枝运输可以选择泡沫箱加冰运输、冷藏运输、气调运输3种方式中的其中一种进行运输，2～4d荔枝运输可以选择冷藏运输和气调运输中的任一种进行运输，4d以上的荔枝运输选择气调运输方式为宜。

冷藏运输车

★新浪博客，网址链接：http://blog.sina.com.cn/s/blog.html

（编撰人：莫嘉嗣，漆海霞；审核人：闫国琦）

289. 生物化学荔枝保鲜技术是什么？

（1）壳聚糖涂膜技术。壳聚糖作为天然多糖中唯一大量存在的碱性多糖，是从甲壳类外骨骼提炼的甲壳素或经脱乙酰基反应后获得的一类生物高分子物质。因为壳聚糖不但有可被生物降解、无毒、安全性好、保水能力强、抗菌性、防腐能力好、成膜性、生物相容性等特征，而且获取范围大、成本低，所以被广泛运用在贮藏保鲜采后的果蔬中。因此壳聚糖涂膜保鲜技术对提高采后荔枝的贮藏品质是很有效的，使保鲜期更长。

（2）植物提取物保鲜技术。植物提取物是从植物体或其某一特定部位中提取、制备的具有生物活性的功能成分，已有研究报道这类功能成分广泛应用于采后果蔬贮藏保鲜和食品防腐剂。其主要包括中草药成分、植物精油等其他提取物，维生素类、碱皂体、生物碱、多酚物质、多糖、多肽等活性成分。植物提取物保鲜技术具有较强抗氧化能力和抑菌能力，因此对提高荔枝果实采后的贮藏品质是非常有效的。

（3）生物拮抗菌保鲜技术。生物拮抗保鲜是指利用微生物之间的互相排斥、抵制、斗争的作用，一类以菌治菌的技术，即引入采后的果蔬病原菌的拮抗微生物，利用其菌体、发酵液或代谢产物多方面的作用，抑制或杀死有害微生物，以此来提升果蔬采后抗病性，使生理代谢速率下降，减缓褐变的发生、果蔬腐烂，维持采后的贮藏品质，达到防腐保鲜的目的。生物拮抗菌保鲜技术安全无毒，能有效解决化学残留等不良问题，对采后的荔枝果实具有较好的保鲜作用和抑菌效果。

（编撰人：莫嘉嗣，漆海霞；审核人：闫国琦）

290. 滚筒梳剪式荔枝采摘部件如何进行工作？

采摘部件中的梳剪部分由安装于齿形板上的橡胶板与齿形板构成。齿形板的整体宽度为250mm，厚度为2mm，折弯角初步设定为120°，初步设定齿数为13个。

橡胶板等同于在采摘部件末端设置1个柔性接触，其作用是在梳剪时采摘部件拣选荔枝果实和枝梗及降低对荔枝枝条和果实造成损坏，基于橡胶板的特殊用途，其材料通常都会选用异戊橡胶或者顺丁橡胶等具有良好耐用性与弹韧性的人工合成橡胶。

在机械运行时，橡胶板与齿形板共同在荔枝树的表面旋转运动。

起初柔性的橡胶板把较粗的荔枝枝条弹开远离梳剪部件，而把较细小的荔枝枝条和长有荔枝果实的枝梗梳进相邻的橡胶板之间。

随着整个梳剪部件的运作，齿形板把10mm（一般荔枝果梗的直径为4~10mm）以内的荔枝枝条和长有荔枝果实的果梗梳进齿缝里；最后在整个梳剪部件转动到某个位置时，齿缝内的枝条自动滑离出去，剩下的带有荔枝果实的果梗在齿刃剪切力的作用下与果实分离。

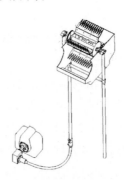

荔枝采摘部件

★ 姜焰鸣，赵磊，陆华忠，等.滚筒梳剪式荔枝采摘部件的设计与优化[J].华南农业大学学报，2015（3）：126-130

（编撰人：莫嘉嗣，漆海霞；审核人：闫国琦）

291. 荔枝采摘机械手现状是什么?

荔枝采摘设备在国内外吸引了很多学者研究和实践,但由于果实损伤率较大、采摘效率低等缘故,许多研究还只停留在做样机或理论上。

当前也有不少国内的研究学者设计制作了操作简便、性价比高的荔枝采摘器具,比如可伸缩式高枝采果器。它采用可伸缩式二节杆、圆锯片切割、尼龙网管作为输果道,两级自动导向分级,其结构简单、紧凑,操作简便。因为果梗没有固定,易于晃动,则在工作中圆锯片易碰到果实导致果实损坏。

与此同时,还有一种类型如姜焰鸣等设计的滚筒梳剪式荔枝采摘试验装置。尽管这种装置效率较高,采摘部件在梳剪时对荔枝果梗、枝条和果实仍然有机械损伤,而且高空采摘部分结构庞大,存在安全隐患,且使用不简便,实用性不强。因此,这些采果器不适用于要求保留果实完整性的工作。

以上几种采摘器还有一个共同的问题,即使用者需要长时间大角度仰头,容易劳损颈椎,导致头晕目眩、身体疲劳等问题,直接影响果农使用采摘器的积极性和降低采摘效率。

针对采摘机械手存在的技术和工艺问题,结合荔枝栽培生长特性,要想降低成本以及改善果农采摘舒适性,需要研发设计新型的采摘机械手。

荔枝采摘机械手

★百度图库,网址链接: https://image.baidu.com/search/detail

（编撰人: 莫嘉嗣,漆海霞; 审核人: 闫国琦）

292. 弯轴荔枝、龙眼采摘机械手是什么?

基于当前市场机械手的优点,放弃原有采摘机械手的直刀架做法,采用弯轴刀架设计,可减小使用者头部上仰角度,改善操作视线,降低颈椎疲劳强度。弯轴荔枝龙眼机械手主要由剪切刀具、刀架弯轴、连接轴套、拉绳、剪刀手柄、伸缩套筒等组成。这很好地解决了果梗与刀口相对位置难于观察和机械手定位的难题，提高操作的舒适性、灵活度，也提高了生产效率。

（1）工作原理。使用者双手紧握操作柄，利用转动手柄灵活地改变刀具的切割平面角度。在快速调整果梗和刀具相对位置并定位后，紧握剪切手柄，通过拉绳驱动剪切刀具的动刀片转动，完成果梗的切割。在切割任务完成后，松开手柄，在复位弹簧的作用下动刀片恢复回张开位置。

（2）主要部件的设计。采用铝合金材料的三节伸缩套筒，完全打开可以达到5m；加上使用者的身高，最大作业范围可以达到6m左右，基本可以满足南方荔枝、龙眼的采摘高度。刀口设计成凹、凸刃刀口更利于剪切果梗。为减小使用者头部上仰角，提高使用者的舒适度，方便观察果梗和剪刀的相对位置，手持伸缩套筒和刀架轴线制作成120°的夹角。

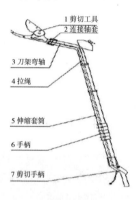

1 剪切工具
2 连接轴套
3 刀架弯轴
4 拉绳
5 伸缩套筒
6 手柄
7 剪切手柄

采摘机械手

★林和德.弯轴荔枝龙眼采摘机械手的设计[J].现代制造技术与装备，2016（5）：34-36

（编撰人：莫嘉嗣，漆海霞；审核人：闫国琦）

293. 旋转剪刀式荔枝采摘机的特点是什么？

（1）总体结构设计。由驱动部件、手持部件、采摘部件构成。采用功率为1.25kW的可调速汽油机作为驱动部件，动力经过减速比为100∶1的蜗轮蜗杆减速器、软轴总成、手持杆内的直驱动轴、采摘部分驱动轴驱动传递至安装座，带动收拢臂和切割刀片转动。实际采摘时，使用者操作手持杆将采摘部件靠近荔枝树有果枝条，并保持采摘部件断面与枝条垂直。当有果枝条进入收拢区域时，收拢臂收拢有果枝条，使枝条向安装座方向运动，当其运动到切割刀片拐点处时，被两个反向安装的刀片切割，被采下的荔枝落入收集网中，完成对荔枝果实的采摘。

（2）采摘部件设计。采摘部件主要由3个可旋转的上收拢臂和3个固定的下收拢臂构成，各收拢臂的末端都安装了"V"形刀片。

（3）采摘效果。①采摘机对有多个果实簇状分布的枝条进行剪切，从而使果实与果树分离，它可提高单次采果个数。②用小型汽油机为采摘机械提供足够动力。③采摘机械的连续性工作从而提高采摘效率。④为了省力可以把采摘动作设计成旋转剪切方式；采摘过程能避免剪切到无果枝条，在剪切部件尖端加入收拢机构，当定位至有果区域时，可将有果枝条收拢并向外挑起，避免剪切无果枝条。⑤保证枝条剪切过程中有较大的剪切力，可以把剪切位置设定在旋转中心附近，这样可减小阻力臂，增大剪切力，保证枝条能顺利被剪断。

荔枝采摘机整体结构

★孔庆军，姜焰鸣，陆华忠.旋转剪刀式荔枝采摘机采摘机理分析与结构设计[J].广东农业科学，2013，40（23）：171-173

（编撰人：莫嘉嗣，漆海霞；审核人：闫国琦）

294. 振动式荔枝去梗机的特点是什么?

我国的荔枝产业机械化程度较低，采后的荔枝多成串状，而出口的荔枝要求把荔枝分离为单果并包装，这种精细包装工艺也是今后高品质荔枝进入国内高端水果市场的必要条件。利用人工将成串荔枝分离成单果，效率较低，在采收期用工量很大，从而制约荔枝鲜果出口。

由于振动法可以用于分离果实，所以制作出基于振动分离原理的振动式荔枝去梗机，这种去梗机运用高频振动的振动手，把成串荔枝分离为单果。荔枝去梗机主要由传送部分、去梗部分和支架3部分构成。去梗部分主要由偏心轮机构、大电机、去梗台与振动手等组成；传送部分主要由小电机、传送带、传送台、导流壳和带轮机构等组成。

荔枝去梗机运行时，传动机构依靠大电机驱动完成两个振动手的来回振动，使用者手持一串荔枝的树枝端部，把果梗部分放在振动手的指杆间隙中，然后向后施加拉力，在振动手的作用下荔枝的果蒂处断开并与树枝分离，分离的荔枝滚落到传送带上，在小电机的驱动下传送带向前传动，并将荔枝从导流壳引导至下方的收集器中。调节振动手的振动频率是通过调节大电机转速来实现的。

荔枝去梗机的破损率及去梗效率跟振动手的振动频率有关，即与大电机转速有关。当振动频率在20Hz左右时，去梗效率较高且破损率较低，不会产生较大的机械损伤，并且去梗效率约为人工去梗效率的3倍，破损率低于6%。

振动式荔枝去梗机

★王慰祖，陆华忠，杨洲，等.机械去梗对荔枝损伤及保鲜性能影响的研究[J].现代食品科技，2014（4）：171-175

（编撰人：莫嘉嗣，漆海霞；审核人：闫国琦）

295. 荔枝传统和目前的去核方式有哪些?

可以根据去核后对果肉完整性的不同要求和后续加工的需要，来采用捅、取、挑、挖等措施给荔枝去核。在去核机械出现以前，传统的荔枝工厂规模化生产的初加工均为手工去核的。手工去核是最直接、最传统，以及最能保证果肉完好性的一种去核方法，目前不少果农依然采用该方法给荔枝去核。然而，手工去核在工厂化生产时劳动强度大，工人劳动成本低，同时不容易达到卫生要求，给食品安全带来了隐患，极大地限制了荔枝走向国际市场。所以需要鼓励新型的机械去核方式，如爪形去核机构和环形切管去核机构。

（1）爪形去核机构。由3片爪（或4～6片）组成，每一片爪分尖部、柄部和杯部3部分，适于剥壳后的荔枝去核。爪末端对准芽眼旋转切入，切开肉与核的连接并令核松动，然后爪沿核表面掉落，使核陷入杯状凹槽内，当机构上提时核被取出。

（2）环形切管去核机构。为了去梗并破坏荔枝芽眼，把环形切管去核机构的管口做成锯齿状切削刃或磨薄，并采用不锈钢作为材料制作。该刀具的去核效果因荔枝大小不同有差异。报告显示，小于35mm的去核率为50%，荔枝直径大于35mm的去核率为34.9%。

荔枝

★新浪博客，网址链接：http://blog.sina.com.cn

（编撰人：莫嘉嗣，漆海霞；审核人：闫国琦）

296. 荔枝去核机刀轴机构如何组成？

荔枝去核剥壳机主要由去核机构、送料机构和驱动系统组成。

（1）去核机工作原理。去核机构的刀轴通过减速电机驱动，同时受固定推杆作用，因此，刀轴一边旋转、一边沿轴向做来回运动，刀轴上固定有去核刀。送料机构的外槽轮背面均匀安装有4个料夹，运行时受减速电机驱动，每转过90°停顿一下，同时上面的料夹填料，下面的料夹卸料，中间的料夹与去核刀共同完成去核工作。在刀轴前进行程的前半行程和后退行程的后半行程，槽轮旋转，完成送料作业；在刀轴后退行程的前半行程和前进行程的后半行程，槽轮静止，完成去核、填料和卸料工作。

（2）刀轴的结构。刀轴是空心的，沿轴向分为3部分，外圆柱表面上加工了左右螺旋槽的中间段、带键槽的左段及单一圆柱面的右段。中间段的左右螺旋槽的两端由圆弧过渡连接，在圆柱表面上形成封闭的滑槽。

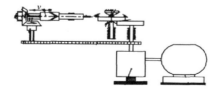

荔枝去核机刀轴机构

★王旭东. 荔枝去核机刀轴的优化设计与仿真[J]. 中国农机化，2011（5）：126-131

（3）刀轴运行过程。转动的锥齿轮副通过滑键带动刀轴转动，推杆的一端固定在机架上，另一端与滑槽配合，刀轴旋转并受到推杆作用在滑槽上的支反力，该支反力的轴向分力推动刀轴做来回运动。刀轴每转一圈，完成一次来回运动。

（编撰人：莫嘉嗣，漆海霞；审核人：闫国琦）

297. 荔枝柔性刀具如何去核?

（1）结构设计。去核刀主要由刀柄、刀头、刀身3部分构成，整刀由尼龙材料加工而成，兼备足够的刚性和较好的柔韧性。切槽位于两个刀齿条刀刃之间，沿刀刃背部直线延伸至刀身，与刀齿的数目相同，决定刀齿的高度。刀柄主要起传动和固定作用，通过销钉或键连接把刀具固定在去核刀轴上。

（2）刀头。刀头是管形刀身的前端，刀刃由一定齿数和齿形的刀齿构成，其作用是在去核之前割开果壳，割开海绵状组织和果肉之间的连接，取出果核。

（3）刀身。刀身由两段不同壁厚与内径的刀管组成，主要起支撑刀头及顶住核杆，协助刀头完成去核动作，防止果汁流入刀轴的作用。

（4）不同直径的刀具去核。果核等效直径及刀管内径相差不大时，刀具能完全切断果肉与果核、果壳之间的连接组织，并给果核施加足够的夹持力，保证果核顺利退出，果肉损失较少。小直径去核刀对果肉和果壳的切口太小，不能完全切断连接组织，并且容易切碎果核，导致去核阻力增大，取核力减弱，去核成功率下降，果肉品质变差。而大直径的去核刀会增大果肉损失，果核抓取力减小，去核阻力也会增大。

（5）去核刀的工作原理。在进刀的时候，去核刀旋切入荔枝，将荔枝蒂部果壳切开，切断海绵状组织和果肉之间的连接，并把果核套入刀管；退刀的时候，在刀刃以及刀管与果核之间的挤压力和摩擦力共同作用下，将果核从果体中取出，并在退刀行程末期将果核、果蒂连同部分果肉从刀管中顶出，准备开始下一个去核循环。

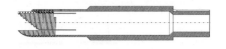

柔性刀具

（编撰人：莫嘉嗣，漆海霞；审核人：闫国琦）

298. 荔枝如何用圆筒形刀具去核?

刀具的运动特征分为直线切入直线退出、旋转切入直线退出和直线切入后旋转再直线退出。

刀具运动特征对去核的影响:一是直线切入的去核效果都不好。刀具对果肉和果壳较大的压力容易压裂果肉,造成果汁流失;若刀具切入果核的深度不够,摩擦力小,导致去核成功率低;当刀具切入行程较大时,会推动果核穿透果肉,引起果肉的不完整。二是旋转切入的去核效果相比直线得到改善,大大提高去核的成功率。刀具旋转后对肉核切面之间旋切,切入时需要的压力较小,同时刀具对果肉的挤压减弱,更好地保证果肉的完整性。刀具切入果核更深,两者间摩擦力增大,去核成功率大。

齿形刀具比平口刀具更容易切入荔枝,去核的成功率比平口刀具更高,但是齿形刀具上的齿比较容易划伤果肉,若齿刃越不平整,齿刃上毛刺越多,划伤果肉越严重。

刀具从果实不同部位切入直接影响去核效果,由于果肉在果核和果柄之间的海绵状组织的周围生长形成了一个自然的孔,所以刀具从果柄部切入能够有效地破坏果柄与果核的连接。为了保证果肉的完整性,刀具的切口最好与自然生长孔重合。否则果肉上会留下两个孔,果肉完整性变差。

去核刀的直径是其主要的结构参数之一,也是决定去核效果的关键因素。大直径的去核刀会导致果肉破裂严重,果肉损失增多;小直径去核刀对果壳和果肉的切口太小,不能完全破坏果核与果柄的连接,果核不能从切口脱出,还容易造成果核断裂,一部分果核留在果肉中,影响果肉品质。刀具直径和果核直径相差不大时,刀具在果壳上的切口可以让果核顺利分离,果肉的损失就很少。

圆筒形刀具

★王旭东, 刘江涛, 朱立学, 等.荔枝去核机理及其试验研究[J].农机化研究, 2007(11):179-182

(编撰人:莫嘉嗣,漆海霞;审核人:闫国琦)

299. 荔枝机械剥壳的特点是什么？

机械剥壳大多运用撕裂、切口剥离、挤压和摩擦等方式进行。

平板滚压式脱壳装置，运用挤压、揉搓等原理进行剥壳。该装置主要由两重叠输送带组成；上面的输送带较短，速度较快；下面的输送带较长，速度较慢；上下输送带间隙由宽变窄，可引导荔枝逐渐受压至崩裂，使肉皮分离。挤压方法剥壳时对果肉组织有较大伤害，果肉中的水分流失严重，不利于保持果品原有的风味和果肉的无损性。

自动剥壳机，利用切口、摩擦、挤压等原理完成了带核果肉与果壳的分离。其原理为滚轮夹持荔枝转动，然后在夹紧轮的挤压下果壳被开口刀切开，随后在出料轮的挤压下，果壳与带核果肉分离。果肉下落后，甩皮轮就把果壳甩出。

荔枝自动去皮机采用的是在果壳上切口后再剥壳的原理。其加工机理是使刀架轮转动带动上面的刀具时将沿料筒下落的荔枝的果皮切开，然后通过摩擦轮的摩擦和撕扯完成肉皮的分离。

荔枝剥壳机

★新浪博客，网址链接：http://blog.sina.com.cn/s/blog.html

（编撰人：莫嘉嗣，漆海霞；审核人：闫国琦）

300. 荔枝去核剥壳机的特点是什么？

凸轮机构是去核剥壳机的主要部件，主要由双螺旋槽圆柱凸轮轴、拨销、锥齿轮构成，其结构简图如下图所示。

运行时，拨销固定不动，锥齿轮驱动凸轮轴匀速旋转，螺旋槽壁和顶部接触，利用螺旋槽壁给凸轮轴施加一个轴向推力，凸轮轴在驱动扭矩和轴向推力的共同作用下，实现转动与往复直线运动的合成。去核刀安装在凸轮轴右端，去核刀的运动轨迹由凸轮轴的结构直接决定。

荔枝去核凸轮机构是荔枝去核剥壳机的核心部件之一，直接决定了去核刀的去核效率，影响着整体运作的可靠性及稳定性。

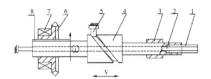

1.去核刀；2.顶杆；3.滑动轴承；4.凸轮轴；5.拨销；6.锥齿轮；7.滚动轴承；8.滑键

凸轮机构简图

★程红胜，李长友，张晓立，等.荔枝去核剥壳机凸轮机构建模及运动仿真[J].山西农业大学学报（自然科学版），2009（6）：33-36

（编撰人：莫嘉嗣，漆海霞；审核人：闫国琦）

301. 全自动荔枝去核机械设备的特点是什么？

（1）全自动荔枝去核机采用自动化程度高，模具传送带自动入料、送料的装置进行输送冲核，只需把果品倒入进料斗内即可完成核肉分离效果，可持续不间断工作，替代了去核效率低、费工、费时的人工去核。

（2）去核机结构采用304不锈钢厚壁方管和槽钢焊接而成，使设备在启动运行中稳定坚固，使用螺栓紧固全部零部件各部位，使设备在拆解维护时方便快捷。而且优质的304不锈钢材质，完全符合食品加工设备卫生标准，输送带采用进口聚氨酯材料，耐用性好，抗撕裂，使用寿命长。

（3）去核机操作简单方便，不需长时监管，可以实现一人多机，劳动成本低。采用机床的工艺进行冲压核，使每台设备都符合高的设计标准，精度高，从而去核率效果可达百分之百，而且果品形状保持不变。

全自动荔枝去核机

★百度图库，网址链接：https://image.baidu.com/search/detail

（编撰人：莫嘉嗣，漆海霞；审核人：闫国琦）

302. 香蕉索道如何进行采收?

铁索道主要由以下3部分组成。

（1）拱架。拱架用钢管弯制成倒"U"形，拱架上端用角铁焊制成一个倒"T"形架，并焊在拱架上端和一侧。在"U"形架的两边着地处各焊上一块钢板。

（2）轨道。空心方钢是组成轨道的结构型材，将方钢铺在倒"T"形架的一侧（位置正好在拱架的中央）。然后将一条钢管铺设在方钢上，作为滑车滑行的轨道。轨道应保证为水平铺设。

（3）滑车。滑车是用两块钢板平行连接的由两个滑轮组成，可在方钢上端的镀锌管轨道上自由滑行。铁钩被套接在连接两滑轮的钢板中间，铁钩上挂着绑了香蕉果穗的尼龙绳。避免香蕉果穗之间的碰撞，滑车之间用钢条连接，挂接在铁钩上的"U"形架上，以使索道上的香蕉果穗之间保持一定的距离。

采收香蕉时，工人将香蕉果穗接扛在披着海绵垫的肩背上，由另一工人将果轴割断，接扛香蕉的工人便直接将香蕉果穗扛到索道旁。这时再由工人用尼龙绳打个活套将香蕉果穗轴套上并绑紧，然后挂在滑车的铁钩上，待索道上挂到一定数量果穗后，再由工人沿索道牵拉果穗到采后商品化处理生产线。

香蕉索道

★广东新闻网，网址链接：http://www.gd.chinanews.com.shtml

（编撰人：莫嘉嗣，漆海霞；审核人：闫国琦）

303. 香蕉索道采收的特点与优势是什么?

根据蕉园的整体布局,在园内安装数条连续索道,连续索道呈放射状或矩形网状布置,索道上安装悬挂滑轮或动力滑车构成索道输送装置,将采摘后的蕉穗悬挂在索道输送装置上成批运输到专设的加工中心,实现了从采摘到后处理蕉穗不着地的无损采收。试验研究表明,无损机械化索道系统采收能降低香蕉机械性损伤20%,提高同期售价为0.2~0.5元/kg,工作效率提高30%。在投资需求上,按索道每米的建设费用100~160元,每公顷平均建设索道200m(每50m为一个站点)计算,投资费用为每公顷20 000~32 000元,按每年香蕉每公顷$3×10^4$kg的收获产量和平均售价提高0.3元计算,每公顷的蕉园需要3~4年可收回投资成本。从长远的收获作业角度分析,无损机械化索道系统投资的经济效益比较稳定且显著。索道式收获提供了一套后处理过程衔接紧密的流水线作业技术,具有高效率、高产出等优势,有效地保证了香蕉果实的外观质量,提高了商品价值商品果率。

香蕉索道

★百度图库,网址链接:https://image.baidu.com/search/detail

(编撰人:莫嘉嗣,漆海霞;审核人:闫国琦)

304. 铧式犁的特点是什么?

铧式犁是一种重要的耕地农具,横杆顶部的犁刃是其主要的组成部分。传统的铧式犁用牲畜或机车牵引,传统的铧式犁材料主要由木材制成。根据连接方式,铧式犁分为牵引犁、悬挂犁和半悬挂犁3种。每一种铧式犁都有自己的特点,因此选择最佳铧式犁也是保证栽培质量的重要因素。牵引犁的结构相对复杂,所需的牵引力大,只能选择大功率牵引机车,但拉犁有稳定的耕作深度和宽度;悬挂犁具有结构相对简单,重量小,低成本和所需的牵引力小等优点,但单位的纵向稳定性很差,不能很好地应用于大面积种植,但在农户的小面积上,已得到了广泛的应用。随着拖拉机的发展，半悬挂犁的开发利用了高功率和轻重量，半悬挂犁的发展弥补了牵引犁和悬挂犁的缺点。

铧式犁

★360百科，网址链接：https://baike.so.com/doc/5709551-5922272.html

（编撰人：莫嘉嗣，漆海霞；审核人：闫国琦）

305. 悬挂铧式犁的组成与特点是什么？

悬挂犁一般由犁架、悬挂架、犁体、犁刀、调节装置和限深轮组成。犁刀和限深轮可以根据犁的结构选择。悬挂通过悬挂架上的上悬挂点和两个下悬挂点与拖拉机悬挂机构连接，形成一个机组。在运输时，犁被悬挂在拖拉机上。根据拖拉机液压系统的不同形式，可以通过液压系统控制犁的深度。悬挂轴的两端为曲轴销。控制手柄用于旋转悬挂轴，可通过耕作调整。一些悬挂式犁被安装在左臂上，带有倾斜宽度调节器，旋转调节器手柄可伸缩至左悬架，可改变耕作宽度。这种形式结构紧凑，易于调整。犁由拖拉机液压升降机构控制，可稍加调整或用力调整。当犁达到要求的耕深时，必须调整犁的左、右、前、后方向，调整牵引杆的长度，使犁架能够达到前后方向的水平。调节拖拉机右升降臂的长度可以使犁架达到左右方向水平。

悬挂铧式犁

★农机360网，网址链接：http://www.nongji360.com.shtml

（编撰人：莫嘉嗣，漆海霞；审核人：闫国琦）

306.悬挂铧式犁如何进行正确牵引？

　　轮式拖拉机配挂悬挂翻转犁时，拖拉机的轮距必须与犁的总耕幅相适应，从而保证正确的牵引，也有利于在采用内翻法耕地时耕到边。拖拉机轮距可根据以下公式进行调整：拖拉机轮间距=犁的总耕幅+1/2单犁体宽度+轮胎宽度（cm）。

　　履带式拖拉机（例如东方红-802型）配挂悬挂犁时，可采用两点悬挂，即左右下拉杆的前端合并成一个铰接点，便于拖拉机在耕地上直走。

　　悬挂式犁正确牵引标志是：耕地过程中拖拉机左右下拉杆处于对称位置，犁架纵梁与机组前进方向一致，前犁铲翼偏过拖拉机右轮内侧10~25mm，即单犁耕宽的重叠量。

悬挂铧式犁

　★农机360网，网址链接：http://www.nongji360.com/company/shop2.shtml

（编撰人：莫嘉嗣，漆海霞；审核人：闫国琦）

307.悬挂铧式犁如何进行正确调整？

　　（1）调整犁的前后水平。应根据犁的工作条件进行调整。调整有两个主要的情况：①前后不平衡。如果前犁是深的，后犁是浅的，犁的后踵离开沟底。调整是将上拉杆延长直到犁架前后相同的水平。如果前犁是浅的，后犁是深的，犁后踵紧压沟底，出现沟痕。调整方法是将上拉杆缩短直至犁架前后水平。②犁架左右不平。如果前犁是深的，后犁是浅的，犁底部是不平的。调整办法是缩短右升力杆的长度，直到犁架左右水平。如果前犁是浅的，后犁是深的，犁底不平。调整办法是延长右升力杆的长度，直到犁架左右水平。

　　（2）正位的调整。耕地过程中如出现犁架偏斜，前犁漏耕，接垡不平，左右下接杆向未耕地方向偏摆，拖拉机转向困难，这时应调整悬挂轴右端的曲拐（向前偏转），使后犁向未耕地方向偏摆，后犁犁侧板压向沟墙，耕地过程中的犁将利用沟墙反作用力自动摆正；如果犁架向相反方向倾斜，前犁重耕，犁沟不平。犁摆正，看前体犁宽度是否适宜，如果不合适，对犁悬吊轴进行调整，如前犁耕宽太大应向未耕地方向移动悬挂轴，反之，则向已耕地方向移动。上述调整后，前耕宽度仍不适宜，则只有通过调整拖拉机的轮距才可解决。

（3）耕深的调整。悬挂式犁的深度调整随拖拉机液压系统的变化而变化。分置式液压系统通过改变犁的限深轮高低位置来调整耕深。半分式和整体式液压系统一般采用力调节和位调节方法，可用于控制牵引机的控制手柄对犁体的深度进行控制。

（4）土壤性能的调整。悬架机构连接点高度可以调节悬挂犁，当土地干硬不易入土时，可以降低下拉杆连接到拖拉机的高度或提高下拉杆在犁上的连接高度，也可以提高上拉杆在拖拉机上的连接高度或降低上拉杆在犁上的连接高度。在湿软的情况下，犁很容易下钻，而调整的方法则与上面的相反。

（编撰人：莫嘉嗣，漆海霞；审核人：闫国琦）

308. 悬挂铧式犁如何进行故障排除？

（1）自动偏头，转向困难。原因：牵引线和牵引车的牵引力不平衡，且两者偏离了一点距离，使牵引车自动向一侧偏摆。消除方法：当牵引车出现向右侧偏摆时，可通过右移悬挂轴或左悬挂点的方法，使牵引阻力线与驱动力重合，消除牵引车向右偏头。反之，应该进行反向调整。

（2）翻耕深度前后不一致。原因：犁架纵向不是水平的。调整方法：前犁铧耕浅，后犁铧耕深时，应将牵引车悬挂上拉杆缩短。反之，则应使上拉杆伸长。

（3）左右耕深不一致。原因：犁架在横向水平面内不水平。调整方法：可通过改变牵引车悬挂机构的右提升杆长度来调整。如果犁架左高右低，则调短右提升杆长度。反之，做反向调整。

（编撰人：莫嘉嗣，漆海霞；审核人：闫国琦）

309. 牵引铧式犁的特点是什么？

一般由牵引设备、犁架、犁轮、主犁体、小前犁、圆犁刀、液压升降机构和调节机构组成。犁架由三个轮子支撑。工作时，沟轮在前一行所开的犁沟中行走，地轮行走在未耕的土地上，尾轮行走在最后犁体所开出的犁沟中。这种方法犁地很宽，具有较高的生产效率，适用于大转弯半径的大块操作。

牵引铧式犁

★视觉中国，网址链接：https://www.vcg.com/creative/802002345

（编撰人：莫嘉嗣，漆海霞；审核人：闫国琦）

310. 如何检查牵引铧式犁的技术状态？

（1）犁架水平状态的检查。将犁架垫起使犁体稍离地面，并使犁架处于水平状态，在主梁和斜梁上分别选出几点用水平尺进行测量。若各检测点水平尺的水平泡均在两根线中间，则为合格。要求各纵梁应在同一水平面内，如有误差应小于7mm；其间距应相等，如有误差应小于7mm。

（2）检查各犁体铧尖与铧翼是否在同一直线上（即从第一铧尖与铧翼到最后铧尖与铧翼分别拉一直线），如有偏差不应超过5mm（旧铧允许±10mm）。

（3）用样板检查犁轴是否弯曲或扭曲，如有变形应修复。

（4）犁轮的轴向、径向间隙不应大于1mm，否则应进行调整。

（5）起落和调节机构应灵活可靠，调节丝杆无弯曲变形。

（6）尾轮拉杆应长短适宜。拉杆过长，起犁后，犁架前高后低；拉杆过短，耕地时后犁体达不到耕深。所以拉杆的长短应调整适当，在工作状态时拉杆应松弛，起犁后应张紧，犁架前后水平，并使尾铧距离地面高度不少于20cm的运输间隙。

（7）通过调整垂直调节螺钉，使尾轮下缘比尾铧犁侧板底面低1~2cm，通过调整水平调节螺钉使尾轮左边缘接地点偏向未耕地1~2cm。

（8）为了保证犁的升降可靠，离合器应保持良好的技术状态，小卡铁与棘轮的啮合要牢靠，接合深度不小于齿深的2/3。棘轮的棘齿磨损不得大于齿深的1/3，分离时卡铁弹簧紧度应适当，月牙卡铁与双口轮既要铰接牢靠，又能转动自如。

（9）为使缓冲弹簧在落犁时起到缓和犁体与地面冲击的作用，起犁时帮助自动升降机构将犁升起的作用，各缓冲弹簧的紧度应调整一致，起犁时呈松弛状态，落犁时则拉紧。

牵引铧式犁

★农机360网，网址链接：http://www.nongji360.com/company/shop5.shtml

（编撰人：莫嘉嗣，漆海霞；审核人：闫国琦）

311. 如何调整牵引铧式犁？

目前，对犁的牵引调整有两种理论，即阻力中心原理和重心迹原理。

（1）阻力中心原理。西方国家多以牵引线通过阻力中心为依据，阻力中心是犁上的一点，拖拉机的牵引力、犁的重力、土壤对犁体的阻力及土壤对犁轮的支反力在该点平衡。阻力中心的位置随耕深、耕宽、土壤条件和犁的结构以及技术状态等因素的变化而在一定范围变化。

（2）重心迹原理。在工作状态下，犁的重心在沟底平面上的投影点称为重心迹。犁耕时，牵引力必须通过犁的重心迹，才能保证犁耕稳定。犁的重心用称重法求得，并将重心投影到沟底平面上即为重心迹。

（编撰人：莫嘉嗣，漆海霞；审核人：闫国琦）

312. 牵引铧式犁如何安装牵引装置？

阻力中心或重心迹确定后即可安装牵引装置。对于牵引犁来说，牵引点就是拖拉机牵引板上挂结农具的点。通过阻力中心（或重心迹）和牵引点的直线称为牵引线。在安装牵引装置时，应使牵引线通过犁的阻力中心或重心迹。通过阻力中心或重心迹，其牵引装置的安装相同，其方法如下。

（1）将犁停放在平坦的地面，先将地轮抓地板卸下，使犁处于工作状态，即将地轮垫起一个耕深。

（2）在后犁体犁踵下放一块1～2cm厚的木块。

（3）调整耕深与水平调节轮，使犁架保持水平，并在耕梁和水平调整机构上分别做出记号，以便在作业时进行耕深和水平调整的参考。

（4）调节尾轮调整机构，使尾轮左缘犁侧板偏向未耕地1～2cm。

（5）将牵引装置抬起，把已截好的长度等于规定耕深与拖拉机牵引装置距地面高度相等的木棒支在牵引环下面。

（6）通过阻力中心或重心迹和木棒顶端拉一细绳，此绳须拉紧并与犁的顺梁平行。从侧面观察细绳，通过犁架前弯部垂直调节孔的孔位即是横拉板的安装位置。而细绳所通过横拉板的孔位就是主拉板的安装孔位，然后装上斜拉板。

在牵引犁上，如果耕深改变，就会造成牵引线不通过阻力中心或重心迹，犁的工作就不稳定。当耕深增加时，应提高挂结点；反之，则应降低挂结点，以保证工作中的正确牵引。犁挂结是否正确，还必须进行田间试验，根据情况进行调整。

牵引铧式犁

★百度图库，网址链接：https://image.baidu.com/search/detail

（编撰人：莫嘉嗣，漆海霞；审核人：闫国琦）

313. 牵引铧式犁如何进行故障排除？

（1）不易入土。铧刃磨损或横拉杆偏低，应修理或更换犁铧，调整横拉杆。

（2）耕作后地表不平。牵引装置安装不当，各铧磨损不一致，水平调节不当，相邻行程之间接合不好，应调节牵引装置，更换或修复磨损严重的犁铧，调节机架水平位置，调节犁体相互位置。

（3）犁架变形。阻力过大时硬拉，拐弯过急，运输或保管期间犁长时间负荷较重，高速运输，牵引线不当长期斜行，应对变形处进行压直或锻直修复，修复后调整牵引线。

（4）轮轴变形。急转弯，犁下陷后猛拉，不合理倒车或高速行驶，应用样板检查后进行热校正。

（5）轮轴和轴套磨损。主拉杆安装不当使犁斜行，横拉杆安装偏高，润滑不良，轴承间隙过大或阻油圈不严密，应正确安装主拉杆，正确安装横拉杆，按规定的周期注入清洁的润滑油，调整或更换已磨损的轴套和阻油圈。

（6）犁壁磨损或拆断。没安犁刀，翻冻土地，耕深过大或遇石块和树根，应用焊补方法修复或更换新犁壁。

（7）圆犁刀盘及轴承磨损。刀盘与犁胫间的间隙太小，注油不及时或阻油圈损坏，切土过深，应调整安装间隙，按时注油或更换阻油圈，调节到合适的深度。

（8）深浅调节不灵。堵塞泥土，润滑不良，丝杠弯曲变形，应清除泥土，注意注油润滑，校正或更换丝杠。

（编撰人：莫嘉嗣，漆海霞；审核人：闫国琦）

314. 半悬挂铧式犁的特点是什么？

它一般由悬挂架、犁架、深轮、尾轮、主犁体、小前犁、旋转犁刀、液压升降机构和调节机构组成。半悬挂犁的前端通过悬挂机构与拖拉机的液压悬挂系统相连，犁的后端设有限深轮和尾轮机构。当由工作位置被转移到运输位置时，犁的前端由液压系统提起。当前端提升一定高度后，通过液压油缸，使尾轮相对于犁架向下移动，从而抬高犁架后部，使犁出土迅速，且耕深一致。

半悬挂铧式犁

★农机360网，网址链接：http://www.nongji360.com/company/shop2/.shtml

（编撰人：莫嘉嗣，漆海霞；审核人：闫国琦）

315. 半悬挂铧式犁使用时如何进行调整？

（1）深度和水平调整。通过调整限深轮来调节耕深，使限深轮的下缘最低点至犁体支持面的距离等于所需的耕深。半悬挂犁的横向水平调整，通过拖拉机悬挂机构左右提升吊杆的长度调整来实现。纵向水平调整通过调整尾轮调节螺钉来实现。

（2）牵引犁尾轮调整。为减少犁侧板和沟墙间的摩擦力，尾轮边缘应较后犁体犁侧板偏向沟墙10～20mm。为减少后犁体犁侧板与沟底的摩擦阻力和改善犁的入土性能，尾轮的下缘应低于犁后踵8～10mm。调整时，先将后犁体的犁踵垫起8～10mm，然后把两个尾轮顶丝拧松，扳动尾轮，使尾轮着地，尾轮边缘向后犁体犁侧板的沟墙侧偏离10～20mm，最后旋入两个尾轮顶丝，分别使其顶端刚好顶靠尾轮轴架和把转向支臂靠在侧定板上，用锁紧螺母将顶丝锁紧。

（3）调整缓冲弹簧。为使缓冲弹簧在落犁时起缓冲作用，起犁时起助犁升起的作用，各缓冲弹簧紧度应调整一致，起犁时呈松弛状态（自由状态），落犁时则拉紧（受力状态）。

半悬挂式铧式犁

★农机360网，网址链接：http://www.nongji360.com/company/shop2/.shtml

（编撰人：莫嘉嗣，漆海霞；审核人：闫国琦）

316. 半悬挂铧式犁如何进行水平挂接和垂直挂接？

（1）水平挂接。半悬挂犁是通过前梁在牵引梁上的位置和在犁架横梁上的位置调整，达到正确的水平挂接。正确的水平挂接应是：拖拉机的动力中心、犁的牵引点和阻力中心成一直线，且该直线平行于前进方向并同拖拉机纵轴线重合。这种挂接状态称为正牵引。检验正牵引的标准是：拖拉机作业时直线行驶性好，行驶中不偏转；耕作中犁的纵梁同前进方向一致，不偏斜，耕地阻力小。

（2）垂直连接。通过调整拖拉机悬挂机构上拉杆在悬挂架上的挂接位置，并相应调整上拉杆的长度，实现半悬挂犁在垂直面内同拖拉机的正确挂接。当上拉杆挂接在悬挂架上端的连接孔时，入土行程将增加，前犁体耕深趋浅，限深轮载荷较小；当下拉杆挂接在悬挂架下端的连接孔时，则犁的入土性能改善，限深轮的载荷增加。

（编撰人：莫嘉嗣，漆海霞；审核人：闫国琦）

317. 铧式犁工作前如何对整机进行检查?

将犁放在平台上或平地上，悬挂犁需要用支架垫起，牵引犁应调整到运输状态，使犁体离开地面，犁架处于水平状态。

（1）从第一铧铧尖到最后一铧铧尖拉一直线，其余各铧的铧尖应在这条线上，偏差不得超过5mm（旧犁的最大偏差不得超过10mm）。用同样的方法检查铧翼。

（2）每台犁的安装高度不得超过10mm。

（3）相邻犁体的铧尖的纵向距离应满足规定的尺寸要求，相邻犁体的耕宽重叠不小于10mm（螺旋形犁除外）。

（4）梁架不得扭曲、变形。相互平行的主梁，其间距偏差在3m长范围内不得大于7mm。每个主梁应在同一平面上，各主梁至地面的垂直距离偏差不得大于5mm。

（5）犁的各部件螺栓和螺母要拧紧，螺栓头应露出螺母2～6圈。

（6）牵引犁的安全装置应正确可靠。

（7）悬挂犁的悬挂轴调节机构和限深轮的调节机构应灵活有效。牵引犁的起落机构、调节机构和地轮、沟轮等各转动部分应灵活、有效、可靠。

（8）地轮轴、沟轮轴和尾轮轴不得变形，各轴套的轴向和径向间隙不得大于2mm。

（编撰人：莫嘉嗣，漆海霞；审核人：闫国琦）

318. 铧式犁工作前如何对犁体进行检查?

（1）犁头边缘应锋利，刀口厚度不得大于1mm，铧刃角应在25°～40°，犁胫线刃角应在47°～53°，犁铧磨刃面宽度应在10～13mm，最小不得少于5mm；铲宽不得小于100mm。

（2）犁体的工作面应光滑。犁铧和犁壁的接缝应紧密，缝隙不得大于1mm，接缝处，犁壁不得高于犁铧，允许犁铧高于犁壁，其最大值不得超过1mm。

（3）犁铧、犁壁、犁侧板和延长板上的埋头电螺钉不应超过工作面，允许个别螺钉凹下，但凹深也不能超过1mm。

（4）犁胫线（犁铲与犁壁左边缘）应在同一垂面内，如有偏差，只许犁铧凸出犁壁，但应小于5mm。

（5）犁壁、犁铧、犁侧板与犁托应贴合紧密，犁壁和犁托的局部间隙允许上部为6mm，中下部为3mm，但连接螺栓的部位不应存在间隙，否则应加垫消除间隙。

（6）犁体应保持标准的垂直间隙和水平间隙。梯形犁铧的垂直间隙为10～15mm，水平间隙为8～10mm。凿形犁铧的垂直间隙为16～19mm，水平间隙为8～15mm。

（7）犁侧板不应弯曲，如果弯曲或末端磨损严重，应更换新零件。

（编撰人：莫嘉嗣，漆海霞；审核人：闫国琦）

319. 如何对圆犁刀和小前犁安装位置进行检查?

（1）小铧尖距主铧尖距离为300～350mm。

（2）小铧与主犁铧犁胫应在相同的铅垂面上，允许小铧犁胫向主铧犁胫外侧（沟墙方向）偏出不大于10mm。

（3）小体犁的安装高度应使其耕作深度不小于100mm，一般要求为主犁耕深度的1/2。

（4）圆犁刀的安装位置应使其中心和小铧尖在同一条垂直线上。其左侧面距小犁胫线10mm，刀刃的最低点应低于小铧尖20～30mm。

（编撰人：莫嘉嗣，漆海霞；审核人：闫国琦）

320. 地膜覆膜机的原理是什么?

地膜不仅能够提高地温、保水、保土、保肥，提高肥效，而且还有灭草、防病虫、防旱抗涝、抑盐保苗、改进近地面光热条件，使产品卫生清洁等多项功能。用于蔬菜、花生、棉、烟草、瓜果等作物的地膜覆盖栽培，对于刚出土的幼苗来说，具有护根促长等作用。覆膜机主要由开沟器、悬挂模具装置、压膜轮、覆土器、镇压装置和机架结构组成，其工作原理和过程如下：以一定的动力拉着覆膜机前进，开沟器跟随机具的前进在已耕耘过的土地上连续开出压膜沟，随着膜辊的转动及辅助装置，地膜不断被展开并放置在压膜轮的前面，压膜轮一边前进一边将膜边压入开沟器开好的沟中，然后由覆土器盖好土，将膜埋入土中，再由镇压器进行镇压。

（编撰人：莫嘉嗣，漆海霞；审核人：闫国琦）

321. 覆膜机如何进行工作？

覆膜机主要包括机架、手把、圆盘、起土铧、膜架、压膜轮架、压膜轮、地轮组等几个部分。机架，是机械的主体，全部工作部件都需要连接到机架上，且为适应不同的采光面宽度以及垄距要求，可选择采取能够活动的框架式机架，往往由两根顺梁和两根横梁构成，通过对顺梁间距进行调整，以满足所需的不同垄距离。起土铧，主要是用于开沟，并为后面的覆土、埋膜使土壤变得比较疏松。膜架，目前使用较多的地膜辊直径处于23～30cm，且为满足地膜规格不同的要求，可采取可调式的膜架结构。地轮，主要是用于支承、导向以及调整机架高度。压膜架，通常采取弹簧形式，主要是用于压膜、展膜。覆土圆盘，通常选择使用65锰合金钢材料，根据所需的采光面宽度调整间距事宜，角度则根据所需的覆土量进行调整，确保接卸的作业性能有所提高。上、下悬挂臂，主要进行悬挂式作业，固定方式一般采取活动式，在进行牵引作业时则将其拆下。

覆膜机在作业过程中，在膜架上通过锥体安装膜卷，接着确保膜卷的自由端能够完全埋入到田地的土壤中。在机组前进时，垄的两侧经由开沟铧可开出埋膜沟，同时不停抽拉和转动膜卷，在垄面上连续进行铺膜。也就是覆膜机在前进过程中，地膜受到牵引力的作用而沿着纵轴方向不断延伸并拉紧，位于膜架后方左右两侧的压膜轮在垄侧壁的埋膜沟内紧压膜两侧的边缘部分；通过沿垄侧壁使地膜朝横向进行延伸，且在垄面上逐渐绷紧。覆土圆盘一般安装在压膜轮后，主要是用于在地膜两侧边缘上加土进行压盖，从而确保地膜完全被固定封严。

覆膜机

★慧聪360网，网址链接：https://b2b.hc360.com/viewPics/supplyself.html

（编撰人：莫嘉嗣，漆海霞；审核人：闫国琦）

322. 覆膜机使用时的注意事项有哪些?

覆膜机使用前必须对整机进行检查,主要检查运输装卸过程中是否有紧固件发生松动或者丢失,传动系统是否能够灵活转动,是否容易发生卡死的现象,外露的部件是否发生损坏、变形和弯曲等现象。

作业地势要确保平坦,不存在任何障碍物,整地质量必须达到铺膜操作的条件,确保土壤中不存在大草根团、石块以及土块等。机械在进入田间进行正式作业前,为防止地膜被浪费,最初不要进行挂膜,而是先在一段距离进行试运行,对整个机具的各个部位进行观察,特别是对土壤升运胶带的松紧程度、开沟器的开沟深度、排肥量多少和溜土槽中心距等进行观察。为节省地膜,在作业过程中留出地头空地用于转弯,进地后再缓慢放下机具,拉展地膜在30cm的长度,并通过人工压土的方式固定地头上的地膜,避免在机具行走过程中拉走地膜,且预先将适量的土壤装在升运装置的输送带槽内,防止在拖拉机刚起步时,开沟铲没有进入土壤,而当时升运装置没有土。拖拉机操作者要尤其注意机组沿直线行走,确保地膜的接茬质量良好。

覆膜机

★农机360网,网址链接: http://www.nongji360.com/qudaotong/shop3/.shtml

(编撰人:莫嘉嗣,漆海霞;审核人:闫国琦)

323. 覆膜机如何进行调整?

(1)作业前,应按作业要求调整各部件,进行试播试铺。左右开沟器、圆盘要注意阻力平衡,避免出现左右偏移。

(2)铺膜前,需将地膜向后拉出一段,两侧压膜轮应压住地膜两边,地膜始端应用土压实,到达地头需人工切膜并埋好终端。

（3）作业时，拖拉机液压分配器应拨至浮动位置，要保持拖拉机稳定的前进速度，切勿时快时慢。

（4）刮土板的调整。调整刮土板立柱，刮土板的高度以刮起表层干土为宜。

（5）播种深度调整。可旋转播种开沟器的丝杠调整播种深度，播深宜在20～40mm。

（6）种子的行距调整。机架横梁设有行距调整器，左右移动即可，行距可调在280～1 000mm。

（7）种子的株距调整。地轮设计为六块相同尺寸的圆周滑块，滑块上开有纵向滑孔，向外扩大地轮圆周即增大株距，反之，缩小株距。调整幅度较大时，可利用封口的方法，封闭6个、8个、9个、10个、11个口，调整范围为120～1 600mm。

（8）铺膜开沟器深浅调整。松开支架上的固定螺丝，上下移动，调整到适宜位置即可。

（9）覆土盘的调整。松开紧固覆土盘的螺丝，调整覆土盘角度，使覆土铲平面呈30°～45°角为宜。

（编撰人：莫嘉嗣，漆海霞；审核人：闫国琦）

324. 起垄机机具的安装流程是什么？

由于大垄整形机在出厂运输过程中是以部件装配的，在使用时需要进行组装。所以我们在组装前，要根据随机装箱单认真检查各部件及所属零件有无丢失、损坏或变形，转动部分是否转动灵活，固定零件是否紧固，轴承等转动部位是否已加注润滑油，然后再根据作业要求进行整机组装，安装流程如下。

（1）将两组支承轮连同地轮支臂安装在机架前横梁的前面，使单链轮面转向机具两侧，距机具中心根据垄距确定。

（2）在机架后横梁柄库内安装起垄铧。

（3）在机架前横梁铲柄库内安装深松铲和分层施肥器组合。

（4）将左右两组施肥箱安装在机架上面的槽钢上，并将输肥管对应地安装在排肥器和深松铲后面的分层施肥器的导肥管之间。

（5）将左右中间轴安装在机架两侧前横梁前面，使其上的两个链轮分别与支撑轮和施肥箱的链轮对正，并挂接链条，用张紧轮将其调到适当的紧度。

（6）将左右覆土器以中间侧板距机架中心1.5cm处安装。

（7）将划印器分别安装在前横梁上，并用压板和螺栓紧固。

起垄机

★慧聪360网，网址链接：https://b2b.hc360.com/supplyself/359700779.html

（编撰人：莫嘉嗣，漆海霞；审核人：闫国琦）

325. 起垄机如何正确使用？

（1）通过调节支撑轮高度即可调节机架高度，一般使支撑轮下缘距支架横梁上平面垂直距离在6cm左右为宜。

（2）通过上下串动铧柄位置调节起垄铧深度，在调节时，要使各组铧尖与顺梁距离一致。

（3）根据垄形要求调节分土板开度，分土板开度调节要使垄形饱满为主。

（4）根据作业要求调节深松铲和分层施肥管的工作深度，要使各深松铲尖位置在同一平面内。

（5）通过拧动施肥箱左右内侧的肥量调节总成，串动排肥轴改变排肥轮工作长度调节施肥量的大小，各排肥槽轮工作长度应一致，如不一致，可通过串动排肥轴上的卡箍进行调节。

（6）可通过经验或在地头反复试验确定划印器长度。

（7）作业前应仔细检查各部件螺母和顶丝紧度，应拧紧，检查施肥箱、中间轴、划印器、圆盘等部位转动情况，应注润滑油。

（8）作业时应调节拖拉机悬挂机构的中央拉杆，使机架前后处于水平状态，也可以用中央拉杆调节起垄铧的工作深度，调节拖拉机悬挂机构的左右拉杆，使机架左右处于水平状态，拖拉机下拉链应适当调紧，以免机具偏摆。

（编撰人：莫嘉嗣，漆海霞；审核人：闫国琦）

326. 起垄机的常见故障有哪些?

（1）起垄机具不进入土地耕垄或者机具的整体性不能协调配合。机具的耕垄架不能与地面保持水平标准，这种情况下应调节机具的内部结构，使其与地面保持水平；如机具与农用车不能保持一致，应将其调节至相同界面，加强机具的整体性。

（2）旋转轮停止运作或运作有困难。造成这种现象的原因是土壤水分相对较大，并有杂草杂物在土地中不能消化，应及时将杂草杂物铲除，并保持土壤水分适中再进行作业；零部件不能有效配合，说明其缺油，应及时将油注满，并在以后的作业中经常检查，保证润滑油充足，不损伤零件；机具应用架与地面距离过近，应及时调整使其在适中的高度，保证农作的正常进行。

（3）耕垄间隔太远或太近。调节农用车，使其与耕垄机具在土地划分垄间距时能够合理划分，保持间距的正常距离。

（4）排肥状况不佳。如排肥总成堵塞，应拆下清洗；如排肥管堵塞，应疏通排肥管；如肥箱架空或缺少肥料，应松动或补充肥料；如排肥轮长度不一致，应调整各排肥轮工作长度。

起垄机

★百度图库，网址链接：https://image.baidu.com/search/detail

（编撰人：莫嘉嗣，漆海霞；审核人：闫国琦）

327. 如何对起垄机机具进行保养维护?

机具在使用与停放时都要进行正确的保养与保管，以保持机具的良好技术状态和延长使用寿命。

（1）机具在班次工作结束后，应清除各工作部件上的泥土、秸秆等杂物，应对润滑部位注油，拧紧所有松动的螺母，尤其是各个"U"形卡丝上的螺母，检查传动链条的松紧度及磨损情况。

（2）把整形机升起，转动地轮，检查排肥总成的工作情况，消除各种卡滞现象。

（3）运输时，整机应升到最高位置，划印器要竖起，如果是远途运输，应将中央拉杆调到最短，以便得到较高的运输间隙。

（4）一个作业季节结束后，要进行全面的技术状态检查，更换或修复磨损和变形的零部件，检查各部轴承磨损情况，检查链条的磨损和链轮的转动情况，必要时予以调整或更换。

（5）长期存放应对损坏或不能继续使用的零件进行修理或更换；应卸开润滑部位进行清洗，并涂上润滑油；对深松铲、犁铧等与土壤接触的部件，应擦净并涂油，以防锈蚀；把肥箱内的肥料清除干净，并用水清洗擦干；把输肥管卸下冲洗干净后放入肥料箱；放松压力弹簧，使之处于自由状态；应对整机进行彻底的清洗，存放在干燥、防雨的库中，并用支架将机具框架垫起来，使地轮不再承受负荷。

起垄机

★百度图库，网址链接：https://image.baidu.com/search/detail

（编撰人：莫嘉嗣，漆海霞；审核人：闫国琦）

328. 喷雾器的种类有哪些?

喷雾器由压缩空气的装置和细管、喷嘴等组成,其工作原理是利用空吸作用将药水或其他液体变成雾状,然后将雾状物均匀地喷射到其他物体上的器具。喷雾器被广泛使用于农业领域,是防治病虫害不可缺少的重要工具。常用的喷雾器有手提式、背负式、车载式、机动式等。

手提式喷雾器　　　背负式喷雾器　　　车载式喷雾器　　　机动式喷雾器

★百度图库,网址链接: https://image.baidu.com/search/detail

（编撰人: 莫嘉嗣,漆海霞; 审核人: 闫国琦）

329. 背负式喷雾器的原理是什么?

当操作者上下揿动摇杆或手柄时,通过连杆使活塞杆在泵筒内上下往复运动,行程为40~100mm。当塞杆上行时,皮碗由下向上运动,皮碗下方由皮碗和泵筒所组成的空腔容积不断增大,形成局部真空,这时药液桶内的药液在液面和腔体内的压力差作用下冲开进水阀,沿着进水管路进入泵筒,完成吸水过程。当塞杆下行时,皮碗由上向下运动,泵筒内的药液被挤压,使药液压力骤然增高。在这个压力的作用下,进水阀被关闭,出水阀被压开,药液通过出水阀进入空气室,空气室里的空气被压缩,对药液产生压力,打开开关后药液通过喷杆进入喷头被雾化喷出。空心圆锥雾喷头包括切向进液喷头和具有旋水片旋水芯的喷头,液体是从切向进液通道或从旋水片、旋水芯的螺旋通道进入涡流室内,液体发生旋转,喷孔处于涡流室的轴线上,因而喷出的液体形成空心圆锥形薄膜,然后被粉碎成雾滴。至于具有双槽旋水芯的喷头，液体是从旋水芯上的轴向进液通道通过旋水芯之后，切向进入由旋水芯前部中央的凹坑与喷头片组成的涡流室。狭缝喷头的喷嘴，其圆柱形流通的端部成半圆球形，外部开有"V"形切口，由"V"形槽两侧弧形面喷射出的两股液流互相撞击而在切槽的方向产生液膜，液膜与静止的空气介质作用而形成扇形雾流。

（编撰人：莫嘉嗣，漆海霞；审核人：闫国琦）

330. 背负式喷雾器的种类与优缺点是什么？

以目前市场上使用最广泛的背负式喷雾器为参考对象，比较各种背负式喷雾器的优缺点。

（1）普通手摇式喷雾器。

优点：配件价格低并且维修方便。

缺点：药液有跑、冒、漏、滴现象，操作人员身上容易被药液弄湿，易中毒不环保，效率低、劳动强度大，不适宜大面积作业。

（2）高压自动喷雾器。

优点：易损件少，维修费用最低、劳动强度低、可连续作业，雾化达到或超过电动喷雾器，直喷射程达到7~11m，效率高（可达普通手摇喷雾器的3~4倍）、适宜大面积作业。

缺点：喷雾器要花2min左右时间把药水压进喷雾器，才可喷雾。结构复杂，不易上手。

（3）电动喷雾器。

优点：效率高（可达普通手摇喷雾器的3~4倍）、劳动强度低、使用方便，有较好的外观，容易销售。

缺点：电瓶的容电量决定了喷雾器连续作业时间的长短。品牌太多，型号各异，配件不通用，维修不易，修理费太高。因涉及到一些电器方面的东西，必须由专业人员维修。

（4）机动喷雾器。

优点：工作效率高喷雾效果好。

缺点：购机价格高，使用成本高，自重大、噪声大、污染大、机温高、机手作业环境差。需专业人员维修。

（编撰人：莫嘉嗣，漆海霞；审核人：闫国琦）

331. 背负式喷雾器如何正确使用？

（1）了解手动喷雾器的基本构造，熟悉各部件的运行原理及关系，掌握各附件的用途，明白各种喷头使用的工况。比如单喷头适合作物生长的各个时期喷雾；双喷头用于中后期植株顶端定向施药；扇形喷头雾形稳定细而均匀，雾滴不易飘移，适用于土壤处理或叶面喷洒。

（2）向泵筒中安装塞杆组件时，应注意将牛皮碗的一边斜放在泵筒内，然后使之旋转，将塞杆竖直，用另一只手帮助将皮碗边沿压入泵筒内，就可顺利装入，切忌硬行塞入。喷雾器上的新牛皮碗在安装前应浸入机油或动物油（忌用植物油），浸泡24h，否则可能会出现安装困难的情况。

（3）田间作业正确使用喷雾器。正确估算药液量，防止喷药不匀造成药害或防效不好的现象；商品药必须经过稀释再倒入药箱；给药箱加药液时，要用滤网，先加药剂后加水，药液的液面不能超过安全水位线，药液不能装得过满，防止堵塞和药液外溢。喷药前，先扳动摇杆10余次，使桶内气压上升到工作压力。扳动摇杆时不能过分用力，以免气室爆炸。

（4）每次使用前注意安全防护措施，比如及时清洗喷雾器，特别是容易和人体接触的部件，比如背带、手摇杆、药箱等；操作人员要有非常强的自我防护意识，作业时必须做到穿工作服、戴手套和口罩，严格按操作规程作业。

（5）喷雾要点。为了保证有效喷幅内雾滴密度均匀，应掌握好喷雾量与喷雾速度的关系。喷雾时喷头距作物顶端0.5~1m，当在1~3级风的情况下作业时，喷孔与风向一致，每走一步摆动一次喷杆。

背负式喷雾器

★百度图库，网址链接：https://image.baidu.com/search/detail

（编撰人：莫嘉嗣，漆海霞；审核人：闫国琦）

332. 背负式喷雾器如何进行维护保养?

（1）背负式喷雾器的使用是有季节性的。在使用期，每次使用前，必须先用清水进行漏水试验，必须确保喷雾器不漏水才能放心使用。加药水注入量不能超过安全水位线，不能往药桶装强腐蚀剂溶液，并且不要用污浊水混合药。使用自配农药（石硫合剂、松碱合剂、硫酸铜—石灰合剂）必须沉清并用纱布过滤，以避免微粒堵塞管道和沉积桶底。要随时保持药桶内外清洁。

（2）喷药时发现摇杆往复压缩不顺畅，应及时检查是否应该加润滑油。休息时应避免喷雾器在阳光下暴晒或火堆旁炙烤。

（3）每次使用完毕，必须倒出剩余药液，倒药时应先松开拉紧螺母，按下吊紧钉，将桶内压缩空气放尽；然后拧开加水盖，倒出药液，再用清水洗净。在喷洒腐蚀性强的药液或乳剂后，应用碱水清洗喷雾器内外表面，再用清水（最好是温水）冲洗，并打气喷雾，以清洗胶管及喷杆内部，洗完把桶盖打开，倒出积水，并使水接头朝下平放，擦干桶身，以防锈蚀。

（4）喷雾器长期不用时，必须将药水全部除净，然后用热碱水彻底洗刷，并用清水喷雾1~3min，然后擦干、晾干各零部件，无漆的金属件应涂油保护，装配好放在阴凉干燥的库房中保存，待下次使用。

（编撰人：莫嘉嗣，漆海霞；审核人：闫国琦）

333. 背负式喷雾器出现故障如何检修?

背负式喷雾机虽结构简单，但保养不好，不仅容易出故障，而且会缩短使用寿命，现介绍几种常见故障的排除方法。

（1）开关漏水。一般是开关帽下垫圈使用时间过长因磨损而老化，产生间隙而漏水，若开关帽松动，开关芯粘住，也会引起漏水，可采用拧紧、更换垫圈、清洗、加油处理排除。

（2）雾化不良。喷雾时断时续，水气同时喷出。原因是桶内出水管焊接处脱焊，可拆下用锡焊补。若喷出的雾不是圆锥形，原因是喷孔堵塞，喷头片孔不圆。可清除喷头内杂物，更换喷头片。如喷头片下垫圈损坏，应及时更换新垫圈。

（3）气筒打不进气。一般是皮碗硬化或磨损破裂，也可能是皮碗底部的螺帽松动脱落，皮碗脱离塞杆，连皮碗一并掉在唧筒里。可取下连杆上的销钉，卸出连杆，拧开唧盖，将塞杆从唧筒内取出，若皮碗掉在唧筒里，可用粗铁丝或细钢筋将皮碗、皮碗托、螺帽取出。首先检查皮碗是否磨损，如损坏，更换新的；若干缩硬化，可放在机油内浸软后安装。

（4）气室塞杆自动上升。压盖顶端冒水，是由于气室壁或气室底有裂缝脱焊或阀壳内玻璃球被杂物堵塞，不能与阀体密合或皮碗破损，可用锡焊补裂缝，清除阀体杂物，或调换皮碗。

（5）气室压盖漏气或加水盖漏气。原因是皮垫圈损坏或凸缘与气室脱焊，应更换垫圈或锡焊接脱锡处。

（6）开关转动不灵活。因为喷雾器久置未用，开关芯因药液锈蚀凝牢，可将开关拆下放进煤油中清洗，擦除锈迹，涂上适量润滑油装好。

（7）喷头喷水但不喷雾。一般是喷头片孔、喷头内斜孔或套管内滤网堵塞所致，也可能是进水阀内玻璃球被脏物缠结，堵塞进水道导致。排除方法是：先拆下喷头及喷头帽，检查喷头片孔及喷头内斜孔是否有脏物，如有用细木棍通透二孔，并在清水中清洗后安装。

（编撰人：莫嘉嗣，漆海霞；审核人：闫国琦）

334. 机动式喷雾器的原理是什么？

机动喷雾器狭义上是指18型背负式弥雾喷粉机。贮药箱更换不同部件就可以实现贮液箱和贮粉箱的功能。喷管主要由塑料件组成，不论弥雾和喷粉都用同一主管，在不同工况下只需要在其上换装不同的部件即可。发动机和风机都是通过减震装置固定在机架上，以减少机架接受到它们高速转动时产生的震动。其弥雾工作原理：当发动机曲轴驱动风机叶轮高速旋转时，风机产生的高压气流，其中大部分经风机出口流向喷管，少部分流经进风阀、软管、滤网到达贮药箱内药液面上的空间，对液面施加一定压力，药液在风压作用下通过粉门、出水塞接头、输液管、开关到达喷嘴（即所谓气压输液）。喷嘴位于弥雾喷头的喉管处，由风机出风口送来的气流通过此处时因截面突然缩小，流速突增，在喷嘴处产生负压。药液在贮药箱内受正压和在此处受负压的共同作用下，源源不断从喷嘴喷出，正好与由喷管来的高速气流相遇。由于两者流速相差极大，而且方向垂直，于是高速气流将由喷嘴出的细流或粗雾滴剪切成细小的雾滴直径在100～150μm，并经气流运载到远方，在运载沿途中，气流将细小的雾滴进一步弥散，最后沉降下来。从风机产生的高速气流，大部分经风机出口流向弯头、喷管，少部分经进气阀进入吹粉管。由于风速高、风压大，气流便从吹粉管小孔吹出来，将贮药箱底部的药粉吹松散，并吹向粉门（即所谓气流输粉）。同时由于大部分高速气流通过风机出口的弯头时，在输粉管口处造成一定的真空度，因此当粉门开关打开时，药粉就能够通过粉门，输粉管被吸入弯头，与大量的高速气流混合，经喷管吹向作物。

机动式喷雾器

★百度图库，网址链接：https://image.baidu.com/search/detail

（编撰人：莫嘉嗣，漆海霞；审核人：闫国琦）

335. 机动式喷雾器如何正确使用？

（1）选用专用机油。目前市面上常用的机动喷雾器发动机为二冲程汽油发动机，均使用混合油。发动机机油最好用专用机油，选用合适的汽油和机油配比，混合比例为（15～20）∶1。第1～2次可以机油多一点、浓一点，起动后先小油门运行一会进行热机处理，然后再正式开始作业。加油时必须停机，防止燃油起火。

（2）正确安装喷雾器零部件。使用前先检查各连接部位是否漏气，再安装清水试喷，然后再装药剂。正式使用时，要先加药剂后加水，药液的液面不能超过安全水位线。加药应先关闭药液开关后再加药，加药完毕，旋紧药箱盖，避免运转过程中压力下降。初次装药液时，由于气室及喷杆内含有清水，为了防止影响病虫害的防治效果，在喷雾起初的2～3min内所喷出的药液浓度较低，所以应注意及时补喷。

（3）起动。①冷机起动。打开燃油开关，将油门操纵杆置于中间位置，按住放油手柄直到有燃油流出为止，向下扳动阻风门手柄，将阻风门置全开位置，轻拉启动绳数次，向上扳动阻风门，置于全开位置，发动机低速运转2~3min后，再进行作业。②热机起动。将阻风门置于全开位置，起动时，如吸入燃油过多，可将油门开关关闭，油门操纵杆和阻风门置于全开，拉起动绳5~6次，再按上述方法起动。起动后和停机前必须空载低速运转3~5min，严禁空载大油门高速运转和急剧停机。新机磨合要达24h以后方可负荷工作。

（4）喷药作业完毕后，注意用后清理喷雾器，及时倒出桶内残留的药液，并用清水洗净倒干。同时，检查气室内有无积水，如有积水，要拆下接头放出积水。

机动式喷雾器

★百度图库，网址链接：https://image.baidu.com/search/detail

（编撰人：莫嘉嗣，漆海霞；审核人：闫国琦）

336.机动式喷雾器如何进行保养？

机动喷雾器的保养环节也尤为重要，因为喷雾器的使用具有季节性，喷药季节过后，接下来必定是长期存放，除做好一般保养工作外，还要做好以下几点：进行残留的药液、药粉的清除，残留物大多为化学药品，会对药箱、进气塞和挡风板部件产生化学腐蚀，缩短喷雾器的使用寿命，因此要认真清洗干净；汽化器沉淀杯中不能残留汽油，以免油针、卡簧等部件遭到腐蚀；务必放尽油箱内的汽油，以避免存放不慎引起火灾，同时防止了汽油挥发污染空气；用木片刮火花塞、气缸盖、活塞等部件和积炭，刮除后用润滑剂涂抹，以免锈蚀，同时检查有关部位，该修理的一同修理；清除机体外部尘土及油污，脱漆部位要涂黄油防锈或重新油漆；存放地点要干燥通风，冷热适宜，远离火源，以免橡胶件、塑料件过热变质，温度过低会导致橡胶件和塑料变硬，加速老化。

机动式喷雾器

★百度图库，网址链接：https://image.baidu.com/search/detail

（编撰人：莫嘉嗣，漆海霞；审核人：闫国琦）

337. 机动式喷雾器如何进行喷粉作业？

喷粉是机动喷雾器药剂的一种常见形式，只不过现在用得少了，使用时，工作人员应该按照使用说明书的规定调整机具，使药箱装置处于喷粉状态。

为避免粉剂堵塞喷管，粉剂应保持干燥、不得有杂物和结块。不停车加药时，汽油机应处于低速运转，关闭挡风板及粉门操纵手把，加药粉后，旋紧药箱盖，并把风门打开。背机后将手油门调整到适宜位置，稳定运转片刻，然后调整粉门开关手柄进行喷施。

在喷施时要注意结合当前工作地点的地形和风向，安排合理的喷施方案，晚间利用作物表面露水进行喷粉较好。使用长喷管进行喷粉时，先将薄膜从摇把组装上放出，再加油门，能将长薄膜塑料管吹起来即可，不要转速过高，然后调整粉门喷施，为防止喷管末端存粉，前进中应随时抖动喷管。停止运转的步骤是先将药液或粉门开关闭合，再减小油门，使汽油机低速运转3～5min后关闭油门，汽油机即可停止运转，然后放下机器并关闭燃油阀。

（编撰人：莫嘉嗣，漆海霞；审核人：闫国琦）

338. 机动式喷雾器使用时有哪些注意事项？

正确安装机动喷雾器零部件，安装完后，应当检查是否有滴漏和跑气现象，可以先用清水试喷。

在使用时，不能直接加入药剂，防止挥发性药剂浓度过高导致药剂挥发被工作人员吸入，损害人的健康。首先加1/3的水，再倒药剂，然后加水达到药液浓度要求，但注意药液的液面不能超过安全水位线。初次装药液时，由于喷杆内含有清水，在试喷雾2~3min后，正式开始使用，避免漏喷影响除虫效果。

工作完毕，应及时倒出桶内残留的药液，再用清水清洗干净。若短期内不使用机动喷雾器，应将燃油及润滑油倒净，并及时清洗油路，同时将机具外部擦干装好，置于阴凉干燥处存放。若长期不用，应先润滑活动部件，置于通风干燥处，防止生锈，并及时封存。

目前常用的机动喷雾器大部分使用混合油，混合比例为（15：1）~（20：1）。机油最好使用二冲程专用机油。加油时必须停机，注意防火。启动后和停机前，须空载低速运转3~5min进行热机处理，然后再正式开始作业，严禁空载大油门高速运转和急剧停机。新机磨合达24h以后方可负荷工作。

（编撰人：莫嘉嗣，漆海霞；审核人：闫国琦）

339. 机动式喷雾器如何进行故障维修？

（1）不能起动或起动困难的原因及维修。

①如果是油箱没油，则加燃油即可；如果是发动机油路不畅通，化油器供油不足，应检查供油系统、开关、化油器等，清洗油道，可能是过滤网堵塞或油箱通气孔堵塞，导致燃油不能顺利进入汽缸内。

②燃油过脏或存放时间过长，燃油中有杂物可能造成发动机不能正常起动，此时只需要及时更换燃油。汽缸内燃油过多，发动机不易起动，旋下火花塞擦干，关闭油门起动数次，排出缸内燃油。

③若火花塞不跳火，积炭过多或绝缘体被击穿，则应清除积炭或更换火花塞。电子点火器损坏，则更换点火器。

（2）运转中功率不足的原因与维修。

①压缩良好而运转功率不足可能由以下几种原因造成。发动机过热、消音器积碳、滤清器的滤片堵塞、燃油有水，可采取停机冷却、清除积碳、清洗、更换燃油等方法。

②发动机过热可能由以下原因造成。燃油浓度过低、气缸盖积碳、润滑油质量不好、没接大软管，可采取调节化油器，清除积碳，用专用机油等方法。

（3）运转不平稳的原因与维修。

①若主要部件磨损严重，运动中产生敲击拌动现象，则应更换部件。

②若点火时间早，有回火现象，须检查调整；若白金磨损或松动，则应更新或紧固。

（4）运转中突然熄火的原因与维修。燃油用尽，加油后再起动使用。火花塞积炭短路不能跳火使发动机熄火，旋下火花塞清除积炭，重新起动。

（5）农药喷射不雾化。若转速低，则应加速；若超低量喷头内的喷嘴轴弯曲，高压喷射式的喷头中有杂物，则更换喷嘴轴或清理喷头中的杂物。

机动喷雾器

★百度图库，网址链接：https://image.baidu.com/search/detail

（编撰人：莫嘉嗣，漆海霞；审核人：闫国琦）

340. 风送式喷雾器有哪儿种类型？

风送式喷雾器被广泛应用于较大面积果园施药，它具有用药省、用水少、喷雾质量好、生产效率高等优点。它的喷药原理也跟其他类型的喷药设备不同，它靠液泵的压力使药液雾化同时依靠风机产生强大的气流将雾滴吹送至果树的各个部位。风机的高速气流有助于雾滴穿透茂密的果树枝叶，并促使叶片翻动，提高了药液附着率且不会损伤果树的枝条或损坏果实。风送式喷雾器有悬挂式、牵引式和自走式等。

牵引式又包括自带发动机型和动力输出轴驱动型两种。我国主要机型为中小型牵引式动力输出轴驱动型，今后应发展小型悬挂式或自走式机型。前者成本低，而后者机动性好、爬坡能力强，适用于密植或坡地果园。

悬挂式喷雾器

★一呼百应网，网址链接：http://news.youboy.com/cp1638062.html

牵引式喷雾器

自走式喷雾器

★百度图库，网址链接：https://image.baidu.com/search/detail

（编撰人：莫嘉嗣，漆海霞；审核人：闫国琦）

341. 风送式喷雾器的工作原理是什么？

风送式喷雾器的工作原理可以简单的描述为当拖拉机驱动液泵运转时，药箱中的水，经吸水头、开关、过滤器，进入液泵。然后经调压分配阀总开关的回水管及搅拌管进入药液箱，在向药箱加水的同时，将农药按所需的比例加入药箱，这样就边加水边混合农药。喷雾时，药箱中的药液经出水管、过滤器与液泵的进水管进入液泵，在泵的作用下，药液由泵的出水管路进入调压分配阀的总开关，在总开关开启时，一部分药液经2个分置开关，通过输药管进入喷洒装置的喷管中。进入喷管的具有压力的药液在喷头的加压作用下，以雾状喷出，通过风机产生的强大气流，进一步将雾滴进行雾化，形成更加细小的雾滴，同时将雾化后的细小的雾滴吹送到果树株冠层内，极大地增强了施药效果。

风送式喷雾器

★百度图库，网址链接：https://image.baidu.com/search/detail

（编撰人：莫嘉嗣，漆海霞；审核人：闫国琦）

342. 风送式喷雾器如何进行正确使用？

（1）使用前检查。按照发动机要求，检查机油量，确保充分润滑；检查齿轮箱机油；检查各个过滤器是否清洗干净，如果存在污垢，不仅会影响机器的正常运行，还会增加喷头的压力；检查各处紧固管子的喉箍是否有松动，防止在喷药过程中产生泄露药剂的现象。

（2）加水。通过药箱口过滤网加入清水，过滤掉水中可能存在的杂物，避免造成喷头堵塞。

（3）加药。在喷药之前，要对药物进行充分混合搅拌。需要将喷雾管路开关关闭，拖拉机带动喷雾器运转5~10min进行搅拌工作。如果是液体农药，直接从上方的药箱口加入；如果是粉末状农药，应事先用水溶解，然后加入药箱内搅拌。

（4）操作。

①用手掌压住停止控制手把，用四指提起离合器控制手把，并且用锁定装置锁定，把油门开到一半的位置。

②按照发动机说明书要求启动发动机。发动机启动后，先让喷雾器空转几分钟，以使得所有的运动部件得到充分润滑。抓紧手把上的离合器控制手把，使得锁定装置上的弹簧松开，确保不要松开发动机停止控制手把，否则发动机会熄火。通过速度控制杆调节速度，如果离合控制手把是握紧的或者处于锁定位置的，可直接通过挡位调节杆选择所需速度。如果离合控制杆已经松开，则需要先用四指提起离合控制手把，然后通过挡位调节杆选择挡位。选择好挡位后慢慢松开离合器控制手把即可。

③喷雾。将动力输出控制杆固定在前面，风机开始运转后，喷雾泵也开始运转，调节油门大小，可以控制风机和喷雾泵的转速。

④停机。调节喷雾压力为"0"，将挡位调节控制杆置于空挡，减小油门并切断动力输出，发动机怠速2~3min后完全松开停止控制手把。

（编撰人：莫嘉嗣，漆海霞；审核人：闫国琦）

343. 风送式喷雾器如何进行维护与保养？

（1）整机的保养。每次作业完毕，应放尽系统内所有残液，具体操作方法为将药液放净，加入清水，驱动隔膜泵循环清洗，尤其是隔膜泵内的残液。防止天寒冻裂部件，隔膜泵内还应加入防冻液。除了每次使用后需要注意的事项外，每星期或者每工作40h以后都应当做到以下几点检测。检查喷头的情况，比如是否有磨损；检查固定泵的螺丝是否松动；检查机器是否有漏水现象；检查压力表、控制阀等配件是否运转正常，有无损坏；使用完毕，要将整机清洗干净后晾干，旋松控制阀调压手柄，将机具存放在干燥通风的机库内，避免露天存放或与农药、酸、碱等腐蚀性物质放在一起。

（2）主要部件的保养。

①液泵。新机器在使用50h后需要更换润滑油，之后每连续工作200h以后要更换。

②齿轮箱。每工作50h更换一次机油。

③紧固件。看紧固件是否松动，需要经常拧紧，发现问题要及时更换零件，不要等到坏了再更换，那样有可能在使用中突然损坏，对机器造成无法修复的损害。

风送式喷雾器

★百度图库，网址链接：https://image.baidu.com/search/detail

（3）药液排放。

①打开药箱底部的放水开关，使残余药液从排放口排出。

②冬天为保证机器各部件尤其是液泵不被冻裂，除了要把药箱中的药液放净外，还要把管路及液泵中的液体全部放净，步骤如下。

把液泵上的进、出水管接头拧下；把控制阀上的出水管接头拧下，让管路中的残液流出；把控制开关打开，让控制阀中的残液流出；启动喷雾机使液泵空转1min，让液泵中的残液排出。

（编撰人：莫嘉嗣，漆海霞；审核人：闫国琦）

344. 踏板式喷雾器的原理是什么?

踏板式喷雾器是一种喷射压力大、射程远的手动喷雾器。踏板式喷雾器适用于植物的病虫害防治，主要使用场合为果树、园林、葡萄架棚，也可用于仓储除虫和建筑喷浆、装饰内壁等。

踏板式喷雾器工作原理：手柄前后摆动，通过杠杆、连杆、框架带动柱塞前后运动。当摇杆由右向左拉时，柱塞也跟随由右向左移动，当右出液球阀关闭，左柱塞与缸体左腔的容积增大，压力下降，产生局部真空，药液容器内的药液在大气压的作用下，通过吸液头和吸液胶管，冲开左吸液球阀进入缸体左腔筒内。同时，右吸液球阀关闭，右柱塞与缸体右腔筒所组成的容积不断缩小，腔筒内的药液压力升高，药液冲开右出液球阀而进入空气室。当摇杆向右推时，其作用与摇杆向左推时相反。如此往复地进行药液吸入缸体腔筒内的操作，又从缸体腔筒内压入空气室，空气室的空气受压缩而压力升高。当达到一定压力时，便可打开喷杆上的开关，使药液连续地通过出液三通、胶管、喷杆和喷头喷孔呈雾状喷出。

踏板式喷雾器

★百度图库，网址链接：https://image.baidu.com/search/detail

（编撰人：莫嘉嗣，漆海霞；审核人：闫国琦）

345. 踏板式喷雾器使用时的注意事项是什么？

（1）为了避免杂质堵塞喷孔而降低喷雾质量，药液使用前必须先过滤。

（2）因为该喷雾器没有装压力表和安全装置，使用者可以根据手感预估喷雾压力大小，以能正常喷雾为宜。

（3）为了避免产生气隔吸水座，必须淹入药液内。

（4）当中途停止喷药时，必须立即关闭开关，停止推动摇杆。

（5）不允许两人同时摇杆，以免超载工作而使胶管破裂和损坏机具。

（编撰人：莫嘉嗣，漆海霞；审核人：闫国琦）

346. 踏板式喷雾器如何进行维护？

（1）各注油孔和活动部分应经常检查是否达到润滑要求，一旦发现润滑不足，及时注润滑油，油杯内必须注满黄油，每天将油盖拧紧1~2圈。

（2）每天使用完毕，需要及时清理吸液头和药液容器，排出机内的剩余药液。

（3）将空气室内的药液残留清除干净以后，再用清水或碱水清洗干净。

（4）清洗后拆下出液胶管和喷枪，把出液胶管悬挂在阴凉干燥的地方，将喷枪的直通开关打开，放尽喷杆内的残液。

（5）如果使用了高度腐蚀性的药液，如硫酸铜及石灰硫黄合剂等，绝不能使药液留存在机具内，使用完毕必须立即用清水或热碱水、清水洗净后擦干。

（6）使用完毕，在保存前用热碱水、清水冲洗机具内外；封闭进液接头和出液接头；在活动部分涂润滑油脂，并用纸包封，以便防尘和防腐蚀。

（7）每年喷药期过完以后，应拆洗、清理、检查和换密封圈、橡胶垫、螺钉、螺母等，然后封好存放。

（编撰人：莫嘉嗣，漆海霞；审核人：闫国琦）

347. 静电喷雾器的原理是什么？

静电喷雾是利用静电技术，在静电喷头与需喷洒农作物之间建立起静电场，药液经静电喷头雾化后形成群体带电雾滴，在静电场力的作用下，微细带电雾滴被电场力吸附到作物叶片的正反面以及隐蔽部位。药液雾滴在目标作物的沉积率高、均匀散布，飘逸散失少。

加压农药药液由喷杆进入静电喷头之后，由于液体通道的截面积急剧变小，使压力流变成速度流，流速大大增高，在静电喷头的充电电极作用之下，雾滴带上与电极相同的电荷，药液表面的吸附活度增加，雾滴表面张力下降，液滴更加容易分散破裂。药液先是在内外压力差和空气撞击力的作用下，破裂细化成小雾滴。受瑞利极限的影响和雾滴电荷间的排斥作用，雾滴继续分裂进一步细化。因为静电喷头和农作物间的静电场作用，细小的带电雾滴具有一定的方向性，向农作物茎叶的正反面运行沉积。

静电喷雾器

★百度图库，网址链接：https://image.baidu.com/search/detail

（编撰人：莫嘉嗣，漆海霞；审核人：闫国琦）

348. 静电喷雾器的特点与作用是什么？

静电喷雾器喷出的雾滴带有相同的电荷，喷出的药液雾滴小、具有方向性，不但使目标正面而且反面和隐蔽部位均能受药，附着密度高，着落均匀、吸附性极强。极好的喷施效果是现有国内外一般喷雾器所无法做到的。同时带电荷的雾滴细而吸附力强，微风情况下药液基本都被吸附在目标上，因此杀虫与消毒效果甚好。加上药液被吸附后，不易被雨水冲刷掉，也不易在阳光下蒸发。可大大延长药效期，减少喷药次数，因此可节省农药用量高达50%～70%，另外对大地和水源可做到基本无污染。

需要提醒的是使用该多功能静电喷雾器只需在农作物上方喷洒，同时必须改变传统的喷洒习惯，绝对不要将农药喷洒到淌水、滴水的程度，由于药效高，单位面积施药量可大大减少，所以不能将喷头在作物上部、下部反复喷洒，以免伤害作物。因此操作人员的步行速度可以适当加快，大大地提高了喷施工作效率，由于药效高施药量减少，相应用水量也大为减少。

由于用药用水量减少，因此配套的动力小，消耗的能源少，本产品采用新型可充电干电池，一次充电耗电仅0.8kw·h，可作业8h。由于静电喷雾器结构轻巧、动力小，加上电动操作，操作十分轻便、省力。因此该多功能静电喷雾器具有高效、省药、省水、节能、省工、省力、省费和易操作等优点。同时具有环保与轻巧等特点。

（编撰人：莫嘉嗣，漆海霞；审核人：闫国琦）

349. 使用静电喷雾器有哪些注意事项？

（1）静电喷雾器注意事项。

①为了避免触电，操作充电时，不能采取用湿手等危险方式。

②充电前，要准备好220V电源电压，防止电压波动过大，烧毁充电装置；充电时，首先将充电器的连接头与喷雾器连接好，然后再将充电器的插头与电源插座连接好。

③前三次使用充电时间要在12h左右，以后使用充电时间保持在5~7h，不宜时间过长，如果充电时间过长，电池发热，会减少电池的活性液，会降低电池的容量，影响电池的使用时间。

（2）试喷检测。

①防止药液伤害身体或给作物造成危害，在使用之前应该检查各连接部位是否有漏药现象，如果存在跑、冒、滴、漏现象，请将连接校正或更换密封垫。

②检查喷雾是否均匀、连续，如果药泵压力不稳定，可能会出现间断喷雾或者出药不细，呈水柱状，这时可能是滤网、管道、喷头等被杂质堵塞住，或者是由于电池电量不足。

（3）使用时的注意事项。

①不能喷洒非水溶性的粉剂和浓度太高的药剂。

②当处于静电喷雾状态时不需要对喷淋农作物上下部反复喷洒。相对湿度较大的环境会影响静电效果，导致喷施效果较差，此时不宜进行静电喷雾，须改为普通喷雾。

③当处于静电喷雾状态时要保持桶身外壁干燥，严禁触摸喷头和药液，接地线保持接地，关机后将喷头和地面接触一下以消除残余静电。

（4）使用后的注意事项。

①施药完毕后要将没有喷洒完毕的药液倒入专门的容器，然后向机器药箱内加入一部分清水，让机器自动运转1~2min。

②清洗完机器后，一定要关闭机器的红色电源开关，将药箱内的液体倒置安全的地方，避免水源的污染。

③喷洒人员喷洒作业完成以后，一定要进行自身的清洗，避免药液对自身的伤害或者由于饮食将有害物带入体内。

（编撰人：莫嘉嗣，漆海霞；审核人：闫国琦）

350. 喷灌系统如何组成？

一个完整的喷灌系统一般包括喷头、管网、首部和水源等。

（1）喷头。喷头用于将水柱分散成细小的水滴，如同降雨一般比较均匀地喷洒在种植区域。

（2）管网。其作用是为需要灌溉的种植区域输送并分配加压力水。由不同管径的管道组成了管网，包括分干管、支管、毛管等。通过各种相应的管件、阀门等设备将各级管道连接成完整的管网系统。现代灌溉系统的管网多采用施工方便、水力学性能良好且不会锈蚀的塑料管道，如PVC管、PE管等。同时，应根据需要在管网中安装必要的安全装置，如进排气阀、限压阀、泄水阀等。

（3）首部。其作用是从水源取水，并对水进行加压、水质处理、肥料注入和系统控制。一般包括动力设备、水泵、过滤器、施肥器、泄压阀、逆止阀、水表、压力表以及控制设备，如自动灌溉控制器、衡压变频控制装置等。首部设备组件的数量，可视系统类型、水源条件及用户要求有所增减。如果利用城市供水系统作为水源，往往不需要加压水泵。

（4）水源。喷灌水源可以为井泉、湖泊、水库、河流及城市供水系统等。在整个生长季节，水源应有可靠的供水保证。同时，水源水质应满足灌溉水质标准的要求。

喷灌系统

★百度图库，网址链接：https://image.baidu.com/search/detail

（编撰人：莫嘉嗣，漆海霞；审核人：闫国琦）

351. 喷灌系统的特点与作用是什么？

喷灌是管道系统和借助水泵或利用自然水源的落差，把具有一定压力的水喷到空中，散成小水滴或形成弥雾降落到植物上和地面上的灌溉方式。

（1）省水。由于喷灌可以控制喷水量，使弥雾能均匀地附着在植物或者地面上，避免产生地面径流和深层渗漏损失，使水的利用率大为提高。

（2）省工。喷灌使机械化、自动化更加便利，采用喷灌可以大大地节省劳动力。由于取消了田间的输水沟渠，不仅有利于机械作业，而且大大减少了田间劳动量。在喷灌中施入化肥和农药，可以省去大量的劳动力，据统计，相比地面灌溉，喷灌所需的劳动量仅为其1/5。

（3）提高土地利用率。地面灌溉需田间的灌水沟渠和畦埂，而采用喷灌时无需这些辅助结构，提高耕地利用率，一般可增加耕种面积7%～10%。

（4）增产。喷灌便于严格控制土壤水分，使土壤湿度维持在作物生长最适宜的范围。而且在喷灌时能冲掉植物茎叶上的尘土，有利于植物呼吸和光合作用。

（5）适应性强。喷灌既可以像地面灌溉那样整平土地，又可以在坡地和起伏不平的地面进行喷灌，对各种地形有很强的适应性。特别是在土层薄、透水性强的沙质土，非常适合采用喷灌。

喷灌具有好多优点，但是也有缺点。首先是投资费用大，就目前条件移动式喷灌系统最便宜，亩投资也需要20～50元/亩。其次是受风速和气候的影响大，当风速大于5.5m/s时（相当于4级风），就能吹散水滴，降低喷灌均匀性，不宜进行喷灌。另外，在气候十分干燥时，蒸发损失增大，也会降低效果。

（编撰人：莫嘉嗣，漆海霞；审核人：闫国琦）

352. 固定管道喷灌系统的特点是什么？

固定管道喷灌系统一般将干支管都埋在地下（也有的把支管铺在地面，但在整个灌溉季节都不移动）这种方式会使设备投资变大，但是提高喷灌系统可靠性，节省人力，使喷灌系统使用寿命延长，从某种意义上来讲也节约了成本，目前使用塑料管道的系统单位造价也有12 000～18 000元/hm^{2}的，有的甚至达到22 500元/hm^2。

固定管道喷灌系统

★百度图库，网址链接：https://image.baidu.com/search/detail

（编撰人：莫嘉嗣，漆海霞；审核人：闫国琦）

353. 半移动式管道喷灌特点是什么？

半移动式管道喷灌系统采用的是干管固定，支管移动的方案，这样可增加支管的使用价值，大大减少支管用量，从而使得投资大大减少，每公顷投资仅为固定式的50%～70%，但是移动支管需要较多人力，并且如管理不善，支管容易损坏。最近发明了一些由机械移动支管的方式，可以部分或全部克服因支管移动带来的费工、易损等问题，大大提高了半移动式管道喷灌系统的市场使用率。

半移动式管道喷灌

★百度图库，网址链接：https://image.baidu.com/search/detail

（编撰人：莫嘉嗣，漆海霞；审核人：闫国琦）

354. 中心支轴式喷灌机的特点是什么？

中心支轴式喷灌机是一种自动化程度很高的设备，该产品在我国华北和东北地区已有一定的使用经验，适用于大面积的平原（或浅丘区），要求灌区内没有任何高的障碍（如电杆、树木等）。因为其将支管支撑在高2~3m的支架上，全长可达400m，支架可以自己行走，支管的一端固定在水源处，整个支管就绕中心点绕行，像时针一样，边走边灌，可以使用低压喷头，灌溉质量好。其缺点是由于支管只能绕中心点转动，边角需要找其他办法补灌，只能灌溉圆形的面积。尽管如此，该设备在美国也被广泛应用，也值得我国在大平原地区、大规模农场推广。

中心支轴式喷灌机

★百度图库，网址链接：https://image.baidu.com/search/detail

（编撰人：莫嘉嗣，漆海霞；审核人：闫国琦）

355. 滚移式喷灌机的特点是什么？

适用于矮秆作物（如蔬菜、小麦等）要求地形比较平坦。将喷灌支管（一般为金属管）用法兰连成一个整体，以支管为轴，大轮子等间距安装。用一个小动力机为动力源，使支管滚到下一个喷位，每根支管最长可达400m，这种机型我国已有产品。

移动式喷灌机

★百度图库，网址链接：https://image.baidu.com/search/detail

（编撰人：莫嘉嗣，漆海霞；审核人：闫国琦）

356. 大型平移喷灌机的特点是什么?

　　时针式喷灌机只能灌圆形区域, 为了克服这一缺点, 大型平移喷灌机顺势出现。这是一种可使支管作平行移动的喷灌系统, 是在时针式喷灌机的基础上研制的。这样一来灌溉的面积就由圆形变成了矩形。但其缺点是当机组行走到田头时, 要专门牵引到原来出发地点, 才能进行第二次灌溉。而且平移的准直技术要求高。由于其技术要求高、操作困难, 因此并没有得到广泛的使用, 我国也已有产品, 其适于推广的范围与时针式相仿。

大型平移喷灌机

★百度图库, 网址链接: https://image.baidu.com/search/detail

（编撰人: 莫嘉嗣, 漆海霞; 审核人: 闫国琦）

357. 纹盘式喷灌机的特点是什么?

　　大喷头需要一个软管供水, 软管盘在一个大绞盘上。灌溉时逐渐将软管收卷在绞盘上, 喷头边走边喷, 灌溉宽度取决于射程和软管长度。这种系统, 机械设备比时针式简单, 从而造价较低, 田间工程少, 工作可靠性较高, 但是能耗较高, 因为一般要采用中高压喷头。纹盘式喷灌机适合于灌溉粗壮的作物（如玉米、甘蔗等）, 并且对地势也有要求, 地形比较平坦且坡度不能太大, 在一个喷头工作的范围内最好是一面坡。

绞盘式喷灌机

★百度图库, 网址链接: https://image.baidu.com/search/detail

（编撰人: 莫嘉嗣, 漆海霞; 审核人: 闫国琦）

358. 喷灌系统的喷头该如何选择？

选择喷头要从多方面综合考虑，除需考虑其本身的性能，如喷头的工作压力、流量、射程、组合喷灌强度、喷洒扇形角度可否调节之外，还必须同时考虑诸如土壤的允许喷灌强度、地块大小形状、水源条件、用户要求等因素。另外，为了便于灌溉均匀度的控制和整个系统的运行管理，同一工程或一个工程的同一轮灌组中，最好选用一种型号或性能相似的喷头。此类喷头品种繁多，可以按照射程、喷洒类型、使用场合等进行划分。其中按射程分，有0.6～5.8m的小射程喷头，4.3～9.1m的中小射程喷头，8.5～15.9m的中等射程喷头，20m以上的大射程喷头；按喷洒类型分，有散射喷头、射线喷头、旋转喷头、射线旋转喷头；按使用场合分，有园林喷头、高尔夫喷头等。这些喷头均可在加压喷水时自动弹出地面，而灌水停止时又缩入地面，不会影响园林景观上的机械作业。

（1）小射程喷头一般为非旋转散射式喷头，如PROS系列、PS系列以及INST系列。这些喷头的弹出高度有50mm、75mm、100mm、150mm和300mm，可选配喷洒形式繁多或可调角度的喷嘴，喷灌强度较大。不但适用于小块灌溉，也可用于灌木、绿篱的灌水和洗尘。

（2）中小射程喷头多为旋转喷头，这种喷头适用于中型面积绿地和灌木、花卉的喷灌。如SRM、PGJ系列齿轮驱动顶部调节喷头，射程为4.3～11.3m，弹出高度有100mm、150mm、300mm。

（3）中等射程喷头多为旋转喷头，如亨特I-20、PGP系列地埋旋转喷头。这些喷头适用于中型面积绿地的灌溉。弹出高度有100mm和300mm两种，适用于较大面积的灌溉。其中I-20喷头配有止溢阀，并且可选不锈钢升降柱，顶部带有独特阀门，可在系统运行时单独将某个喷头关闭，便于维修或更换喷嘴。

喷头

★百度图库，网址链接: https://image.baidu.com/search/detail

（4）大射程喷头，其特点是材料强度高，抗冲击性能好。除用于大面积灌溉外，特别适合于运动场灌溉系统。如亨特I-31、I-35系列、I-41系列、I-60系列、I-90系列均为旋转式齿轮驱动顶部有工具调节喷头，射程均在20m以上。

（编撰人：莫嘉嗣，漆海霞；审核人：闫国琦）

359. 喷灌系统应该如何进行安装？

喷灌系统施工安装必须严格按设计要求进行，修改设计时必须先征得设计单位同意并经主管部门批准。针对喷灌系统的特点，在其施工与安装时，应注意以下问题。

（1）在已有的喷灌地块内施工，要特别注意管沟弃土的处理和尽量保护现有喷灌。因为埋管时须按与开挖时相反的顺序分层回填，这样一来保证了沿管线种植层内的土壤与原有土壤一致性，所以弃土须分层放置。

（2）为了便于冬季防冻和冲洗管道，在干管和每条支管上应安装放水装置。即使在无冻害的南方地区，在非灌溉季节一般也应放空管道，防止水长期滞留在管道中产生微生物，附着在管壁和喷头上影响喷灌效果。常见的放水装置包括闸阀、球阀、自动泄水阀，可在灌水停止后自动排出管道中的水。

（3）对于系统压力变化或地形起伏较大的情况，支管阀门处应安装压力调节设备。另外，在必要的管段还应安装进排气阀、泄压阀等，用以保护系统的安全。

（4）一般而言，在主管道上需安装一定数量的快速取水阀，极大地方便了临时取水和对喷灌不易控制的边角地段进行人工灌溉。

（5）地埋式喷头的安装。

①安装前须对喷头进行预置。可调喷洒扇形角度的喷头，出厂时基本上都设置在180°，因此在安装前应根据实际地形对喷洒扇形角度的要求，把喷头调节到所需角度。

喷灌系统

★百度图库，网址链接：https://image.baidu.com/search/detail

②喷头的顶部应与最后的地面相平。这就要求在安装喷头时喷头顶部要低于松土地面，为以后的地面沉降留有余地；或在地面不再沉降时再安装喷头。

③在管理不便的地区，可安装具有一定防盗性能的喷头。

（编撰人：莫嘉嗣，漆海霞；审核人：闫国琦）

360. 喷灌系统的故障如何排除？

（1）水舌性状异常。旋转式喷头正常工作时，在没有其他障碍物阻挡情况下，其射程不应小于标准值的85%，且应雾化良好。具体表现为水舌在离开喷嘴附近有一光滑、透明的圆形密实段，在密实段之后水舌才逐渐渗气变白并被粉碎，否则为水舌性状异常，其表现形式如下。

①喷头加工粗糙，有毛刺或损伤，导致水舌刚离开喷嘴，表面就毛糙不透明，但水舌主流仍是圆形的，此时应将喷头磨光或更换喷嘴。

②水舌刚一离开喷嘴就散开，没有圆形密实段。主要原因：喷嘴内部结构被损坏，应予以更换；整流器扭曲变形，应修理或更换；流道被杂物堵塞，应及时清理杂物。

（2）水舌性状尚可但射程不够。

①由于喷头转速太快，导致射程不够远，但水舌雾化情况还好，此时应调小喷头转速。

②由于工作压力不够，导致射程不能满足要求，且水舌雾化也差，此时应按要求调高压力。

（3）摇臂式喷头转动不正常。

①当出现空心轴与套轴间隙太小、两者之间被进入的泥沙阻塞或者安装时套轴拧得太紧，此时都会出现喷头不转或转动很慢，但是摇臂工作正常，应加大空心轴与套轴间隙，应拆下清洗干净，或者应适当放松套轴。

②摇臂张角太小。原因是：摇臂弹簧压得太紧，应适当调松；摇臂安装过高，导水器不能完全切入水舌，应调低；摇臂和摇臂轴配合过紧。

③导流器切入水舌太深，使摇臂的力量尚未完全敲击在喷体上即被冲开，此时会导致摇臂张角够大，但敲击无力，该类情况应将敲击块加厚。

④摇臂敲击步率不稳定，忽快忽慢。原因是摇臂和轴配合松或摇臂轴松动，应查明原因纠正。

（编撰人：莫嘉嗣，漆海霞；审核人：闫国琦）

361. 柑橘园滴灌系统的优势是什么?

滴灌是柑橘园最佳的灌溉方式,主要指以低压小流量通过软管将灌溉水供应到柑橘树根区土壤,以断续滴水方式进行灌溉。

目前,水肥一体化正在渐渐兴起,被广大农林工作者接受,其具有节省肥料、节省劳动力、节约水资源、降低湿度、减少病害、高效增产等优点。现在简易的滴灌措施在很多柑橘果园随处可见,但是也有部分果农会在滴灌设备选择上犹豫不决。下面介绍如何在柑橘果园安装水肥一体化措施。

与传统灌溉相对比,柑橘园运用滴灌灌溉有什么优点?

(1)水肥均衡。传统的洒水和追肥方法,作物是"一顿填饱,几天不饿",不能科学合理地营养供给。滴灌能够依据作物需水需肥规则灵活供给,确保作物科学、合理地进行营养的吸收,能有效削减肥害的危险。

(2)省工省时。传统的沟灌、上肥费时费力,比较繁琐。而运用滴灌,只需打开阀门,合上电闸,几乎不耽误工时。撒上肥料尽管省时省工,可是肥料利用率低,不利于果园持续发展;漫灌便利可是需水量大,会使大量肥料淋失。

(3)节约用水、省肥。滴灌水肥一体化,直接把作物所需求的肥料随水均匀的输送到植株的根部,作物"细酌慢饮",大大地提升了肥料的利用率,可削减遍及化肥的用量;水量也削减,只有沟灌的30%~40%。

(4)减轻病害。柑橘大部分病害是土传病害,随流水传播,采用滴灌能够有效地操控土传病害的发作。滴灌能降低果园内的湿度,减少病害的发病概率。

(5)控温改土。冬季运用滴灌能控制洒水量,降低湿度,增加地温。传统沟灌会形成土壤板结、通透性差,作物根系处于缺氧状态,形成沤根现象,而运用滴灌则避免了因洒水过大而导致的作物沤根、黄叶等问题。

滴灌系统

（6）提高质量，增加经济效益。尽管没有具体数据标明滴灌能增加柑橘多少产值，可是运用滴灌的确能削减9—10月柑橘裂果。

（编撰人：莫嘉嗣，漆海霞；审核人：闫国琦）

362. 喷灌系统的局限性有哪些？

（1）投资较高。与地面灌溉相比，喷灌投资较高，目前半固定式喷灌如不计输变电和人工杂费，一般每亩300～500元，加上输变电和人工杂费为500～800元。固定式喷灌就更高，有的高达1 000元/亩。

（2）喷灌受风和空气湿度影响大。风速对喷灌的影响非常大，当风速在5.5～7.9m/s即四级风以上时，能吹散水滴，使灌溉均匀性发生很大的偏差，飘移损失也会急剧增大，空气湿度过低时，蒸发损失加大。据美国德克萨斯州西南大平原研究中心的试验，当风速小于4.5m/s（三级风）时，蒸发飘移损失小于10%；当风速增至9m/s时，损失达30%。在相对湿度为30%～62%、风速0.24～6.39m/s的情况下，我国通过在湖北、北京、福建、陕西、云南、河南、宁夏、新疆等地的统一实测，结果显示喷洒水损失为7%～28%。

（3）耗能较大。给水一定的压力才能使喷头运转和达到灌水均匀，除自压喷灌系统外，喷灌系统都需要加压，此过程会造成能源的消耗。

（编撰人：莫嘉嗣，漆海霞；审核人：闫国琦）

363. 如何在柑橘园组建和布置滴灌系统？

（1）滴灌水源。河流、渠道、塘池或井。

（2）首部控制枢纽。由动力、水泵、蓄水池、化肥罐、过滤器及控制阀等组成。目前有的滴灌系统采用自压滴灌系统，其原理为：通过水泵或水渠将水送入高处水塔或蓄水池，起到蓄能作用，然后再由高处水塔或蓄水池向输水管道供水。也有直接用水泵从水源中抽水向管道加压，形成压力滴灌系统。

（3）输水管道。包括干管、支管、毛管及一些必要的调节设备如阀门及流量调节器等。水泵或蓄水池与支管间用干管连接，然后通过支管将水输送给毛管，最终毛管将水均匀输送到滴头。由于有些支管本身是渗灌管，所以不需要毛管和滴头；有些支管是PVC管，在需要滴水的地方钻小孔，再套上一个圈，水从小孔喷出经套圈挡住后水滴落下滴灌。

（4）滴头。滴头有两种，一种是滴水量固定的，另一种是滴水量可调的，根据柑橘树所需的位置装在毛管上，将水滴入土壤里。可依据柑橘树的大小和株距，毛管和滴头布置有平行柑橘树和环绕柑橘树两种；对于成年柑橘树，带多个滴头的毛管可环绕每棵柑橘树布置。为减少投资成本，可采用固定式滴灌；也可挪动带滴头的短引管，使一根毛管灌两行柑橘树。

滴灌

★微口网，网址链接：http://www.vccoo.com/v/60m9g5_3

（编撰人：莫嘉嗣，漆海霞；审核人：闫国琦）

364. 如何预防滴管系统堵塞？

（1）最常用的一种方法就是液体进入输水管道之前必须经过过滤或沉淀，使清理沉淀和过滤设备始终保持良好的技术状态。

（2）适当提高输水能力，减少系统堵塞。

（3）定期对毛管进行清洗以减少堵塞，同时应将滴头出水口朝上安放。

（4）对滴灌水做化学处理，每天向滴灌系统灌0.001%氯溶液（家用的漂白粉稀液）20min，它能明显地减少管壁上的黏性沉积物，防止堵塞。

滴灌系统

★百度图库，网址链接：https://image.baidu.com/search/detail

（5）测定水质，断绝容易造成堵塞的水源，尽可能避免使用含铁、硫化氢、单宁酸多的水作滴灌。

（6）由于磷会在灌溉水中与钙反应形成沉淀物质，堵塞滴头，所以不能通过滴灌系统施用磷肥，其他化肥要完全溶于水才能进行滴灌施肥。

（编撰人：莫嘉嗣，漆海霞；审核人：闫国琦）

365. 滴灌系统的滴水器如何选择？

由于滴水器的种类较多，其分类方法也不相同。

（1）按滴水器与毛管的连接方式分。

①管间式滴头。把灌水器安装在两段毛管的中间，使滴水器本身成为毛管的一部分。例如，把管式滴头两端带倒刺的接头分别插入两段毛管内，使绝大部分水流通过滴头体内腔流向下一段毛管，而很少的一部分水流通过滴头体内的侧孔进入滴头流道内，经过流道消能后再流出滴头。

②管上式滴头。直接插在毛管壁上的滴水器，如旁播式滴头、孔口式滴头等。

（2）按滴水器的消能方式不同分。

①长流道式消能滴水器。主要是靠水流与流道壁之间的摩擦耗能来调节滴水器出水量的大小，如微管、内螺纹及迷宫式管式滴头等，均属于长流道式消能滴水器。

②孔口消能式滴水器。以孔口出流造成的局部水头损失来消能的滴水器，如孔口式滴头、多孔毛管等均属于孔口式滴水器。

③涡流消能式滴水器。水流进入滴水器流室的边缘，在涡流的中心产生一低压区，使中心的出水口处压力较低，因而滴水器的出流量较小。设计良好的涡流式滴水器的流量对工作压力变化的敏感程度较小。

④压力补偿式滴水器。借助水流压力使弹性体部件或流道改变形状，从而使过水段面面积发生变化，使滴头出流小而稳定。压力补偿式滴水器的显著优点是能自动调节出水量和自清洗，出水均匀度高，但制造较复杂。

⑤滴灌管或滴灌带式滴水器。滴头与毛管制造成一整体，兼具配水和滴水功能的管（或带）称为滴灌管（或滴灌带）。按滴灌管（带）的结构可分为内镶式滴灌管和薄壁滴灌带两种。

滴水过滤器

★百度图库，网址链接：https://image.baidu.com/search/detail

（编撰人：莫嘉嗣，漆海霞；审核人：闫国琦）

366. 渗灌系统的原理与特点是什么？

借助工程设施将水送入地面以下，并从缝隙或孔洞渗出，以浸润根层土壤的灌水方法。也称地下灌溉。地下灌溉的优点是灌水质量好，蒸发损失小，少占耕地，且不影响机械耕作，灌溉作业还可与其他田间作业同时进行。但地下管道造价高，管理检修较困难，在透水性强的土壤中渗漏损失大，目前一般限于小面积使用。渗灌技术是继喷灌、滴灌之后的又一节水灌溉技术。渗灌是一种地下微灌形式，在低压条件下，通过埋于作物根系活动层的灌水器（微孔渗灌管），根据作物的生长需水量定时定量地向土壤中渗水供给作物。在国内外，渗灌发展的技术关键是研制渗灌管。渗灌系统全部采用管道输水，灌溉水是通过渗灌管直接供给作物根部，地表及作物叶面均保持干燥，作物棵间蒸发减至最小，计划湿润层土壤含水率均低于饱和含水率，因此，渗灌技术水的利用率是目前所有灌溉技术中最高的。渗灌系统首部的设计和安装方法与滴灌系统基本相同，所不同的是尾部地埋渗灌管渗水量的主要制约因素是土壤质地和渗灌管的入口压力，所以渗灌系统运行时的主要控制条件是流量，而滴灌系统完全是通过调节压力而控制流量的。淤堵是渗灌所面临的一大难题，包括泥沙堵塞和生物堵塞。美国的渗灌管是通过特殊的配方和生产工艺而制造的，包括发泡、抗紫外线和防虫咬等专利技术。目前，我国还没有完全掌握生产渗灌管的关键技术，一旦发生堵塞清洗和维修十分困难。另外，它的管道埋设于地下，水肥可能流入作物根系达不到的土壤层，造成水肥的浪费。所以，目前渗灌的大面积推广应用受到一定限制。

渗灌系统

★百度图库，网址链接: https://image.baidu.com/search/detail

（编撰人：莫嘉嗣，漆海霞；审核人：闫国琦）

367. 渗灌系统如何组成的?

渗灌系统一般由输水部分和田间灌水部分组成。输水部分可采用渠道或管道与水源连接。田间灌水部分为埋设于田面以下的渗水管网，灌溉时水沿管壁的孔眼渗出，经土壤渗吸扩散，进入根层。暗管的渗水强度应和土壤渗吸性能相适应，一般为每米管长每小时渗出水量5~20L，强度过小则灌水慢，过大则增加向深层的渗漏，浪费水量。常用瓦管、砾石混凝土管、塑料管和鼠道（土洞）等作为渗水暗管，其中塑料管容易控制灌水强度，便于埋设施工。灌溉水从管壁的孔眼渗出后，既因土壤毛管吸渗作用向四周扩散，又因重力作用向下流动。在大田作物中，一般要求向下流动而渗漏到根层以下的水量不超过20%，向上扩散的湿润锋线应接近地表，水平方向则要使相邻两管的扩散湿润圈相互搭接，管道埋深一般40~50cm，间距一般控制在100~150cm。每条渗水暗管的长度、所用管径大小、供水水头大小等，要根据灌水强度要求和农田坡降而定，以能满足田块首尾渗水均匀为准。

保持土壤疏松状态，改善土壤通气和养分状况，从而提高作物产量，比用明渠在田面灌水，具有节省占地、便于田间作业等优点。但因需要埋设很密的管道，工程造价高，在中国仍处于小面积试用阶段。一些地方实践证明，该法用以灌溉果树等经济作物效益较好。有的地方，通过较密较深的田间沟渠，使灌溉水由沟渠向旁侧和向上方浸润根层土壤，或通过使底层土壤水分饱和再向上润湿根层土壤。因它使灌溉水从地面以下进入根层，也属于地下灌溉。在某些地下水位高又有渍涝威胁的地区，还有排灌两用的地下灌溉系统。灌溉时，通过沟渠和田间暗管，抬高地下水位，利用土壤毛细管作用进行浸润灌溉。多雨时通过暗管和沟渠将田间多余水分排走，并降低田间地下水位。这种系统的暗管埋设深度、间距和管孔透水强度均较大。

渗灌系统

★百度图库，网址链接：https://image.baidu.com/search/detail

（编撰人：莫嘉嗣，漆海霞；审核人：闫国琦）

368. 中耕机的类型与作用是什么？

中耕机的主要工作部件分为锄铲式和回转式两大类。其中，锄铲式应用较广，其兼有中耕和除草两种作用，按作用分为除草铲、松土铲和培土铲3种类型。

（1）除草铲。除草铲分为单翼式、双翼式和通风式3种。单翼铲用于作物早期除草，工作深度一般在6cm以下。它由水平锄铲和竖直护板两部分组成。前者用于除草和松土，后者可防止土块压苗，护板下部有刃口，可防止挂草堵塞。中耕时单翼铲分别置于幼苗的两侧，所以有左翼铲和右翼铲两种类型，在安装时必须注意。双翼除草铲的作用与单翼除草铲相同，通常与单翼除草铲配合使用。

（2）松土铲。松土铲用于作物的行间松土，它使土壤疏松但不翻转，松土深度可达13～16cm。松土铲由铲尖和铲柄两部分组成。铲尖是工作部分，它的种类很多，常用的有凿形、箭形和桦形3种。凿形松土铲的宽度很窄，它利用铲尖对土壤过程中产生的扁形松土区来保证松土宽度。这种松土铲过去应用的较多。箭形松土铲的铲尖呈三角形，工作面为凸曲面，耕后土壤松碎，沟底比较平整，松土质量较好。

（3）培土铲。用途是培土和开沟起垄。按工作面的类型可分为曲面型和平面型两种。曲面型的铲尖和铲胸部分为圆弧曲面，碎土能力强，左、右培土壁为半螺旋曲面，翻土能力较强，因而在作业时，可将行间土壤松碎，翻向两侧。培土铲的铲尖较窄，所开的沟底宽度窄，且对垄侧的除草性能较强。培土铲与铲胸铰连，左、右培土壁的张度由调节壁调节和控制，调节范围为275～430mm，可满足常用行距的培土和开沟需要。在我国北方平原旱作地区广泛使用。平面型培土铲适用于东北垄作地区，它主要是用于除草和松土，安装培土板后还可以起垄培土。

中耕机

★八方资讯网，网址链接：http://info.b2b168.com/s168-29086774.html

（编撰人：莫嘉嗣，漆海霞；审核人：闫国琦）

369. 中耕机使用时的注意事项有哪些？

中耕作业时，应根据需要在中耕机上配置不同部件，如除草铲、培土器、深松铲等。中耕深浅要一致，要根据垄形走直，不扭摆趟头遍地要深趟浅培土，要趟到地头；不伤苗、不压苗；行间杂草要除净，表土要松碎，不得伤害作物根系；垄沟要有座土，垄帮要有浮土。

为保证上述作业质量要求，使用小型中耕机作业时，机组工作部件入土要边走边下落。机具工作时禁倒车急转弯；工作中部件粘填或缠草时，要停车清理；不许在左右划器下站人，更不许任意搬动划行器套管，以免伤人。

中耕机

★百度图库，网址链接：https://image.baidu.com/search/detail

（编撰人：莫嘉嗣，漆海霞；审核人：闫国琦）

370. 如何认识橘园单轨运输机？

单轨运输机构成部分主要包括传动装置、离合装置、驱动总成、单线轨道、运货斗车和主机架等，运输机的发动机一般为汽油机或电动机，动力通过车轮上的齿轮与轨道上的齿条咬合传输，具有稳定可靠地爬坡性能，同时还具备转弯、前进、倒退及随时制动等功能。柑橘采摘季运用单轨运输机效果明显，大大的降低了劳动强度。单轨运输机具有结构紧凑、占地空间小、可操作性强、建造简单和运行成本低等特点，非常适合山区地形坡度较复杂的橘园运输，具有较好的推广前景。

单轨运输机

★百度图库，网址链接：https://image.baidu.com/search/detail

（编撰人：莫嘉嗣，漆海霞；审核人：闫国琦）

371. 单轨运输机的特点是什么？

（1）运输安全可靠。

①单轨运输机由汽油发动机、变速箱、制动装置、拖车组成，在一组手动制动装置的辅助作用下，轨道车在行进时可实现随时停止。为了避免轨道车工作时出现异常，导致危险事故发生，该设备安装一组紧急制动装置，当轨道车工作异常时紧急制动器会使轨道车自动强制停止。

②因为轨道车主要运用于山地，为了避免行走在坡地时发生下滑现象，轨道车的驱动方式为由发动机变速箱驱动车轮上的齿轮，与轨道上的齿条紧密啮合，以确保轨道车可靠安全地工作。

（2）爬坡性能较好。为了适应陡峭山地上果园农产品的运输，单轨运输机采用车轮上的齿轮与轨道上的齿条啮合传输动力，极具多功能性。采用单轨运输机能彻底解决有些山地橘区根本不具备筑路条件，即使能筑路造价也过高，且很难解决下雨、下雪对道路的冲刷损坏及车和人由于冬季地面结冰上下山困难等问题，市面上推广的单轨运输机，在45°坡、35°坡的地形条件下能长时间分别承载350kg、500kg运输量。

（3）无须人员跟车操纵。在轨道的终点设置了自动停机装置，使单轨运输机在无人驾驶情况下，到达目的地时能自行停止，给用户使用带来方便。

（4）占用空间小，安装简便，保护原有地貌。单轨运输机可在800mm狭窄空间（如树木间、岩石间）穿行。在铺设轨道过程中不必筑地基，可在岩石、土质地、沙地等不破坏原来基础的情况下架设轨道；而且能随地形弯曲，较好地保护橘树，不会破坏原有的地表，达到既生产又环保的效果。

单轨运输机（夏俊杰 摄）

（编撰人：莫嘉嗣，漆海霞；审核人：闫国琦）

372. 橘园单轨运输机的工作原理是什么?

柴油机通过皮带将动力传递给减速箱，减速箱通过传动链将动力传递给链轮，链轮与驱动轮同轴，驱动轮与轨道上齿形结构啮合，进而带动运输机在轨道上向前或向后运动，从而带动拖车运动。工作过程中，夹紧轮通过与轨道配合既保证运输机平稳的运行，又保证运输机不脱轨和不侧倒。拖车上的从动轮、夹紧轮及伸脚与机架上的类似。驱动轮与夹紧轮的中心线在一个竖直平面上，从动轮与夹紧轮的中心线在一个竖直平面上，运输机爬坡时，台阶夹紧轮与轨道的上方钢配合，使机架不脱轨，同时长伸脚上装的夹紧轮与轨道的下方钢配合，克服侧倒力矩，使机架不侧倒，从而使运输机顺利向上运动，实现爬坡功能。从动轮为万向轮，运输机转弯时，从动轮随轨道上齿形结构的走向而变向，驱动轮随主机从动轮的变向而变向，运输机可在弯的轨道上运行，从而实现转弯的功能。运输机运行到某一处时，操纵离合操作机构，减速箱不随柴油机的转动而转动，实现运输机的离合功能。同时操纵制动操作机构，整个运输机被制动，从而实现制动功能。运输机运行时，操纵减速箱上的档位，可实现运输机的前进倒退功能。

单轨运输机（夏俊杰 摄）

（编撰人：莫嘉嗣，漆海霞；审核人：闫国琦）

373. 如何认识双轨运输机？

双轨软索运输车有两根轨道，轨道由固定在有一定坡度地形上的两根槽钢构成，槽钢轨道限制了行走轮在行走时的运动轨迹。在槽钢轨道的限制下，即使地形和双轨道路线变化，车轮运输行走过程中也不会脱轨，为了确保运输车正常运行，双轨运输车都配置了意外自动刹车装置，一旦钢丝绳突然断裂等突发情况，拖车前轴上安装的弹簧将会拉动三角形的垫块嵌入前轮与轨道之间，实施自动停车。

但是该运输车只能适应起伏不大的纵向运输，不能实现横向运输。由于山地环境和较长的轨道线路，双轨运输车在运输过程中通信联络不便，而且轨道铺设在直上直下的固定道路上，上下起伏较大的地形不能适应，因为它是靠重力实现下行。

双轨运输车

★百度图库，网址链接：https://image.baidu.com/search/detail

（编撰人：莫嘉嗣，漆海霞；审核人：闫国琦）

374. 双轨运输机的组成与特点是什么?

该自走式大坡度双轨道果园运输机主要构成组件有柴油机、传动装置、离合装置、钢丝绳和轮对驱动系统、双刹车制动系统、拖车、防侧滑承重轮、防上跳钩轮、钢丝绳下弯自动回位钩桩装置、水平弯限位桩、双轨道、机架和自适应坡度拖车等。为了实现驱动自走，创新性地采用钢丝绳与驱动轮对间的有效配合。发动机为12匹马力柴油机，能确保稳定实现爬坡、拐弯、前进、倒退以及随时制动的操控功能，其主要参数为：行走速度为1.2～1.5m/s，上坡最大承载300kg，下坡最大承载1 000kg，最大爬坡角度为45°，最小拐弯半径为8m。该设备具有结构紧凑、可操作性强、运行可靠、占地空间小等特点，并具有防侧滑与防上跳、防钢丝绳上抬和拉直、拖车自适应坡度调节、三保险安全制动等技术特点。该双轨运输机可大大降低劳动强度，减少劳动成本，为山地机械化提供技术支持，适用于所有山地运输道路困难的果实、化肥、农药等的运输，具有良好的推广价值。

（编撰人：莫嘉嗣，漆海霞；审核人：闫国琦）

参考文献

"三种"拖拉机故障排除方法[EB/OL]. 农机1688网. http：//www. nongji1688. com/news/201503/19/5399568. html.

2MBJ-3/6机械式精量铺膜播种机[EB/OL]. 农机360. http：//www. nongji360. com/company/shop2/product_373133_492686. Shtml.

艾保国. 文丘里施肥器的应用技术[EB/OL]. 阿里巴巴专栏. https：//club.1688.com/article/59926797.htm.

安装农机零件的注意事项[EB/OL]. 中国农机网. http：//www. nongjx. com/tech_news/detail/13027. html.

八要点预测农机故障[EB/OL]. 中国农机网. http：//www.nongjx. com/tech_news/detail/28047.html.

板栗机的操作方法及清洁与保养[EB/OL]. 中国食品机械设备网. http：//www.foodjx.com/st51971/Article_174550.html.

半喂入式联合收割机使用保养的几点经验[EB/OL]. 中国农机网. http：//www.nongjx. com/tech_news/detail/26.html..

背负式喷雾器[EB/OL]. 中国园林网园艺资材. http：//www.yuanlin365.com/yuanyi/7151.shtml.

背负式喷雾器保养及故障处理[EB/OL]. 中华园林网产品. http：//www.yuanlin365.com/yuanyi/6487.shtml.

背负式喷雾器的使用与维护[EB/OL]. 豆丁教育管理. http：//www.docin.com/p-1163377067.html.

背负式压缩式喷雾器的使用与保养[EB/OL]. 中国农机网. http：//www.nongjx.com/tech_news/detail/8867.html.

播种机的保养[EB/OL]. 中国农机网. http：//www. nongjx. com/tech_news/detail/25733. html.

播种机的常见故障分析[EB/OL]. 中国农机网. http：//www. nongjx. com/tech_news/detail/27124. html.

播种机的使用及保养[EB/OL]. 中国农机网. http：//www. nongjx. com/tech_news/detail/25283. html.

播种机的使用注意事项[EB/OL]. 中国农机网. http：//www. nongjx. com/tech_news/detail/26110. html.

播种机配件保养六点[EB/OL]. 中国农机网. http：//www. nongjx. com/tech_news/detail/26564. html.

插秧机插秧系统主要故障及排除办法[EB/OL]. 中国农机网. http：//www. nongjx. com/tech_news/detail/21121. html.

插秧机常见故障处理[EB/OL]. 中国农机网. http：//www. nongjx. com/tech_news/detail/11788. html.

插秧机的安装与调节方法[EB/OL]. 中国农机网. http：//www. nongjx. com/tech_news/detail/33013. html.

插秧机全面维修保养五方法[EB/OL]. 中国农机网. http：//www. nongjx. com/tech_news/detail/26659. html.

插秧机使用注意事项[EB/OL]. 中国农机网. http：//www. nongjx. com/tech_news/detail/12262. html.

查国才, 查文龙. 2007. 常用真空干燥设备的特点、应用与选择[J]. 机电信息（4）：33-38.

柴油机捣缸的原因[EB/OL]. 中国农机网. http：//www. nongjx. com/tech_news/detail/8128. html.

柴油机发生"飞车"的原因与应急措施[EB/OL]. 中国农机网. http：//www. nongjx. com/tech_news/detail/8372. html.

柴油机冷却系统的使用与保养[EB/OL]. 中国农机网. http：//www. nongjx. com/tech_news/detail/8373. html.

柴油机启动困难原因及检修要点[EB/OL]. 农机360网. http：//www. nongji360. com/list/20092/8422862571. shtml.

柴油机起动困难分析与排除[EB/OL]. 中国农机网. http：//www. nongjx. com/tech_news/detail/10207. html.

柴油机燃油系几个易出故障部位的检查方法[EB/OL]. 中国农机网. http：//www. nongjx. com/tech_news/detail/446. html.

柴油农用车的农机手们注意车子使与护的"八忌"[EB/OL]. 中国汽车网. http：//www. chinacar. com. cn/newsview91700. html.

昌电环保. 如何正确安装高压清洗机泵技术文章[EB/OL]. http：//www.wh-cd.com/news_15.html.

常用排灌机具及保养技巧[EB/OL]. 中国农机网. http：//www.nongjx.com/tech_news/detail/25777.html.

超低量喷雾器使用新技术及故障排除方法[EB/OL]. 中国农机网. http：//www.nongjx.com/tech_news/detail/9470.html.

超高压生物处理技术的应用[EB/OL]. 阿土伯. http：//www. atobo. com. cn/HotOffers/Photo/9260337. html.

陈兴. 2012. 简述牵引型和半悬挂型的挂接和调整[J]. 农机使用与维修（1）：43.

陈忠权. 技术创新鱼塘生"金"[EB/OL]. 第一视频网. http：//www.foods1.com/content/1640014.

程红胜, 李长友, 鲍彦华, 等. 2010. 荔枝柔性去核刀具的设计与试验[J]. 农业工程学报, 26（8）：123-129.

程红胜, 李长友, 张晓立, 等. 2009. 荔枝去核剥壳机凸轮机构建模及运动仿真[J]. 山西农业大学学报（自然科学版）, 29（6）：509-512.

齿爪式粉碎机的保养维修[EB/OL]. 中国养殖网. http：//www.chinabreed.com/machine/feed/.shtml.

春耕农机维修如何节能减排[EB/OL]. 中国农机网. http：//www. nongjx. com/tech_news/detail/12051. html.

崔文君. 泊头市兴和机械有限公司[EB/OL]. 中国制造网. http：//cn.made-in-china.com/showroom/xhywjx01.

打包机液压系统怎么避免杂质进入[EB/OL]. 中国农机网. http：//www.nongjx.com/st110084/Article_32779.html.

打捆机的保养[EB/OL]. 中国农机网. http：//www. nongjx. com/tech_news/detail/24523. html.

打捆机维护要点[EB/OL]. 中国农机网. http：//www. nongjx. com/tech_news/detail/27916. html.

大葱的储存技术[EB/OL]. 黔农网. http：//www. qnong. com. cn/zhongzhi/shucai/7574. html.

大华宝来旋耕机[EB/OL]. 农机360网.http：//www.nongji360.com/company/shop8/product.asp？cid=3249.

大马力轮式拖拉机使用、维护和选配常识[EB/OL]. 中国农机网. http：//www. nongjx. com/Tech_news/Detail/11240. html.

大棚蔬菜滴灌施肥技术[EB/OL]. 聊城保田自动化设备有限公司. http：//nongji. huangye88. com/xinxi/52981310.html.

大蒜地膜覆盖栽培技术[EB/OL]. 内蒙古农牧业信息网. http：//www. cpweb. gov. cn/nongye/news/zhifujingyan/2016053142166. html.

大田喷灌技术详解[EB/OL]. 道客巴巴在线文档分享平台. http：//www.doc88.com/p-9919768671876.html.

丹阳绿色营养土[EB/OL]. Gtobal际通宝. http：//www. gtobal. com/sell/detail-4526811302. html.

单螺杆和双螺杆挤压膨化机特点[EB/OL]. 中国食品机械设备网. http：//www.foodjx.com/st157909/Article_173985.html.

单螺杆膨化机的特点及工作原理[EB/OL]. 中国养殖网.http：//www.chinabreed.com/machine/feed/.shtml.

单轴旋耕机[EB/OL]. 农机360网. http：//www.nongjx.com/st103779/product_1228360.html.

当前国外节水农业技术的新进展及启示[EB/OL]. 豆丁网豆丁.http：//www.docin.com/p-787204615.html.

倒春寒的影响作物如何倒春寒[EB/OL]. 天气网. http：//www. tianqi. com/news/182028. html.

邓兰生、涂攀峰，张承林，等. 2015. 水肥一体化技术在丘陵地区的应用模式探析[J]. 广东农业科学（5）：67-69.

邓涛，常影，陈成展，等.2017. 铧式犁结构的研究现状及发展趋势[J]. 河北农机（12）：14-15.

低量喷雾器使用注意事项[EB/OL]. 中国农机网. http：//www.nongjx.com/tech_news/detail/13313.html.

滴灌厂家的故事. 草坪喷灌喷头的选择及类型[EB/OL]. 百度文库学习总结. https：//wenku.baidu.com/view/5de6b
  338f90f76c661371afb.html？from=sear.

滴灌或滴灌给水系统[EB/OL]. 视觉中国. https：//www.vcg.com/creative/805007353.

地面清洁常用机器介绍，什么样的机器设备能够清洁地面[EB/OL].新浪博客. http：//blog.sina.com.cn/s/
  blog_15f87fe750102wzwu.html.

地膜覆盖的方法介绍 [EB/OL] . 学习啦. http：//www. xuexila. com/aihao/zhongzhi/676790. html.

地膜覆盖机[EB/OL]. 中国农机网. http：//www. nongjx. com/tech_news/detail/9142. html.

地膜覆盖机排除故障很要紧[EB/OL]. 中国农机网. http：//www. nongjx. com/tech_news/detail/10420. html.

典型喷雾器喷头故障排除方法[EB/OL]. 中国农机网. http：//www.nongjx.com/tech_news/detail/26068.html.

东风大马力轮式拖拉机的操作常识及注意事项. 农机1688网[EB/OL]. http：//www. nongji1688. com/news/201804/
  27/5521080. html.

冬季存放农业机械的六个方法[EB/OL]. 北京市农业局. http：//www. bjny. gov. cn/nyj/231595/619670/621100/564282
  7/index. html.

冬天启动柴油机错误六法[EB/OL]. 中国农机网. http：//www.nongjx.com/tech_news/detail/25816.html.

杜艳秋. 2016 . 玉米覆膜机的结构及使用方法[EB/OL].农村致富经. http ：//www. nczfj. com /liangshizhongzhi/
  201023671.html.

多功能水稻插秧机[EB/OL]. 中国农机网. http：//www. nongjx. com/st103779/product_1203013. html.

多轴植保无人机[EB/OL]. 中国农机网. http：//www.nongjx.com/st103779/product_1887372.html.

发动机异响防范维修措施[EB/OL]. 中国农机网. http：//www. nongjx. com/tech_news/detail/27006. html./2018. 5. 18.

范修，张云秀，童飞特，等.2014. 牵引式小型钵体蔬菜移栽机的设计[J].农机化研究（10）：131-134.

分析农机维修时机划分维修方式[EB/OL]. 中国农机网. http：//www.nongjx.com/tech_news/detail/26207.html.

粉碎机安全作业基本要求[EB/OL]. 中国农机网. http：//www.nongjx.com/tech_news/detail/32010.html.

粉碎机之工作部件常见问题及修理[EB/OL]. 泰丰农牧机械技术资料.http：//www.tfnmjxc.cn/html/news/242.html.

覆膜机的分类与工艺[EB/OL]. 搜狐网. http：//www.sohu.com/a/219032560_100071580.

覆膜机是做什么的.阿里巴巴商人社区网.[EB/OL] . http s：//baike.1688.com/？spm=a26gt.7663662.
  a361d.1.152b2ebfAJ89DU.

柑橘栽培技术[EB/OL]. 个人图书馆我的图书馆. http：//www.360doc.com/content/11/0420/06/5249648_110918347.shtml.

高国华，王天宝. 2015.温室雾培蔬菜收获机收获机构的研究设计[J].农机化研究（10）：91-97.

高龙，弋景刚，孔德刚，等. 2016. 小型智能叶菜类蔬菜收割机设计[J]. 农机化研究，38（9）：147-150.

高品质滚筒式精量穴盘育苗播种机[EB/OL]. 会商宝网.http：//www.huishangbao.com/sell/show-943008.html.

高速斩拌机的操作规程[EB/OL]. 中国食品机械设备网. http：//www.foodjx.com/st151941/Article_163918.html.

高压清洗机工作原理[EB/OL]. 中国农机网.http：//www.nongjx.com/tech_news/detail/32939.html.

耕地机常见故障排除[EB/OL]. 中国农机网. http：//www. nongjx. com/tech_news/detail/26879. html.

谷物烘干机的维修和保养[EB/OL]. 中国农机网. http：//www. nongjx. com/tech_news/detail/27431. html.

谷物联合收割机的用后维护[EB/OL]. 中国农机网. http：//www.nongjx.com/tech_news/detail/26822.html.

鼓风干燥箱的操作注意事项[EB/OL].中国食品机械设备网. http：//www.foodjx.com/st170631/Article_169852.html.

固液分离机的使用和维护.百度经验职业教育[EB/OL]. https：//jingyan.baidu.com/article/e4511cf37a69db2b855eaf77.html.

关于粉碎机堵塞的处理方法[EB/OL]. 中国农机网. http：//www.nongjx.com/st53/Article_10704.html.

灌溉技术[EB/OL]. 个人图书馆我的图书馆. http：//www.360doc.com/content/11/0108/06/1248617_84900624.shtml.

灌溉系统设计[EB/OL].百度文库建筑土木. https：//wenku.baidu.com/view/1808ffcdda38376baf1fae6c.html.

灌装机选型的各种技巧[EB/OL]. 中国食品机械设备网. http：//www.foodjx.com/st148734/Article_168953.html.

光纤激光打标机的优点[EB/OL]. 中国食品机械设备网. http：//www.foodjx.com/st157526/Article_173203.html.

广东农机化信息网. 农药喷雾器用后重保养.农机网维修保养[EB/OL]. http：//info.nongji.hc360.com/2011/09/081159176027.shtml.

滚筒式清洗机[EB/OL]. 中国机械网. http：//china. machine365. com/Product/SDetails/9674275. html.

郭敦洲. 2003. 连农牌1ZL整地起垄机的性能与推广启示[J]. 农业机械（9）：46-47.

郭嘉明，吕恩利，陆华忠，等. 2012. 荔枝保鲜环境参数的研究现状与分析[J]. 广东农业科学，39（18）：105-107.

郭嘉明，吕恩利，陆华忠，等. 2015. 几种保鲜模式对荔枝贮藏效果对比[J]. 现代食品科技，31（2）：164-172.

国内首台玉米膜侧播种机投入应用[EB/OL]. 农资市场网. http：//www. enongzi. com/news/64172. html.

果酱预热器有哪些方面的好处[EB/OL]. 中国食品机械设备网. http：//www.foodjx.com/st173369/Article_170034.html.

果蔬气泡清洗机工作流程[EB/OL]. 中国食品机械设备网. http：//www.foodjx.com/st171822/Article_169959.html.

果蔬气泡清洗使用注意事项[EB/OL]. 中国食品机械设备网. http：//www.foodjx.com/st176744/Article_173412.html.

果蔬清洗机[EB/OL]. 诸城市亿翔食品机械有限公司网. http：//www. zcyixiang. com/.

果蔬清洗生产线加工之前需要准备的工作[EB/OL].中国食品机械设备网. http：//www.foodjx.com/st174002/Article_172023.html.

果蔬在运输前进行预冷的原因及常用方法[EB/OL]. 中国食品机械设备网. http：//www. tuliu. com/read-38143. html.

果园风送喷雾机的使用和维护保养[EB/OL]. 果哈哈. http：//www.guoyuanpenwuji.com/companynews/2018/0203/367.html.

果园风送式喷雾机的工作原理[EB/OL]. 最新资讯.http：//www.kunlankj.com/Article-detail-id-858054.html.

果园风送式喷雾机的结构及使用知识[EB/OL]. 道客巴巴在线文档分享平台. http：//www.doc88.com/p-7314057749907.html.

果园轨道运输机的发展现状和展望[EB/OL].百度文库机械/仪表. https：//wenku.baidu.com/view/9c8f2855f01dc281e53af05e.html.

韩启彪，冯绍元，黄修桥，等. 2014. 我国节水灌溉施肥装置研究现状[J].节水灌溉（12）：76-79.

郝杰. 苹果打蜡[EB/OL]. 全国苹果病虫害防控协调网. http：//www. pingguo-xzw. net/chnews/user/view.asp？news_id=450.

花生播种铺膜机[EB/OL]. 中国机电门户网. http：//www. jdzj. com/p40/2015-4-8/6583331. html.

铧式犁的构成与分类，如何与拖拉机连接与调整呢[EB/OL].农业机械网..https：//baijiahao.baidu.com/s？id=1572133697169006&wfr=spider&for=pc.

铧式犁的使用与调整[EB/OL]. 精通维修下载. http：//www.gzweix.com/article/sort0490/sort0494/info-289308.html.

铧式犁作业前的主要技术状态检查，检查如下[EB/OL]. 须知网. http：//www.xuzhi.net/d23/140041.html.

混合设备如何选择[EB/OL]. 一步电子网. http：//www.kuyibu.com/c_erzhong88/p17114850.html.

机播作业的质量控制与故障排除[EB/OL]. 中国农机网. http：//www. nongjx. com/tech_news/detail/10367. html.

机动喷雾器操作使用及维护[EB/OL]. 中国农机网. http：//www.nongjx.com/tech_news/detail/26964.html.

机动喷雾器的机动喷雾器的使用要点[EB/OL].百度知道知道专栏. https：//zhidao.baidu.com/question/2205785253179362988.html.

机动喷雾器的使用\维修\保养技术[EB/OL].实际论文农业论文.http：//www.21cnlunwen.com/nykx/1101/1294971745.html.

机动喷雾器使用、保养及维修[EB/OL]. 豆丁网. http：//www.docin.com/p-154082745.html.

几种清除农机零件污垢的方法[EB/OL]. 中国农机网. http：//www.nongjx.com/tech_news/detail/12998.html.

监控与管理系统[EB/OL]. 宜昌瑞杰衡器研发有限公司. http：//www.ruijie-soft.com/.

简述转盘式制粒肥机该机知识[EB/OL]. 新浪博客. http：//blog.sina.com.cn/s/blog_7424d0b601013lgh.html.

姜焰鸣，赵磊，陆华忠，等. 2015. 滚筒梳剪式荔枝采摘部件的设计与优化[J]. 华南农业大学学报，36（3）：

120-124.

秸秆青贮打捆机的安全使用及注意事项[EB/OL]. 中国养殖网. http：//www.nongjx.com/tech_news/detail/32009.html.

节水灌溉技术知识讲座之三喷灌分类[EB/OL]. 道客巴巴在线文档分享平台. http：//www.doc88.com/p-6116923836500.html.

节水灌溉设备——蔬菜喷灌系统[EB/OL]. sina博客. http：//blog. sina. com. cn/s/blog_13f723a2f0102wqh6. html.

节水灌溉微灌技术.[EB/OL]. 金泉网. http：//www. blog. jqw. com/242627/blogBrown-248551. html.

精密蔬菜播种机[EB/OL]. 璟田. http：//www.jingtian.sh.cn/products/detail_52.aspx.

静等压机的工作原理[EB/OL]. 四川力能网. http：//www.sclineng.cn/xinwenzhongxin/gongsixinwen/2017519/25.html.

静电喷雾器的原理和使用[EB/OL].个人图书馆我的图书馆. http：//www.360doc.com/content/15/0101/16/20855677_437348789.shtml.

橘园如何运用滴灌设施？ [EB/OL].农财网. http：//www.yxtvg.com/toutiao/5345636/20170420A0BFCH00.html? qqdrsign=01035 .

开沟机种类及特点[EB/OL]. 播种机. http：//www. maigoo. com/goomai/162070. html.

开沟培土机[EB/OL]. 商虎. http：//cn. sonhoo. com/company_web/sale-detail-6639794. html.

孔庆军，姜焰鸣，陆华忠. 2013. 旋转剪刀式荔枝采摘机采摘机理分析与结构设计[J]. 广东农业科学（23）：171-173.

乐陵双鹤机械制造有限公司[EB/OL]. 007商务站.http：//www.007swz.com/yynyjx/products/siliaojiagongshebei_379705.html.

犁的安装方法与研究[EB/OL]. 农业使用与研究. http：//www.gzweix.com/article/sort0490/sort0494/info-312085.html.

犁的安装与调整使用[EB/OL]. 中国农机网. http：//www. nongjx. com/tech_news/detail/25. html.

李昂. 小型稻麦脱粒机. [EB/OL]. 阿里巴巴网. https：//detail.1688.com/offer/554807991828.html? spm.

李海强. 静电喷雾的工作原理及分析[EB/OL]. 论文网. http：//www.xzbu.com/7/view-4317740.htm.

李佳伟，杜志龙，宋程. 2017. 我国蔬菜清洗技术及设备研究进展[J]. 包装与食品机械，35（3）：46-51.

李敬亚. 关于山地果园单轨运输机的研制[EB/OL]. 道客巴巴在线文档分享平台. http：//www.doc88.com/p-7098896492677.html.

李胜，梁勤安，刘向东，等. 2010. 6JGG-1000型可变间隙辊轴式果蔬分级机的研制[J]. 新疆农机化（6）：16.

沥水蔬菜风干机与传统干燥处水的不同[EB/OL]. 中国食品机械设备网. http：//www.foodjx.com/st164461/Article_171141.html.

荔枝小知识[EB/OL]. 新浪博客. http：//blog.sina.com.cn/s/blog_4d7440ff010008pf.html.

联合收割机"跑粮"怎么办[EB/OL]. 中国农机网. http：//www.nongjx.com/tech_news/detail/24641.html.

联合收割机常见故障的维修[EB/OL]. 中国农机网. http：//www.nongjx.com/tech_news/detail/26333.

联合收割机常见故障排除方法[EB/OL]. 中国农机网. http：//www.nongjx.com/tech_news/detail/27843.html.

联合收割机常见故障预防[EB/OL]. 中国农机网. http：//www.nongjx.com/tech_news/detail/27585.html.

联合收割机传动链条维护保养要点[EB/OL]. 中国农机网. http：//www.nongjx.com/tech_news/detail/24428.html.

联合收割机的维修[EB/OL]. 中国农机网. http：//www. nongjx. com/tech_news/detail/10374. html.

联合收割机电气系统常见故障及排除[EB/OL]. 中国农机网. http：//www.nongjx.com/tech_news/detail/8807.html.

联合收割机内柴油机过热原因[EB/OL]. 中国农机网. http：//www.nongjx.com/tech_news/detail/8826.html.

联合收割机全液压转向器的正确使用[EB/OL]. 中国农机网. http：//www.nongjx.com/tech_news/detail/8615.html.

联合收割机日常维修保养[EB/OL]. 慧聪网. http：//info. nongji. hc360. com/2007/07/06221580001. shtml.

联合收割机收获前的检修[EB/OL]. 中国农机网. http：//www.nongjx.com/tech_news/detail/13649.html.

联合收割机输送槽堵塞的原因及解决办法[EB/OL]. 中国农机网. http：//www.nongjx.com/tech_news/detail/10057.html.

联合收割机自行熄火的故障原因[EB/OL]. 中国农机网. http：//www. nongjx. com/tech_news/detail/26866. html.

联合收割机作业时易堵塞故障及排除方法[EB/OL]. 中国农机网. http：//www.nongjx.com/tech_news/detail/13862. html.

联合整地机常见故障及排除方法[EB/OL]. 中国农机网. http：//www. nongjx. com/tech_news/detail/27027. html./2018. 5. 18.565jb3uu3m_1.html.

林和德. 2016. 弯轴荔枝龙眼采摘机械手的设计[J]. 现代制造技术与装备（5）：34-36.

刘涛，于运祥，李斌. 2015. 应用蔬菜育苗移栽机械的探索与实践[J].现代农业科技（9）：120-121.

刘万珍. 如何清洗拖拉机特殊部位[EB/OL]. 中国农业机械化信息网. http：//www. nj. agri. gov. cn/nxtwebfreamwork/detail. jsp? articleId=ff80808155e92b910156020580007b1d.

刘伟忠，刘亚柏，毛妮妮，等. 2015.蔬菜新型穴盘育苗技术[J].中国瓜菜（3）：64.

刘永华. 2015. 温室精准灌溉施肥系统关键技术研究[D]. 南京：南京农业大学.

芦毅. 夏季怎样使用和保养水稻收割机[EB/OL].中国农业机械化信息网. http：//www. amic. agri. gov. cn/
　　nxtwebfreamwork/detail. jsp？ articleId=ff8080814cfe0b7c014dd17158680af0.

轮式开沟机的改良技术[EB/OL]. 一呼百应. http：//news. youboy. com/cp1053271. html.

吕恩利，陆华忠，杨松夏，等. 2016. 气调运输包装方式对荔枝保鲜品质的影响[J].现代食品科技，32（4）：
　　156-160.

吕金虎，李金成，赵春芳. 2010. 热泵干燥技术在脱水蔬菜加工中的应用与问题分析[J]. 现代农业科技（11）：
　　377-380.

履带式全喂入水稻联合收割机转向失灵怎么办？[EB/OL]. 中国农机网. http：//www. nongjx. com/tech_news/
　　detail/22780. html.

马新意. 联合收割机火灾事故分析与预防措施[EB/OL].中国农业机械化信息网. http：//www. amic. agri. gov. cn/
　　nxtwebfreamwork/detail. jsp？ articleId=ff8080814733cdd601474220ed4a4af6&amp；lanmu_id=4aea47a72a1462bd0
　　12a17e280c2000f.

脉动真空灭菌器常见问题处理[EB/OL]. 中国食品机械设备网. http：//www.foodjx.com/st180020/Article_174005.html.

毛刷辊蔬菜清洗机的使用注意事项[EB/OL].中国食品机械设备网. http：//www.foodjx.com/st178034/Article_167122.html.

棉花精量铺膜播种机具的研究与推广[EB/OL]. 科技日报. http：//tech. hexun. com/2014-10-10/169170222. html.

免耕播种机[EB/OL]. 为众农机农民专业合作社. http：//shop.71.net/Prod_5001735166.html.

免耕精量施肥播种机[EB/OL]. 中国农机网. http：//www. nongjx. com/st103779/product_1490989. html.

牧草收割机的使用及保养[EB/OL]. 中国农机网. http：//www.nongjx.com/tech_news/detail/30670.html.

倪金印. 2001. 起垄机在南方丘陵地区烤烟耕作中的应用与改进[J]. 中国烟草科学（2）：47.

农机拆卸需注意哪些[EB/OL]. 中国农机网. http：//www.nongjx.com/tech_news/detail/27687.html.

农机常用修理五个方法[EB/OL]. 中国农机网. http：//www.nongjx.com/tech_news/detail/27804.html.

农机故障处理五个误区[EB/OL]. 中国农机网. http：//www.nongjx.com/tech_news/detail/25659.html.

农机漏油故障排除五法[EB/OL]. 中国农机网. http：//www.nongjx.com/tech_news/detail/28117.html.

农机皮带怎么维护[EB/OL]. 中国农机. http：//www.nongjx.com/tech_news/detail/26676.html.

农机维护保养的种类[EB/OL]. 中国农机网. http：//www.nongjx.com/tech_news/detail/26997.html.

农机维修中的十大误区[EB/OL]. 中国农机网. http：//www.nongjx.com/tech_news/detail/25995.html.

农具小知识：关于牛鼻环你知道多少[EB/OL]. 中国农机网.http：//www.nongjx.com/tech_news/detail/30669.html.

农业机械实验指导书[EB/OL]. 豆丁网. http：//www.docin.com/p-284320372.html.

农用车及农用机车常用故障排除方法[EB/OL]. 中国农机网. http：//www.nongjx.com/tech_news/detail/25413.html.

农用车蓄电池的正确使用和保养[EB/OL]. 中国农机网. http：//www.nongjx.com/tech_news/detail/11021.html.

农用动力机械的维护与保养[EB/OL]. 中国农机网. http：//www.nongjx.com/tech_news/detail/27358.html.

农用机的电路故障的检测[EB/OL]. 中国农机网. http：//www.nongjx.com/tech_news/detail/23956.html.

农用商用喷灌设备[EB/OL]. 第1枪排灌喷灌设备. http：//sell.d17.cc/show/12691467.html.

农用拖拉机降耗10窍门[EB/OL]. 中国农机网. http：//www.nongjx.com/tech_news/detail/21578.html.

排除喷雾器故障有诀窍[EB/OL]. 中国农机网. http：//www.nongjx.com/tech_news/detail/23185.html.

排除收割机故障技术[EB/OL]. 中国农机网. http：//www. nongjx. com/tech_news/detail/1378. html.

潘文远. 2013. 温室大棚蔬菜育苗技术[J]. 新疆农垦科技（12）：30-31.

喷灌工程典型设计报告[EB/OL]. 豆丁建筑资料库. http：//www.docin.com/p-1525636876.html.

喷灌机的使用及保养[EB/OL]. 中国农机网. http：//www.nongjx.com/tech_news/detail/25379.html.

喷灌技术[EB/OL]. 以商会友企业管理. https：//baike.1688.com/doc/view-d15118896.html.

喷淋杀菌机的安装调试的基本要求[EB/OL]. 中国食品机械设备网. http：//www.foodjx.com/st141411/Article_
　　163581.html/2018.5.8.

喷头常见故障及排除[EB/OL]. 中华园林网农业机械、设施. http：//www.yuanlin365.com/yuanyi/121971.shtml.

喷雾器[EB/OL]. 百度百科艺术科学. https：//baike.baidu.com/item/%E5%96%B7%E9%9B%BE%E5%99
　　%A8/5184741？ fr=aladdin.

喷雾器的构造和工作过程[EB/OL]. 百度文库机械/仪表.https：//wenku.baidu.com/view/059ea122ed630b1c59eeb580.html.

喷雾器的农用分类[EB/OL]. 百度知道. https：//zhidao.baidu.com/question/1607581253410910187.html.

喷雾器使用要领[EB/OL]. 中国农机网. http：//www.nongjx.com/tech_news/detail/23214.html.

皮带输送机安全操作事项[EB/OL]. 中国农机网. http：//www.nongjx.com/st107732/Article_34859.html.

铺膜播种机[EB/OL]. 农机360网. http：//www. nongji360. com/company/shop2/product_317606_533400. shtml.

气吸式精量播种机常见问题[EB/OL]. 中国农机网. http：//www. nongjx. com/tech_news/detail/13258. html.

气吸式膜上精量点播机的使用[EB/OL]. 中国农机网. http：//www.nongjx.com/tech_news/detail/9457.html.

汽油动力四行蔬菜播种机[EB/OL]. 机电之家. http：//www.jdzj.com/p40/2015-5-7/7270159.html.

汽油旋耕机如何使用[EB/OL]. 农机360网. http：//www.nongjx.com/st103779/product_951157.html.

牵引犁耕的常见故障，产生原因及排除方法[EB/OL].中国农业机械网. http：//info.nongji.hc360.com/2010/06/171441125446.shtml.

巧除喷雾器故障[EB/OL]. 中国农机网. http：//www.nongjx.com/st4193/Article_6383.html.

秦海生.2016.6.6. 蔬菜自动嫁接机家族一览[EB/OL]. 搜狐. http：//www.sohu.com/a/81099831_252634.

青贮打捆机零件清洗方法全攻略[EB/OL]. 中国农机网. http：//www.nongjx.com/st108369/Article_31959.html.

青贮切碎机-使用与保养[EB/OL]. 中国农机网. http：//www.nongjx.com/tech_news/detail/10985.html.

全自动覆膜机优点是成品质量可靠[EB/OL].中国食品机械设备网. http：//www.foodjx.com/Company_news/Detail/134993.html.

全自动水稻育秧播种流水线[EB/OL]. 一鸣农机网. http：//www.yimingnongji.com/chinese/p-7.html.

如何减少农用拖拉机用油[EB/OL]. 中国农机网. http：//www.nongjx.com/tech_news/detail/21077.html.

如何减少拖拉机噪音[EB/OL]. 中国农机网. http：//www.nongjx.com/tech_news/detail/22635.html.

如何解决拖拉机五种漏油[EB/OL]. 中国农机网. http：//www.nyjx.cn/news/2015/6/3/20156316433824251.shtml.

如何延长农机轮胎使用寿命[EB/OL]. 中国农机网. http：//www.nongjx.com/tech_news/detail/28044.html.

山地果园单轨运输机的研制[EB/OL]. 道客巴巴在线文档分享平台. http：//www.doc88.com/p-6834489401330.html.

山东唯信农业科技. 2017.5.13. 薯类联合收获机详情介绍[EB/OL].搜狐科技. http：//www.sohu.com/a/142797934_626119.

邵春明. 浅谈机械式精量播种机的推广与应用[EB/OL]. 大田传. http：//news.nongji360.com/html/2008/05/13178.shtml.

深松机操作注意事项[EB/OL]. 中国农机网. http：//www.nongjx.com/tech_news/detail/27247.html.

深松机的操作与使用技巧[EB/OL]. 中国农机网. http：//www.nongjx.com/tech_news/detail/28386.html.

渗灌技术专题[EB/OL]. 百度文库电力/水利. https：//wenku.baidu.com/view/296269c26137ee06eff91874.html.

使用联合收割机勿忘防火[EB/OL]. 中国农机网. http：//www.nongjx.com/tech_news/detail/12872.html.

收割机：闲置阶段的最佳期保养[EB/OL]. 农机360网. http：//www.nongji360.com/list/200712/8505485757.shtml.

收割机保养六大误区[EB/OL]. 中国农机网.http：//www.nongjx.com/tech_news/detail/25654.html.

收割机行走系统故障巧排除[EB/OL]. 安徽农网. http：//www.ahnw.gov.cn/nykj/content/3DF93D0D-5D28-4D7C-80D3-E10D896A307C.

收割机季节性存放要六防[EB/OL]. 慧聪网http：//info.nongji.hc360.com/2009/05/060957102641.shtml.

收割机离合器的使用技巧及故障处理[EB/OL]. 中国农机网. http：//www.nongjx.com/tech_news/detail/27426.html.

收割机农闲时的存放及注意事项[EB/OL]. 中国农机化导报. http：//www.camn.agri.gov.cn/html/2014_12_03/2_23354_2014_12_03_26905.html.

收割机喂入不均匀的原因分析. 中国农机网[EB/OL]. http：//www.nongjx.com/Tech_news/Detail/28393.html.

手扶插秧机的调整[EB/OL]. 中国农机网. http：//www.nongjx.com/tech_news/detail/12177.html.

手扶插秧机使用与维护保养[EB/OL]. 中国农机网. http：//www.nongjx.com/tech_news/detail/24755.html.

手扶式水稻插秧机常见故障及排除方法[EB/OL]. 中国农机网.http：//www.nongjx.com/tech_news/detail/13155.html.

手扶土豆收获机[EB/OL]. 百度文库. https：//wenku.baidu.com/view/0d2d0b417375a417866f8f8d.html.

手扶拖拉机的维护保养[EB/OL]. 农机360网. http：//www.nongji360.com/list/20092/9433684990.shtml.

蔬菜[EB/OL]. 我爱IT技术网. http：//www.52ij.com/gongxiao/443502.html.

蔬菜采摘后的保鲜技术[EB/OL]. 植物百科网. http：//www.zw3e.com/bk/shucaizuowuzhongzhi/waghh.html.

蔬菜大棚膜[EB/OL]. 志趣网. https：//m.bestb2b.com/business_25507867.html.

蔬菜地膜覆盖[EB/OL]. 中国制造网. http：//cn.made-in-china.com/gongying/dysl6688-ebzncqgrOhRa.html.

蔬菜嫁接栽培技术[EB/OL]. 百度文库. https：//wenku.baidu.com/view/75e31c03f242336c1fb95e3e.html.

蔬菜拼盘[EB/OL]. 大众点评. http：//www.dianping.com/photos/53193891/photocenter.

蔬菜气泡清洗机[EB/OL]. 黄页88网. http：//www.huangye88.com/cp/356666.html.

蔬菜清洗机的操作注意事项[EB/OL].济南爱帮厨食品机械有限公司. http：//www.foodjx.com/st134832/Article_169915.html.

蔬菜清洗机的使用与维护调整注意事项说明[EB/OL].东坡区泓森自动化设备制造厂. http：//www.foodjx.com/st160774/Article_170250.html.

蔬菜水果冷藏保鲜臭氧发生器[EB/OL]. 一步电子网. http：//www.kuyibu.com/c_lzy569158088/p17341801.html.

蔬菜穴盘育苗如何调控株高[EB/OL]. 新农资360网. http：//www. xnz360. com/210-185880-1. html.

蔬菜榨汁机的操作注意事项[EB/OL]. 中国食品机械设备网. http：//www.foodjx.com/tech_news/detail/166474.html.

蔬菜种植[EB/OL]. 汇图网. http：//www. huitu. com/photo/show/20121120/220541097200. html.

蔬菜自动包装机[EB/OL]. 郑州翔辉电子科技有限公司. http：//www.zzcas.com/product/CNC35828318.html.

薯类干燥机的基本原理[EB/OL]. 中国农机网. http：//www.nongjx.com/tech_news/detail/32008.html.

双频超声波清洗机[EB/OL]. 中国化工机械网. http：//www. chemm. cn/sample/pro2465987. html.

双天线差分的应用为"静电喷雾技术"在植保无人机上的应用提供了可能[EB/OL].搜狐科技. http：//www.sohu. com/a/143625363_464087.

水稻插秧机的使用调整技术要领[EB/OL]. http：//jituan. feijiu. net/info/20172/27/275174093. html.

水稻插秧机维护保养"五检查"[EB/OL]. 中国农机网. http：//www. nongjx. com/tech_news/detail/11071. html.

水稻大棚半自动播种机使用要点[EB/OL]. 中国农机网. http：//www. nongjx. com/tech_news/detail/12863. html.

水稻联合收割机使用操作技术"16字"口诀[EB/OL]. 中国农机网. http：//www. nongjx. com/Tech_news/ Detail/12366. html.

水稻联合收割机液压常见故障[EB/OL]. 中国农机网. http：//www. nongjx. com/tech_news/detail/9283. html.

水稻收割机的保管与封存[EB/OL]. 农安农业机械化信息网. http：//na. jlnj. gov. cn/329/330/2017-05-07/98698. html.

水稻旋耕机[EB/OL]. 阿里巴巴. https：//detail.1688.com/offer/547919336218.html? spm=a261b.2187593.

水肥一体化解决与实施方案[EB/OL].关于锋士网.http：//www.fencer.com.cn/gyfs/xwzx/hyzx/201612/ t20161202_228392.html.

水肥一体化是节水减肥的关键.中盐安徽红四方肥业股份有限公司官网. [EB/OL]. http：//hsfchina. com/xyzx/ sfythsjsjf_1. html.

四轮带播种机[EB/OL]. 搜了网. http：//www.51sole.com/b2b/pd_82917997.html.

四轮拖拉机轮胎损坏防护[EB/OL]. 慧聪网. http：//info. nongji. hc360. com/2010/12/281446148606. shtml.

孙小静，刘军，邹宇晓，等. 2014. 脱水蔬菜加工过程中品质变化的研究进展[J]. 食品工业科技（3）：388-392.

踏板式喷雾器[EB/OL]. 中华园林网产品. http：//www.yuanlin365.com/yuanyi/7129.shtml.

台湾SUCA果蔬嫁接器[EB/OL]. 小农机. http：//xiaonongji. nongcundating. com/com/yuda/sell/itemid-239. html.

台湾堡力旺嫁接器[EB/OL]. 勤加缘网. http：//www. qjy168. com/shop/p26432521.

特种货物运输一般包括哪些种类？[EB/OL]. 驾培百科. http：//jiapei.baike.com/article-118948.html.

提高气吸式播种机排种精确性的措施[EB/OL]. 中国农机网. http：//www.nongjx.com/tech_news/detail/12548.html.

天涯农机. 施肥机械[EB/OL]. 农机博客. https：//www.nongjitong.com/blog/2010/28372.html.

田间作业注意事项[EB/OL]. 中国农机网. http：//www. nongjx. com/st103779/product_950727. html.

庭院自动浇花（滴灌技术解释）[EB/OL]. 豆丁网. http：//www.docin.com/p-158602346.html.

停用排灌机械如何保养[EB/OL]. 中国农机网. http：//www.nongjx.com/tech_news/detail/11630.html.

通过方向盘看农机故障[EB/OL]. 中国农机网. http：//www.nongjx.com/tech_news/detail/27511.html.

拖拉机常见十大故障及排除方法[EB/OL]. 慧聪机械网. http：//info. machine. hc360.com/2017/05/161016668433. shtml.

拖拉机的夏季维护与使用[EB/OL]. 慧聪网. http：//info. nongji. hc360. com/2009/06/120946103902. shtml.

拖拉机电路故障的原因和诊断[EB/OL]. 农机360网. http：//www. nongji360. com/list/20115/1511732760. shtml.

拖拉机非动力部分的常见故障及排除方法[EB/OL]. 慧聪网. http：//info. machine. hc360. com/2009/08/04081058144. shtml.

拖拉机工作保养周期计算的方法[EB/OL]. 农机1688网. http：//www. nongji1688. com/news/201411/18/5396837. html.

拖拉机故障的常见表现形式[EB/OL]. 慧聪网. http：//info. nongji. hc360. com/2011/03/280928163829. shtml.

拖拉机换气系统的故障与排除简述[EB/OL]. 中国农机网. http：//www. nyjx. cn/news/2014/3/31/2014331921533601. shtml.

拖拉机几种常见故障的原因与解决办法[EB/OL]. 慧聪机械工业网. http：//info. machine. hc360.com/2017/05/ 191844669382. shtml.

拖拉机离合器常见故障及排除方法[EB/OL]. 吉林农机化信息网. http：//www. jlnj. gov. cn/4/33/2017-02-20/69108. html.

拖拉机排烟异常的故障原因及排除方法[EB/OL]. 慧聪网. http：//info. machine. hc360. com/2017/01/091342639049. shtml.

拖拉机燃油系常见故障排除[EB/OL]. 中国农机网. http：//www. nongjx. com/Tech_news/Detail/8021. html.

拖拉机十大常见的故障及处理措施[EB/OL]. 慧聪农业机械网. http：//info.nongji.hc360.com/2011/10/111142178 317. shtml.

拖拉机应急修理小窍门[EB/OL]. 中国农机网. http：//www. nongjx. com/Tech_news/Detail/25108. html.

拖拉机与犁的正确牵引与调整[EB/OL].农业机械网. https：//baijiahao.baidu.com/s? id=157081937944915
7&wfr=spider&for=pc.

拖拉机遇突发性故障的处理方法[EB/OL]. 中国农机网. http：//www. nongjx. com/tech_news/detail/28786. html.

拖拉机遭雨淋后的保养方法[EB/OL]. 中国农机网. http：//nongji. jinnong. cn/news/2015/3/12/201531213584877403. shtml.

拖拉机转向机构的检查与维护[EB/OL]. 慧聪网. http：//info. nongji. hc360. com/2009/03/130905100577. Shtml.

王春水，陈竹. 2015. 伊通县多种举措推进保护性耕作技术[J]. 农机使用与维修（8）：77-78.

王芳. 2014. 有机培肥措施对土壤肥力及作物生长的影响[D]. 杨凌：西北农林科技大学.

王宏章，吴书伦，王薇，等. 2008. 4ZS-2型蔬菜移栽机的研究设计[J]. 农村牧区机械化（12）：37.

王慧萍，王优萍. 2007. 洋马蔬菜移植机[J]. 农业开发与装备（6）：26.

王强，邵丹，童海兵，等. 2017. 不同清粪模式对鸡舍环境质量及鸡粪成分的影响[J]. 贵州农业科学，45（1）：87-90.

王慰祖，陆华忠，杨洲，等. 2014. 机械去梗对荔枝损伤及保鲜性能影响的研究[J]. 现代食品科技（4）：171-175.

王文国，庞杰. 2005. 多糖涂膜保鲜果蔬[EB/OL]. 豆丁网. http：//www. docin. com/p-1078224213. html.

王旭东，刘江涛，朱立学，等. 2007. 荔枝去核机理及其试验研究[J]. 农机化研究（11）：179-182.

王旭东. 2008. 国内荔枝去核剥壳机械研究的现状[J]. 农机化研究（9）：246-248.

王旭东. 2011. 荔枝去核机刀轴的优化设计与仿真[J]. 中国农机化（5）：125-130.

王绪峰. 2002. 悬挂犁常见故障及排除[J]. 农机使用与维修（2）：25.

王益强. 2016. 脱水蔬菜生产的工艺与设备研究[J]. 南方农机（7）：47-48.

王欲翠，冯毅，吴德全，等. 2017. 荔枝气调保鲜研究进展[J]. 食品工业科技，38（23）：340-345.

微耕机维修保养注意事项[EB/OL]. 中国农机网. http：//www. nongjx. com/tech_news/detail/25388. html.

微灌系统的组成及应用[EB/OL]. 百度文库. https：//wenku. baidu. com/view/7d6ed36776c66137ef061900. html.

维修农用拖拉机必注意事项[EB/OL]. 中国农机网. http：//www. nongjx. com/tech_news/detail/27055.html..

温室大棚蔬菜主要节水灌溉技术介绍[EB/OL]. 农资网. http：//chinawsi. nwsuaf. edu. cn/jslt/271263. html.

温室植物叶片水珠蒸发速度的空间电场调控技术[EB/OL]. 新浪博客. http：//blog. sina. com. cn/s/blog_9da4875b0101bxle. html.

我国灌排技术及其应用[EB/OL]. 百度文库农学. https：//wenku. baidu. com/view/983a61f1bb4cf7ec4afed03a.html.

我国节水灌溉技术推广与发展状况综述[EB/OL]. 无忧考网工学论文. https：//www.51test.net/show/2021063_2.html.

无立柱式育苗棚[EB/OL]. 有立柱式育苗棚. 中华企业录. http：//www. qy6. com/syjh/showbus7684423. html.

吴彦强，王文莉，侯小贺. 给大棚铺地膜避免走入四大误区[EB/OL]. 农商招商网. http：//bk.3456. tv/nongmobk/25846.

夏季农机保养需九防[EB/OL]. 中国农机网. http：//www.nongjx.com/tech_news/detail/27442.html.

夏季使用拖拉机应注意的问题[EB/OL]. 慧聪网. http：//info. nongji. hc360. com/2011/08/121139174366. shtml.

小四轮拖拉机后桥三大常见故障及原因[EB/OL]. 慧聪网. http：//info. nongji. hc360. com/2010/12/131100145370. shtml.

小四轮拖拉机使用中应注意的问题[EB/OL]. 慧聪网. http：//info. nongji. hc360. com/2009/02/19092099647. shtml.

小型碾米机的维护与调整[EB/OL]. 中国农机网. http：//www. nongjx. com/tech_news/detail/28589. html.

小型拖拉机的维修与保养[EB/OL]. 中国农机网. http：//www. nongjx. com/tech_news/detail/27151. html.

小型拖拉机的选购[EB/OL]. 慧聪网. http：//info. nongji. hc360. com/2007/09/04081181110. shtml.

小型铡草机的正确使用与安装[EB/OL]. 中国畜牧机械网. http：//www.xumujx.com/Article/Disp.asp？id=454 .

新鲜蔬菜保鲜包装氧气阻隔性监测方案[EB/OL]. 济南兰光机电技术有限公司. http：//www. zyzhan. com/st8938/article_41042. html.

新型水稻脱粒机[EB/OL]. 中国农机网. http：//www. nongjx. com/st103779/Article_34422. html.

新型水稻脱粒机[EB/OL]. 中国农机网. http：//www. nongjx. com/st103779/product_950727. html.鑫顺源JP75-300卷盘式喷灌机[EB/OL]. 农机360网. http：//www.nongji360.com/company/shop2/product.asp？cid=291091.

邢军军. 自走式大坡度双轨果园运输机的设计及仿真[EB/OL]. 豆丁网豆丁. http：//www.docin.com/p-602064794.html.

徐少华，秦广明，沈丹波. 2016. 一种新型叶茎类蔬菜收获机的研制[J]. 中国农机化学报（1）：18-21.

徐少华，孙登峰，陈建华，等. 2015. 叶类蔬菜通用收获机的设计[J].江苏农业科学（3）：365-367.

徐振兴，张晓慧. 高效节水灌溉机械化技术[EB/OL]. 中国农机化导报. http：//www. ydyb. com/733. htm.

徐州德隆喷灌机[EB/OL]. 聪慧网. https：//b2b.hc360.com/supplyself/204639912.html.

压缩喷雾器原理及故障原因[EB/OL]. 中国农机网. http：//www.nongjx.com/tech_news/detail/9209.html.

压缩式喷雾器使用规范[EB/OL]. 中国农机网. http：//www.nongjx.com/tech_news/detail/21409.html.

延长拖拉机的使用寿命"五不要一根据"[EB/OL]. 农机1688网. h t t p：//www. nongji1688. com/news/201505/12/5401634. html.

严海军，陈燕，徐云成，等. 2013. 文丘里施肥器的空化特性试验研究[J]. 排灌机械工程学报（7）：724-728.

杨碧敏，林育钊，吴一晶，等.2017.采后荔枝果实安全保鲜技术研究进展[J].包装与食品机械，35（2）：56-60.

杨松夏，吕恩利，陆华忠，等.2014.不同保鲜运输方式对荔枝果实品质的影响[J].农业工程学报，30（10）：225-232.

杨振昆.2018.香蕉索道采收技术的原理特点？[EB/OL].爱问生物学.https：//iask.sina.com.cn/b/8768423.html.

叶强，谢方平，孙松林，等.2013.葡萄园反转双旋耕轮开沟机的研制[J].农业工程学报，29（3）：9-15.

依靠先进技术，海南香蕉产业升级提速[EB/OL].中国食品产业网.http：//www.gxny.gov.cn/news/zhxx/200411/t20041129_26481.html.

油菜芝麻小粒精密播种机[EB/OL].慧聪网.https：//b2b.hc360.com/supplyself/80453489513.html.

于洪海.2016.铧式犁作业前的主要技术状态检查[J].现代农业装备（1）：59-60.

于勇，胡桂仙，王俊.2003.脱水蔬菜的研究现状及展望[J].粮油加工与食品机械（4）：63-65.

余欣荣.施肥机[EB/OL].农机360网.http：//www.nongji360.com/baike/view.asp？id=70.

玉米大垄起垄机具的使用调整[EB/OL].精通维修下载.http：//www.gzweix.com/article/sort0490/sort0494/info-296353.html.

玉米大垄起垄机具的使用与调整[EB/OL].个人图书馆..http：//www.360doc.com/content/18/0122/03/51954400_724027617.shtml.

玉米烘干机保养维护和注意事项[EB/OL].河南巩义市新鑫机械制造厂.http：//www.nongjx.com/st40312/Article_27956.html.

玉米烘干机突发紧急情况解决办法[EB/OL].中国农机网.http：//www.nongjx.com/st109257/Article_32755.html.

玉米脱粒机5TY600[EB/OL].58机械网.http：//www.58jixie.com/product/view-43438.html.

育苗穴盘播种机[EB/OL].中国黄页网.http：//www.cnlist.org/product-info/63170307.html.

岳焕芳.文丘里施肥器不吸肥的原因及对策[EB/OL].北京农技推广网.http：//www.bjnjtg.com.cn/read/jieshuijishu/161560.

怎样使用耕整机更省油[EB/OL].中国农机网.http：//www.nongjx.com/st103779/Article_35031.html.

怎样调试水稻插秧机[EB/OL].农机宝典.http：//info.nongji.hc360.com/2007/07/02093479810.shtml.

怎样正确维护和保养农机液压系统[EB/OL].中国农机网.http：//www.nongjx.com/tech_news/detail/26048.html.

张纪党，毅力，广佩.1999.内黄县开发研制出新型地膜覆盖机[J].河南农业（8）：31.

张荣胜.农药喷雾器正确使用方法[EB/OL].百度文库计算机软件及应用.https：//wenku.baidu.com/view/b0c61e4510661ed9ac51f359.html.

张鑫，李军营.滨州市博兴县农机局示范推广露天蔬菜生产全程机械化技术[EB/OL].中国网新山东.http：//sd.china.com.cn/a/2015/jjsn_0409/215719.html.

张鑫.1996.液氨直接施肥技术的研究与应用（六）[J].新疆农机化（6）：12-15.

张颖达.2011.亚美柯VP-255AM蔬菜移栽机[J].农机市场（2）：61.

张长青.2015.2SY-X型蔬菜移栽机的应用研究[J].当代农机（3）：72-74.

张长勇，马锞，徐匆，等.2013.荔枝采后腐败褐变机理及保鲜技术研究进展[J].热带作物学报，34（8）：1 603-1 609.

赵霞，高菊玲，钟兴，等.2017.一种轻便型叶菜类收获机械的设计[J].内燃机与配件（6）：8-9.

赵先威.日光温室尖椒微灌技术[EB/OL].农村致富经网.http：//www.nczfj.com/shucaizhongzhi/201017035.html.

郑秋丽，王清，高丽朴，等.2018.蔬菜保鲜包装技术的研究进展[J].食品科学，39（3）：317-323.

中耕机的主要工作部件分为锄铲式和回转式两大类[EB/OL].潍坊三山机械有限公司新闻中心.http：//www.wfsanshan.net/news_980.html.

中国花卉报.机动喷雾器的使用与维修（上）[EB/OL].中国花卉报草坪地被.http：//news.china-flower.com/paper/papernewsinfo.asp？n_id=226869.

中心支轴式喷灌机的日常使用保养[EB/OL].中国农机网.http：//www.nongjx.com/tech_news/detail/27869.html.